高等院校信息技术系列教材

SQL Server 2019 实用教程

吕　凯　主　编

曹冬雪　赵靖华　副主编

王继魁　李　爽　参　编

清華大学出版社

北　京

内 容 简 介

本书全面讲述了数据库原理与 SQL Server 2019 的使用。首先介绍了数据库系统的基本概念、理论以及数据库的设计方式等，然后以 SQL Server 2019 数据库管理系统为教学开发平台，详细地介绍了 SQL Server 2019 的基础知识、数据库操作、表和表数据的操作、T-SQL 语言、数据查询、视图、索引、存储过程、触发器、游标、事务、锁、数据库安全性管理以及数据库的备份和还原。

本书内容丰富、结构合理、思路清晰、语言简练流畅、实例翔实。每章结合所讲的关键技术和难点配备丰富的案例；每章都有针对性的习题，以巩固所学基本知识，培养学生的实际动手能力，增强对基本概念的理解和应用。

本书主要面向数据库初学者，可作为高等院校的数据库课程教材，也可作为数据库应用程序开发人员的参考资料。

图书在版编目(CIP)数据

SQL Server 2019 实用教程/吕凯主编. —北京：清华大学出版社，2024.5
高等院校信息技术系列教材
ISBN 978-7-302-66226-6

Ⅰ.①S… Ⅱ.①吕… Ⅲ.①关系数据库系统－高等学校－教材 Ⅳ.①TP311.132.3

中国国家版本馆 CIP 数据核字(2024)第 096765 号

责任编辑：袁勤勇 杨 枫
封面设计：常雪影
责任校对：李建庄
责任印制：沈 露

出版发行：清华大学出版社
网 址：https://www.tup.com.cn，https://www.wqxuetang.com
地 址：北京清华大学学研大厦 A 座 **邮 编**：100084
社 总 机：010-83470000 **邮 购**：010-62786544
投稿与读者服务：010-62776969，c-service@tup.tsinghua.edu.cn
质量反馈：010-62772015，zhiliang@tup.tsinghua.edu.cn
课件下载：https://www.tup.com.cn，010-83470236
印 装 者：三河市龙大印装有限公司
经 销：全国新华书店
开 本：185mm×260mm **印 张**：18 **字 数**：414 千字
版 次：2024 年 5 月第 1 版 **印 次**：2024 年 5 月第1次印刷
定 价：58.00 元

产品编号：103283-01

前言 Foreword

信息技术的飞速发展大力推进了社会的进步，也逐渐改变了人类的生活、工作和学习方式。数据库技术和网络技术是信息技术中的两大重要支柱。自20世纪70年代以来，数据库技术的发展使得信息技术的应用从传统的计算方式转变到现代化的数据管理方式。在当前热门的信息系统开发领域，如管理信息系统、企业资源计划、供应链管理系统和客户关系管理系统等，都可以看到数据库技术应用的影子。

作为一个关系数据库管理系统，SQL Server不断采纳新技术来满足用户日益增长和变化的需求，产品的功能越来越强大，用户使用起来越来越方便，系统的可靠性也越来越高，从而使该产品的应用越来越广泛。在我国，SQL Server的应用已经深入银行、邮电、电力、铁路、气象、公安、军事、航天、税务、教育等众多行业和领域。SQL Server为用户提供了完整的数据库解决方案，可以帮助用户建立自己的商务体系，增强用户对外界变化的敏捷反应能力，以提高用户的竞争力。

本书以关系数据库系统为核心，全面、系统地阐述了数据库系统的基本概念、基本原理和SQL Server 2019数据库管理系统的应用技术。本书共15章，分为两部分。第一部分是第1～5章，系统讲述数据库的基本理论知识，包括数据库系统概述、数据模型、关系数据库、关系规范化理论和数据库设计。第二部分是第6～15章，全面讲述数据库管理系统SQL Server 2019的使用，其中包括SQL Server 2019数据库管理系统软件的安装和配置，SQL Server 2019数据库的基本管理，数据表的基本管理，T-SQL编程基础，数据查询，视图和索引，存储过程、触发器和游标，事务和锁，数据库安全性管理，数据库的备份和还原。

本书编者长期从事大学本科计算机专业教学，不仅具有丰富的教学经验，同时还具有多年的数据库开发经验，深知数据库原理的主要知识点、重点与难点，以及读者对数据库应用中最感兴趣的方面，逐渐形成了本书严谨的、适合于学习的结构体系。本书内容丰富、结构新颖、系统性与实用性强，注重理论教学和实践教学相结合，叙述准确而精练，图文并茂，具体且直观。

本书既可作为高等学校计算机专业、信息管理与信息系统专业及非计算机专业本科数据库应用课程的教学用书，也可作为从事信息领域工作的科技人员的自学参考书。对于计算机应用人员和计算机爱好者，本书也是一本实用的工具书。

本书由吉林师范大学计算机学院吕凯任主编，曹冬雪、赵靖华任副主编，王继魁、李爽参编。本书为"吉林师范大学教材出版基金"资助项目。全书由吕凯统稿并完成第1～8章的编写，曹冬雪编写了第9、10章，赵靖华编写了第11、12章，王继魁编写了第13、14章，李爽编写了第15章，全书由曹冬雪负责校对。

由于编者水平有限，而且技术更新迅速，书中难免有不妥之处，敬请广大读者批评指正。

编　者

2024年3月

目录 Contents

第1章 chapter 1

数据库系统概述

本章学习重点：

- 数据库的基本概念。
- 数据库的体系结构。

数据库技术是计算机科学的重要分支，是信息系统的核心技术之一，是使用计算机对各种信息、数据进行收集、管理的必备技术。数据库技术研究的问题就是如何科学地组织和存储数据，如何高效地获取和处理数据。

本章主要介绍数据库的基础知识，包括数据库的发展历史、数据库系统的基本概念以及系统结构等。

1.1 数据库管理技术及发展

从20世纪60年代末开始到现在，数据库技术已经发展了50多年。在这50多年的历程中，人们在数据库技术的理论研究和系统开发上取得了辉煌的成就，数据库系统已经成为现代计算机系统的重要组成部分。在计算机应用领域中，数据处理越来越占主导地位，数据库技术的应用也越来越广泛。数据库是数据管理的产物，数据管理是数据库的核心任务，内容包含对数据的分类、组织、编码、存储、检索和维护。从数据管理的角度看，数据库技术到目前共经历了人工管理阶段、文件系统阶段和数据库系统阶段。

1. 人工管理阶段

这一阶段（20世纪50年代中期以前），计算机主要用于科学计算。外部存储器只有磁带、卡片和纸带等，还没有磁盘等直接存取存储设备。软件只有汇编语言，尚无数据管理方面的软件。数据处理方式基本是批处理。这个阶段有如下几个特点。

（1）数据基本不保存。该时期的计算机主要应用于科学计算，由于技术限制，一般不需要将数据长期保存，只能在计算某一课题时将数据输入，用完不保存原始数据，也不保存计算结果。

（2）没有对数据进行管理的软件系统。程序员不仅要规定数据的逻辑结构，而且还要在程序中设计物理结构，包括存储结构、存取方法、输入输出方式等。因此，程序中存取数据子程序随着存储结构的改变而改变,数据与程序不具有一致性。卡片或磁带只能顺序读取数据。

(3) 没有文件的概念。数据的组织方式必须由程序员自行设计。数据是面向应用的,一组数据只能对应一个程序,即使两个程序用到相同的数据,也必须各自定义、各自组织,数据无法共享、无法相互利用和互相参照。因此,造成程序与程序之间有大量冗余数据。

(4) 数据不具有独立性。当数据的逻辑结构或物理结构发生变化后,必须对应用程序做相应的修改,这加重了程序员的负担。

在人工管理阶段,应用程序与数据之间是一一对应的关系,其特点如图 1-1 所示。

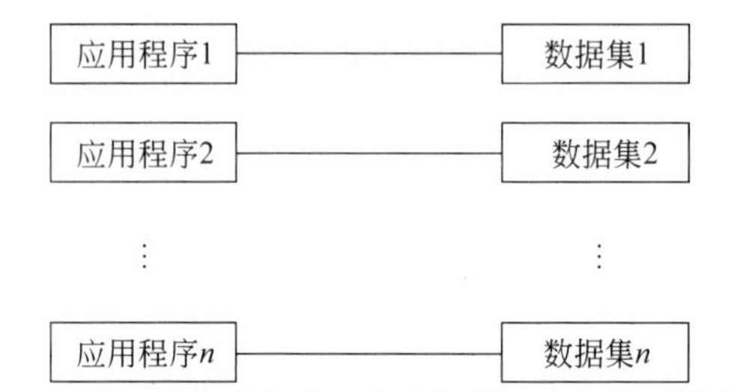

图 1-1 人工管理阶段应用程序与数据之间的对应关系

2. 文件系统阶段

在这一阶段(20 世纪 50 年代后期至 20 世纪 60 年代中期),计算机不仅用于科学计算,还应用于信息管理。随着数据量的增加,数据的存储、检索和维护问题成为紧迫的需要,数据结构和数据管理技术迅速发展起来。此时,外部存储器已有磁盘、磁鼓等直接存取的存储设备。软件领域出现了操作系统和高级软件。操作系统中的文件系统是专门管理外存的数据管理软件,文件是操作系统管理的重要资源之一。数据处理方式有批处理,也有联机实时处理。这个阶段有如下几个特点。

(1) 数据以“文件”形式长期保存在外部存储器的磁盘上。由于计算机的应用转向信息管理,因此对文件要进行大量的查询、修改和插入等操作。

(2) 数据的逻辑结构与物理结构有了区别,但比较简单。程序与数据之间具有“设备独立性”,即程序只需用文件名就可与数据打交道,不必关心数据的物理位置。由操作系统的文件系统提供存取方法(读/写)。

(3) 文件组织已多样化,有索引文件、链接文件和直接存取文件等。但文件之间相互独立、缺乏联系,数据之间的联系要通过程序去构造。

(4) 数据不再属于某个特定的程序,可以重复使用,即数据面向应用。但是文件结构的设计仍然是基于特定的用途,程序基于特定的物理结构和存取方法,因此程序与数据结构之间的依赖关系并未根本改变。

(5) 对数据的操作以记录为单位。这是由于文件中只存储数据,不存储文件记录的结构描述信息。文件的建立、存取、查询、插入、删除、修改等所有操作,都要用程序来实现。

在文件系统阶段，应用程序与数据间的对应关系如图1-2所示。

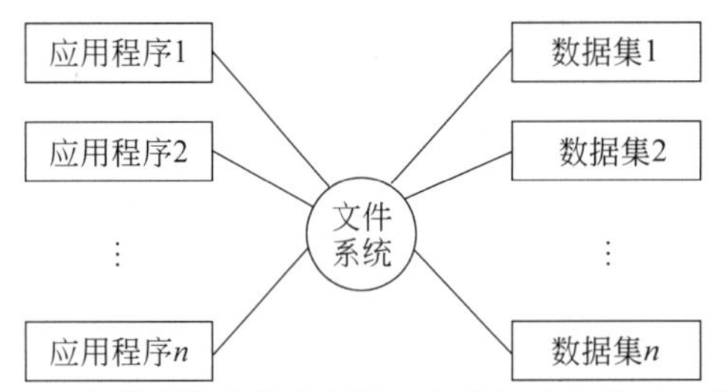

图1-2　文件系统阶段应用程序与数据之间的对应关系

随着数据管理规模的扩大，数据量急剧增加，文件系统显露出一些缺陷。

(1) 数据冗余。由于文件之间缺乏联系，每个应用程序都有对应的文件，可能有同样的数据在多个文件中重复存储的情况。

(2) 不一致性。这往往是由数据冗余造成的，在进行更新操作时，稍不谨慎，就可能使同样的数据在不同的文件中不一样。

(3) 数据联系弱。这是由于文件之间相互独立、缺乏联系造成的。

文件系统阶段是数据管理技术发展中的一个重要阶段。在这一阶段中，得到充分发展的数据结构和算法丰富了计算机科学，为数据管理技术的进一步发展打下了基础，其现在仍是计算机软件科学的重要基础。

3. 数据库系统阶段

数据库系统出现于20世纪60年代。当时的计算机开始广泛地应用于数据管理，对数据的共享提出了越来越高的要求。传统的文件系统已经不能满足人们的需要，能够统一管理和共享数据的数据库管理系统(DBMS)便应运而生。这个阶段中，数据库中的数据不再是面向某个应用或某个程序，而是面向整个企业或整个应用的，处理的数据量急剧增长。这时在硬件方面，磁盘容量越来越大，读写速度越来越快；在软件方面，软件编制得越来越复杂，功能越来越强大。处理方式上，联机处理的要求更多。

这个时期的数据管理具有以下几个特点。

(1) 采用复杂的、结构化的数据模型。数据库系统不仅要描述数据本身，还要描述数据之间的联系。这种联系是通过存取路径来实现的。数据结构化是数据库与文件系统的根本区别。

(2) 较高的数据独立性。数据和程序彼此独立，数据存储结构的变化尽量不影响用户程序的使用。数据与程序的独立把数据的定义从程序分离出去，加上数据由数据库管理系统管理，从而简化了应用程序的编制和程序员的负担。

(3) 最低的冗余度。数据库系统中的重复数据被减少到最低程度，这样，在有限的存储空间内可以存放更多的数据，并减少存取时间。数据冗余度低，共享性高，易于扩充。

(4) 数据控制功能。数据库系统具有数据的安全性，可以防止数据的丢失和被非法使用；具有数据的完整性，可以保护数据正确、有效和兼容；具有数据的并发控制，可以避免并发程序之间的相互干扰；具有数据的恢复功能，在数据库被破坏或数据不可靠时，系统有能力把数据库恢复到最近某个时刻的正确状态。

在数据库系统阶段,程序与数据之间的对应关系如图 1-3 所示。

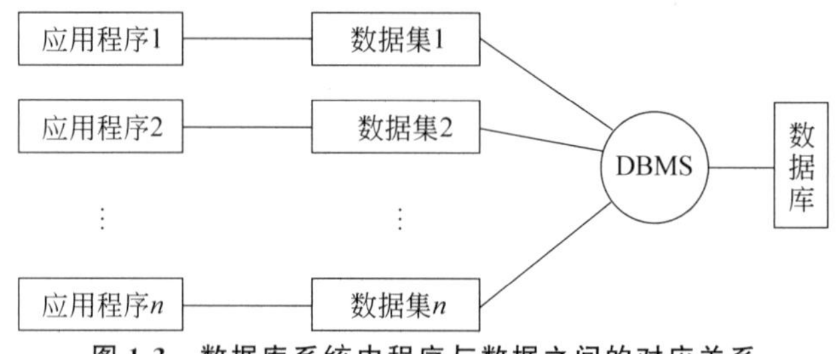

图 1-3　数据库系统中程序与数据之间的对应关系

随着科学技术的不断进步,各个行业对数据库技术提出了更多的需求,现有数据库已经不能完全满足需求,于是新一代数据库孕育而生。新一代的数据库支持多种数据模型,并和诸多新技术相结合,广泛应用于更多领域。总之,计算机技术不断应用到各行各业,数据存储量不断增多,这对未来的数据库技术有更高的要求。

1.2　数据库系统的基本概念

接下来介绍与数据库技术密切相关的几个重要概念:信息、数据、数据库、数据库管理系统和数据库系统。

1.2.1　信息与数据

在数据处理中,最常用的基本概念就是数据与信息,二者之间既有区别又有联系。

1. 信息

信息(information)是对各种事物的存在方式、运动状态和相互联系特征的一种表达和陈述,是自然界、人类社会和人类思维活动普遍存在的一切物质和事物的属性,它存在于人们周围。

信息是客观存在的,人类有意识地对信息采集并加工、传递,从而形成了各种信息、情报、指令、数据及信号等。例如,对于学生基本情况来说,某学生的学号是"20234103101",姓名是"刘宇",性别是"男",年龄是"18",所在专业是"软件工程"等,这些都是关于某个学生的具体信息,是该学生当前存在状态的反映。

2. 数据

数据(data)是描述事物的符号记录,是信息的载体,是信息的具体表现形式,是数据库中存储的基本对象。例如,描述某个学生的信息,可用一组数据"20234103101,刘宇,男,18,软件工程"表示。由于这些符号在此已被赋予了特定的语义,因此,它们就具有传递信息的功能。

数据和信息是密切相关的,信息是各种数据所包含的意义,数据则是信息的物理符号。在许多场合下,对它们不做严格的区分。

3. 数据处理

数据处理(data process)是指将数据转换成信息的过程,也称为信息处理,如对数据的分类、组织、编码、存储、查询、维护、加工、计算、传播以及打印等一系列的活动。数据处理的目的是从大量的数据中,根据数据自身的规律和它们之间固有的联系,通过分析、归纳、推理等科学手段,提取出有效的信息资源。

在数据处理中,通常数据的计算比较简单,而数据的管理比较复杂。数据管理是指数据的收集、整理、组织、存储和查询等操作,这部分操作是数据处理业务的基本环节,是任何数据处理业务中必不可少的共有部分,因此有必要学习和掌握数据管理技术,从而能对数据处理提供有力的支持。

1.2.2 数据库

数据库(DataBase,DB)就是存放数据的仓库,是将数据按一定的数据模型组织、描述和存储,能够自动进行查询和修改的数据集合。它不仅包括描述事物的数据本身,还包括相关事物之间的联系。数据库中的数据是以文件的形式存储在存储介质上的,它是数据库系统操作的对象和结果。

数据库中的数据具有较小的冗余度、较高的数据独立性和易扩展性,并可为各种用户共享,数据库中的数据由数据库管理系统进行统一管理和控制,用户对数据库进行的各种数据操作都是通过数据库管理系统实现的。

1.2.3 数据库管理系统

数据库管理系统(DataBase Management System,DBMS)是数据库系统的核心,是为数据库的建立、使用和维护而配置的软件。它建立在操作系统的基础上,是位于用户与操作系统之间的一层数据管理软件,为用户或应用程序提供访问数据库的方法,包括数据库的创建、查询、更新及各种数据控制等。数据库中数据的插入、修改和检索均要通过数据库管理系统进行,用户发出的或应用程序中的各种操作数据库中数据的命令都要通过数据库管理系统来执行。数据库管理系统还承担着数据库的维护工作,能够按照数据库管理员所规定的要求,保证数据库的安全性和完整性。

一般来说,数据库管理系统的功能主要包含以下几方面。

1. 数据定义功能

数据库管理系统提供数据定义语言对数据库中的对象进行定义,使用户能够定义构成数据库结构的各级模式,包括定义表结构、定义索引以及定义视图,也能定义数据库的完整性、安全性等。这些定义存储在数据字典中,是数据库管理系统运行的基本依据。

2. 数据操纵功能

数据库管理系统提供数据操纵语言操纵数据库中的数据,实现对数据库的基本操作，包括对数据库中的数据进行检索、插入、修改和删除等基本操作。

3. 数据库运行控制功能

对数据库的运行进行管理是数据库管理系统运行时的核心部分，包括对数据库进行并发控制、安全性检查、完整性约束条件的检查和执行以及数据库的内部维护等。所有访问数据库的操作都要在这些控制程序的统一管理下进行，以保证数据的安全性、完整性、一致性以及多用户对数据库的并发使用。

4. 数据库的组织、存储和管理

数据库中需要存放多种数据，如数据字典、用户数据、存取路径等，数据库管理系统负责分类组织、存储和管理这些数据，确定以何种文件结构和存取方式物理地组织这些数据，如何实现数据之间的联系，以便提高存储空间利用率以及提高随机查找、顺序查找及增加、删除和查改等操作的时间效率。

5. 建立和维护数据库

建立数据库包括数据库初始数据的输入与数据转换等。维护数据库包括数据库的备份和还原、数据库的重组织与重构造、性能的监视与分析等。

目前广泛使用的数据库管理系统有微软公司的 SQL Server、Access，甲骨文公司的 Oracle、MySQL，IBM 公司的 DB2 等。

1.2.4 数据库系统

数据库系统(DataBase System，DBS)是指在计算机系统中引入了数据库后的系统，由计算机硬件、数据库、数据库管理系统、应用程序和用户构成，即由计算机硬件、软件和使用人员构成。数据库系统是一个计算机应用系统。

计算机硬件是数据库系统的物质基础，是存储数据库及运行数据库管理系统的硬件资源，主要包括主机、存储设备、I/O 通道以及计算机网络环境等。计算机软件主要包括操作系统以及数据库管理系统本身。此外，为了开发应用程序，还需要各种高级语言及其编译系统，以及各种以数据库管理系统为核心的应用开发工具软件。

数据库管理系统是负责数据库存取、维护和管理的系统软件，是数据库系统的核心，其功能的强弱是衡量数据库系统性能优劣的主要指标。数据库中的数据由数据库管理系统进行统一管理和控制，用户对数据库进行的各种操作都是由数据库管理系统实现的。

应用程序是在数据库管理系统的基础上，由用户根据应用的实际需求开发的、处理特定业务的应用程序。

用户是指管理、开发、使用数据库系统的所有人员，通常包括数据库管理员、应用程序员和终端用户。

综上所述，在数据库系统中，数据库包含的数据是存储在存储介质上的数据文件的集合；每个用户均使用其中的部分数据，不同用户使用的数据可以重叠，同一组数据可以为多个用户共享;数据库管理系统为用户提供对数据的存储、组织、操作、管理功能;用户通过数据库管理系统和应用程序实现数据库系统的操作与应用。

数据库系统在整个计算机系统中的作用如图 1-4 所示。

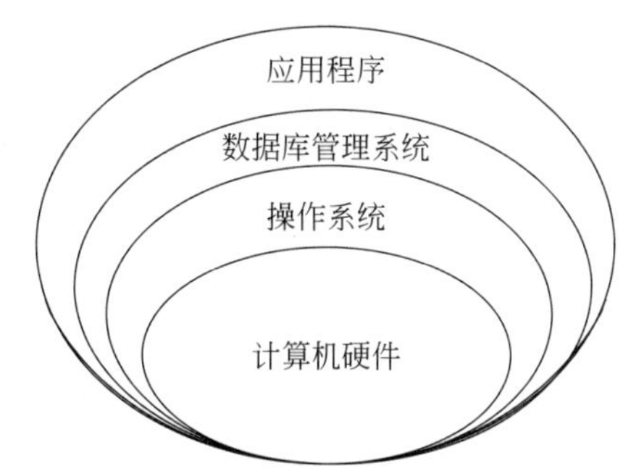

图 1-4 数据库系统在计算机系统中的作用

1.3 数据库系统结构

从数据库管理系统的角度看,数据库系统通常采用三级模型、两级映像结构,这是数据库管理系统内部的体系结构。

1.3.1 三级模型结构

为了保障数据与程序之间的独立性,使用户能以简单的逻辑结构操作数据而无须考虑数据的物理结构,简化应用程序的编制和程序员的负担,增强系统的可靠性,通常 DBMS 将数据库的体系结构分为三级模式:外模式、模式和内模式。三级模型结构如图 1-5 所示。

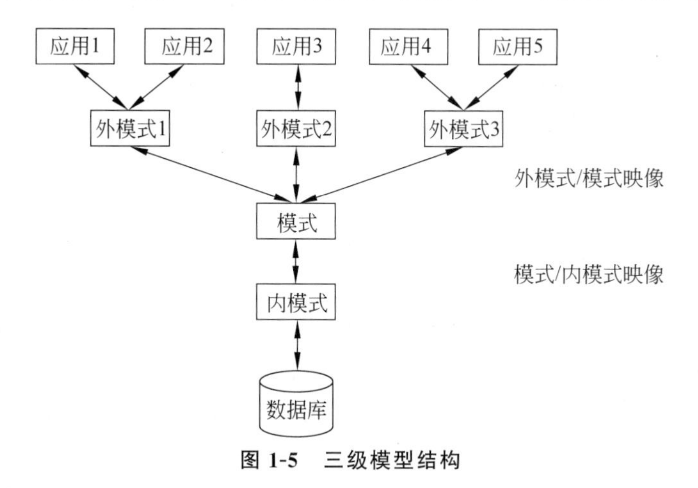

图 1-5 三级模型结构

1. 外模式

外模式也称为用户模式或子模式,它的内容来自模式。外模式是对现实系统中用户感兴趣的整体数据的局部描述，用于满足数据库不同用户对数据的需求。外模式是对数据库用户能够看见和使用的局部数据的逻辑结构和特征的描述，是数据库整体结构（即模式）的子集或局部重构。

外模式通常是模式的子集。一个数据库可以有多个外模式。由于它是各用户的数据视图，如果不同的用户在应用需求、看待数据的方式、对数据保密要求等方面存在差异，则其外模式的描述就是不同的。即使是模式中同样的数据，在外模式中的结构、类型、长度等也可以不同。

2. 模式

模式也称为逻辑模式或概念模式，是对数据库中全体数据的逻辑结构和特征的描述，是所有用户的公共数据视图。模式表示数据库中的全部信息，其形成要比数据的物理存储方式抽象。它是数据库结构的中间层，既不涉及数据的物理存储细节和硬件环境，也与具体的应用程序、所使用的开发工具和环境无关。

模式实际上是数据库数据在逻辑级上的视图。一个数据库只有一种模式。数据库模式以某种数据模型为基础，综合地考虑了所有用户的需求，并将这些需求有机地结合成一个逻辑整体。定义数据库模式时不仅要定义数据的逻辑结构，如数据记录由哪些数据项组成，数据项的名字、类型、取值范围等，而且还要定义数据之间的联系，定义与数据有关的安全性、完整性要求。

3. 内模式

内模式也称为存储模式，一个数据库只有一个内模式。它是对数据物理结构和存储方式的描述，是对全体数据库数据的机器内部表示或存储结构的描述。它描述了数据在存储介质上的存储方式和物理结构，是数据库管理员创建和维护数据库的视图。例如，记录的存储方式是顺序存储、按照B树结构存储还是按Hash方法存储；索引按照什么方式组织；数据是否压缩存储，是否加密；数据的存储记录结构有何规定等。

由于三级模式比较抽象，为了更好地理解，下面将Excel表格类比成数据库，并用一个表格保存学生信息，来介绍三级模式的概念，如图1-6所示。

学号	姓名	性别	年龄	班级号
201501	张鹏	男	20	01
201502	王宏	女	19	01
201503	赵飞	男	21	02
201504	黄明	男	19	02

图1-6 学生信息表格

在图1-6中，表的横向称为行，纵向称为列，第一行是列标题，用于描述该列的数据表示什么含义。

（1）模式类似于表格的列标题，它描述了学生表中包含哪些信息。模式在数据库中描述的信息还有很多，如多张表之间的联系、表中每一列的数据类型和长度等。

（2）将Excel表格另存为文件时，可以选择保存的文件路径、保存类型等，这些与存储相关的描述信息相当于内模式。

(3) 在打开一个电子表格后，默认会显示表格中所有的数据，这个表格称为基本表。在将数据提供给其他用户时，出于权限、安全控制等因素的考虑，只允许用户看到一部分数据，或不同用户看到不同的数据，这样的需求就可以用视图来实现。如图 1-7 所示，基本表中的数据是实际存储在数据库中的，而视图中的数据是查询或计算出来的。由此可见，外模式可以为不同用户的需求创建不同的视图，且由于不同用户的需求不同，数据的显示方式也会多种多样。因此，一个数据库中会有多个外模式，而模式和内模式只有一个。

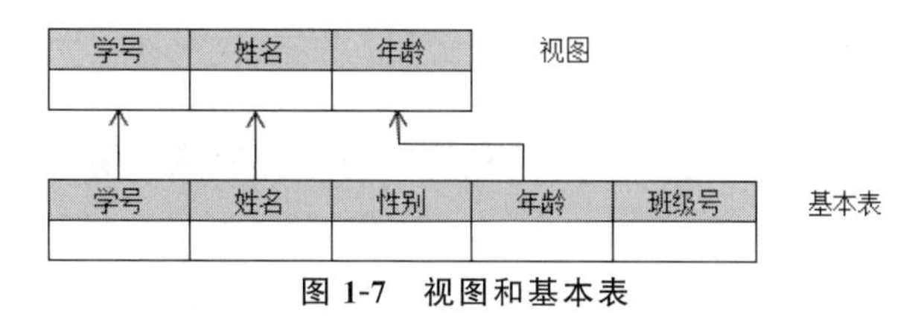

图 1-7　视图和基本表

1.3.2　两级映像

三级模式结构之间差别往往很大，为了实现这 3 个抽象级别的联系和转换，DBMS 在三级模式结构之间提供了两级映像：外模式/模式映像和模式/内模式映像。

1. 外模式/模式映像

模式描述的是数据的全局逻辑结构，外模式描述的是数据的局部逻辑结构，对应于同一个模式可以有任意多个外模式。对于每个外模式，数据库系统都有一个外模式/模式映像，它定义了该外模式与模式之间的对应关系。这些映像定义通常包含在各自外模式的描述中。当模式改变时(如增加新的关系、新的属性、改变属性的数据类型等)，由数据库管理员对各个外模式/模式映像作相应改变，可以使外模式保持不变。应用程序是依据数据的外模式编写的，因而应用程序不必修改，保证了数据与程序的逻辑独立性，简称逻辑数据独立性。

例如，将图 1-6 中的基本表中的“年龄”和“班级号”拆分到另外一个表中，此时模式发生了变化，但可以通过改变外模式/模式的映像，继续为用户提供原有的视图，如图 1-8 所示。

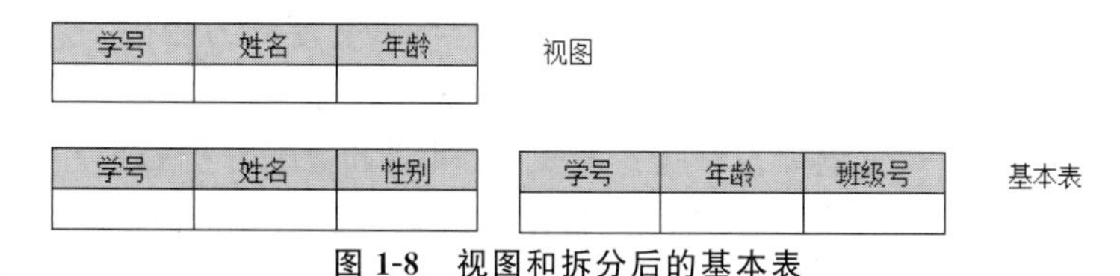

图 1-8　视图和拆分后的基本表

2. 模式/内模式映像

数据库中只有一个模式，也只有一个内模式，所以模式/内模式映像是唯一的，它定义了数据库全局逻辑结构与存储结构之间的对应关系。例如，说明逻辑记录和字段在内部是如何表示的。该映像定义通常包含在模式描述中。当数据库的存储结构改变了(如选用了另一种存储结构),由数据库管理员对模式/内模式映像作相应改变,可以保证模式保持不变,因而应用程序也不必改变。保证了数据与程序的物理独立性,简称为物理数据独立性。

例如,在Excel中将.xls文件另存为.xlsx文件,虽然更换了文件格式,但是打开文件后显示的表格内容一般不会发生改变。在数据库中,更换了更先进的存储结构,或者创建索引以加快查询速度,内模式会发生变化。此时,只需要改变模式/内模式映像,就不会影响原来的模式。

1.4 数据库技术的发展趋势

数据库技术将以社会需求为导向,面向实际应用,并与计算机网络和人工智能等技术结合,为新型应用提供多种支持。

1. 云数据库和混合数据快速发展

云数据库简称为云库,是在云计算环境中部署和虚拟化的数据库。将各种关系数据库看成一系列简单的二维表,并进行操作。传统关系数据库通过提交一个有效的链接字符串即可加入云数据库,云数据库可解决数据集中更广泛的异地资源共享问题。

2. 数据集成与数据仓库

数据仓库是面向主题、集成、相对稳定且反映历史变化的数据集合,是决策支持系统和联机分析应用数据源的结构化数据环境。数据仓库以面向主题、集成性、稳定性和时变性为特征,主要侧重于对企事业机构历史数据的综合分析利用,找出对单位发展有价值的信息,协助决策支持,提高效益。新一代数据库使数据集成和数据仓库的实施更简捷。从数据应用逐步过渡到数据服务,开始注重处理关系与非关系型数据的融合、分类、国际化多语言数据。

3. 主数据管理和商务智能

在企事业机构内部各种业务整合和系统互联中,许多单位具有相同业务应用的数据被多次反复定义和存储,导致数据大量冗余,成为IT环境发展的障碍,为了有效使用和管理这些数据,主数据管理已经成为一个新的研究热点和方向。

商务智能是指利用数据仓库及数据挖掘技术,对业务数据分析处理并提供决策信息和报告,促进企业利用现代信息技术收集、管理和分析商务数据,改善决策水平,提升绩效,增强综合竞争力。商务智能主要融合了先进信息技术与创新管理理念,集成优化企业数据资源,处理并从中提取创造商业价值的信息,面向企业战略并为管理层服务。

4. 大数据促进新型数据库

进入大数据时代,传统数据库技术的数据模型和预定义的操作模式,时常难以满足实际中大数据量、高并发、分布式和实时性的需求，新型数据库在大数据的场景下将取代传统数据库成为主导。

5. 利用网络自动化管理

网购、网银等网络数据库应用系统的广泛应用，使数据库管理更加自动化。从企业级向世界级的转变，提供了更多基于互联网环境的管理方式，完成数据库管理的网络化。应用程序编程接口更开放，基于浏览器端技术的管理技术为分布式远程管理提供了极大便利。

6. 其他新技术的发展方向

数据库技术与多学科技术的有机结合、非结构化数据库、演绎面向对象数据库技术将成为数据库技术发展的新方向。面向对象的数据库技术与关系数据库技术的结合，将成为下一代数据库技术发展的趋势之一。

习　　题

一、选择题

1. 数据库(DB)、数据库系统(DBS)、数据库管理系统(DBMS)三者之间的关系是(　　)。
   A. DBS 包括 DB 和 DBMS　　B. DBMS 包括 DB 和 DBS
   C. DB 包括 DBS 和 DBMS　　D. DBS 就是 DB，也就是 DBMS
2. 下列说法中，不正确的是(　　)。
   A. 数据库减少了数据冗余　　B. 数据库中的数据可以共享
   C. 数据库避免了一切数据的重复　　D. 数据库具有较高的数据独立性
3. 数据库系统的数据独立性体现在(　　)。
   A. 不会因为数据的变化而影响应用程序
   B. 不会因为系统数据存储结构与数据逻辑结构的变化而影响应用程序
   C. 不会因为存储策略的变化而影响存储结构
   D. 不会因为某些存储结构的变化而影响其他存储结构
4. (　　)是指在计算机系统中引入数据库后的系统，一般由数据库、数据库管理系统(及其开发工具)、应用系统、数据库管理员构成。
   A. 数据库　　B. 数据库管理系统
   C. 数据库用户　　D. 数据库系统
5. 数据库技术发展的 3 个阶段包括(　　)。
   A. 人工管理阶段、自动管理阶段、数据库系统阶段
   B. 人工管理阶段、文件系统阶段、自动管理阶段
   C. 人工管理阶段、文件系统阶段、数据库系统阶段
   D. 自动管理阶段、文件系统阶段、数据库系统阶段

6. 数据库中存储的是(　　)。

A. 数据　　B. 数据模型

C. 数据之间的联系　　D. 数据及数据之间的联系

7. (　　)也称为子模式或用户模式,是对数据库用户能够看到和使用的局部数据的逻辑结构和特征的描述。

A. 模式　　B. 外模式　　C. 内模式　　D. 模式映像

二、填空题

1. 数据库的三级模式结构包括(　　)、模式、内模式。

2. (　　)是描述事物的符号记录,是信息的载体,是信息的具体表现形式。

3. (　　)就是存放数据的仓库,是将数据按一定的数据模型组织、描述和存储,能够自动进行查询和修改的数据集合。

4. 数据库的两级映像是(　　)、模式/内模式映像。

第2章 chapter 2

数据模型

本章学习重点：

- 信息的3种世界。
- 概念模型。
- 关系模型。

客观事物是信息之源，是设计、建立数据库的出发点，也是使用数据库的最后归宿。计算机不能直接处理现实世界中的具体事物，所以人们必须先将具体事物转换成计算机能够处理的数据。在数据库系统的形式化结构中如何抽象、表示、处理现实世界中的信息和数据呢？这就是数据库的数据模型。

本章主要介绍信息的3种世界、概念模型的基本概念和E-R模型以及常见的4种数据模型。

2.1 信息的3种世界

计算机信息处理的对象是现实生活中的客观事物，在对客观事物实施处理的过程中，首先要经历了解、熟悉的过程，从观测中抽象出大量描述客观事物的信息，再对这些信息进行整理、分类和规范，进而将规范化的信息数据化，最终由数据库系统存储、处理。在这一过程中，涉及3个层次，分别是现实世界、信息世界和数据世界。

1. 现实世界

现实世界就是人们所能看到的、接触到的世界。信息的现实世界是指人们要管理的、客观存在的各种事物、事物之间的相互联系及事物的发生、变化过程。客观存在的世界就是现实世界，它不依赖于人们的思想。现实世界存在无数事物，每一个客观存在的事物都可以看作一个个体，每个个体都有属于自己的特征。例如，人有姓名、性别、年龄等。而不同的人，只会关心其中的一部分特征，并且一定领域内的个体有着相同的特征。用户为了某种需求，必须将现实世界中的部分需求用数据库实现。此时，它设定了需求及边界条件，这为整个转换提供了客观基础与初始启动环境。人们所见到的客观世界中的划定边界的一个部分环境就是现实世界。

2. 信息世界

信息世界就是现实世界在人们头脑中的反映，又称为概念世界。客观事物在信息世界中称为实体，反映事物间联系的是实体模型或概念模型。现实世界是物质的，相对而言，信息世界是抽象的。

3. 数据世界

数据世界又称为机器世界。数据世界就是信息世界中的信息数据化后对应的产物。现实世界中的客观事物及其联系，在数据世界中以数据模型描述。相对于信息世界，数据世界是量化的、物化的。

在数据库技术中，用数据模型对现实世界数据特征进行抽象，来描述数据库的结构与语义。不同的数据模型是提供给人们模型化数据和信息的不同工具。根据模型应用的不同目的，可以将模型分为两类：概念模型和数据模型。概念模型是按用户的观点对数据和信息建模，数据模型是按计算机系统的观点对数据建模。

4. 3种世界的转换

信息的3种世界之间是可以进行转换的。人们常常首先将现实世界抽象为信息世界，然后将信息世界转换为数据世界。也就是说，首先将现实世界中客观存在的事物或对象抽象为某一种信息结构，这种结构并不依赖于计算机系统，是人们认识的概念模型；然后再将概念模型转换为计算机上某一种具体的数据库管理系统支持的数据模型。信息的3种世界在转换过程中，每种世界都有自己对象的概念描述，但是它们之间又相互对应。

2.2 概念模型

在把现实世界抽象为信息世界的过程中，实际上是抽象出现实系统中有应用价值的元素及其联系。这时所形成的信息结构就是概念模型。这种信息结构不依赖于具体的计算机系统。它是现实世界转换为数据世界的一个中间层。

2.2.1 概念模型的基本概念

概念模型中的几个基本概念介绍如下。

1. 实体(entity)

客观存在并可以相互区分的“事物”叫作实体。实体可以是具体的人、事或物，如一个学生、一本书、一辆汽车、一种物质等；也可以是抽象的事件，如一堂课、一场比赛、学生选修课程等。

2. 属性(attribute)

属性是实体所具有的某些特性,可以通过属性对实体进行描述。实体是由属性组成的。一个实体可以由若干属性共同来刻画,如学生实体由学号、姓名、性别、年龄等方面的属性构成。属性有“型”和“值”的区分。“型”即属性名,如姓名、年龄、性别都是属性的型;“值”即属性的具体内容,如学生(20234103101,刘宇,男,18),这些属性值的集合表示了一个学生实体。

3. 码(key)

一个实体往往有多个属性,这些属性之间是有关系的,它们构成该实体的属性集合。如果其中有一个属性或属性集能够唯一标识整个属性集合,则称该属性或属性集为该实体的码,如学生的学号就是实体的码。需要注意的是,实体的属性集可能有多个码,每个码都称为候选码。但一个属性集只能确定其中一个候选码作为唯一标识。一旦选定,就称其为该实体的主码。

4. 实体型(entity type)

具有相同属性的实体必然具有共同的特征和性质。用实体名及其属性名集合来抽象和刻画同类实体,称为实体型。例如,学生(学号,姓名,性别,出生年份,系,入学时间)就是一个实体型。

5. 实体集(entity set)

同型实体的集合称为实体集。例如,全体学生就是一个实体集。

6. 联系(relationship)

现实世界的事物之间是有联系的,即各实体型之间是有联系的。例如,教师实体与学生实体之间存在教和学的联系,学生和课程之间存在选课联系。实体间的联系是复杂的,但就两个实体型的联系来说,主要有如下 3 种情况。

1) 一对一联系(1∶1)

对于实体集 A 中的每个实体,实体集 B 中至多有一个实体与之对应,反之亦然,则称实体集 A 与实体集 B 具有一对一联系,记为 1∶1,如图 2-1 所示。例如,一个学校只能有一个校长,一个校长也只能在一个学校任职,所以学校与校长之间的联系即为一对一的联系。

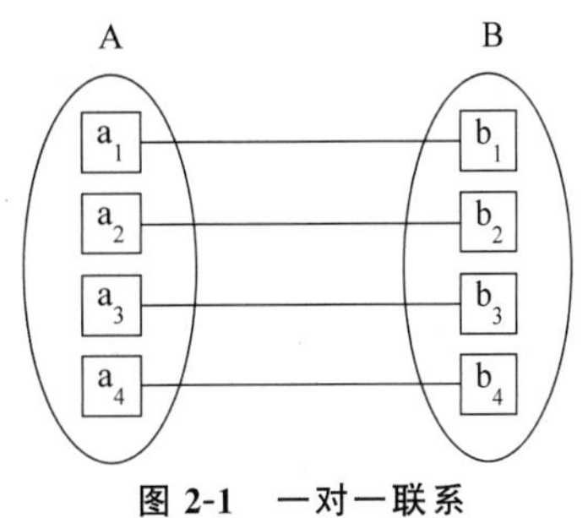

图 2-1 一对一联系

2) 一对多联系(1∶M)

对于实体集 A 中的每个实体,实体集 B 中有多个实体与之对应;反过来,对于实体集 B 中的每个实体,实体集 A 中至多有一个实体与之对应,则称实体集 A 与实体集 B 具有一对多联系,记为 1∶M,如图 2-2 所示。例如,一个班可以有多个学生,但一个学生只能属于一个班。班级与学生之间的联系就是一对多的联系。

3）多对多联系（M∶N）

对于实体集 A 中的每一个实体，实体集 B 中有多个实体与之对应；反过来，对于实体集 B 中的每一个实体，实体集 A 中也有多个实体与之对应，则称实体集 A 与实体集 B 具有多对多联系，记为 M∶N，如图 2-3 所示。例如，学生在选课时，一个学生可以选多门课程，一门课程也可以被多个学生选，则学生和课程之间具有多对多联系。

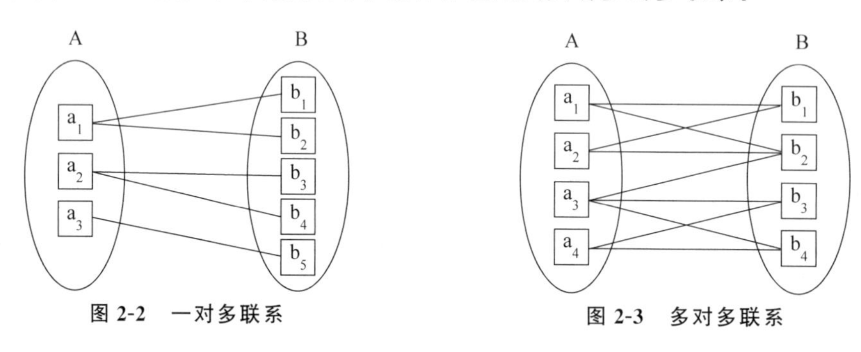

图 2-2　一对多联系　　**图 2-3　多对多联系**

2.2.2　E-R 模型

概念模型的表示方法很多，其中最为著名和使用最为广泛的是 P.P.Chen 于 1976 年提出的 E-R（Entity-Relationship）模型。E-R 模型是直接从现实世界中抽象出实体类型及实体间的联系，是对现实世界的一种抽象，它的主要成分是实体、联系和属性。E-R 模型的图形表示称为 E-R 图。

E-R 图通用的表示方式如下。

（1）用矩形表示实体，在框内写上实体名，如学生实体、班级实体，如图 2-4 所示。

（2）用椭圆形表示实体的属性，在框内写上属性名，并用无向边把实体和属性连接起来。例如，学生实体有学号、姓名、性别、年龄、班级名等属性，班级实体有班级名、班主任属性，如图 2-5 所示。

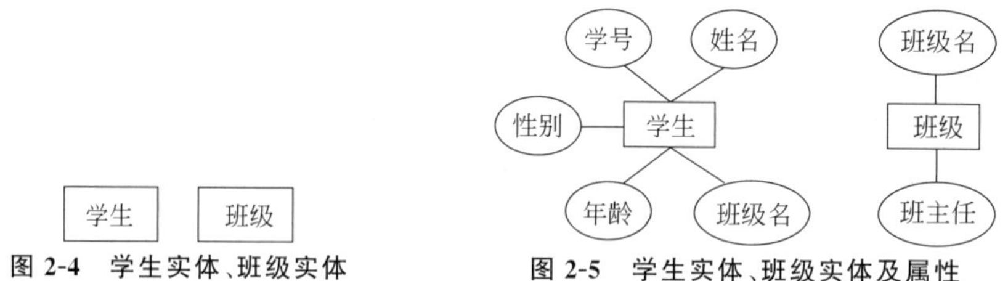

图 2-4　学生实体、班级实体　　**图 2-5　学生实体、班级实体及属性**

（3）用菱形表示实体间的联系，在菱形框内写上联系名，用无向边分别把菱形框与有关实体连接起来，在无向边旁注明联系的类型，即 1∶1、1∶M 或 M∶N。

【例 2-1】　学生实体和班级实体的 E-R 图如下，联系的类型是一对多联系，如图 2-6 所示。

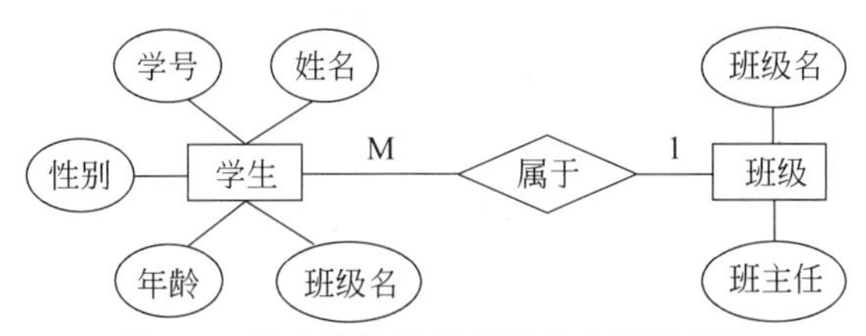

图 2-6 学生实体和班级实体的联系模型

【例 2-2】 某高校信息数据库系统，包含学生、教师、专业、教科书和课程 5 个实体。其中，一个专业可以有若干学生，一个学生只能属于一个专业；一个专业可以开多门课，一门课只能在一个专业开；一个专业可以有若干教师，一位教师只能属于一个专业；一位教师可以讲授多门课，一门课也可以有多位教师讲授；一个专业可以订购若干教材，一种教材可以有多个专业订购；一个学生可以选修多门课，每门课可以有多个学生选修，学生选课后有成绩，该数据库的 E-R 模型如图 2-7 所示。

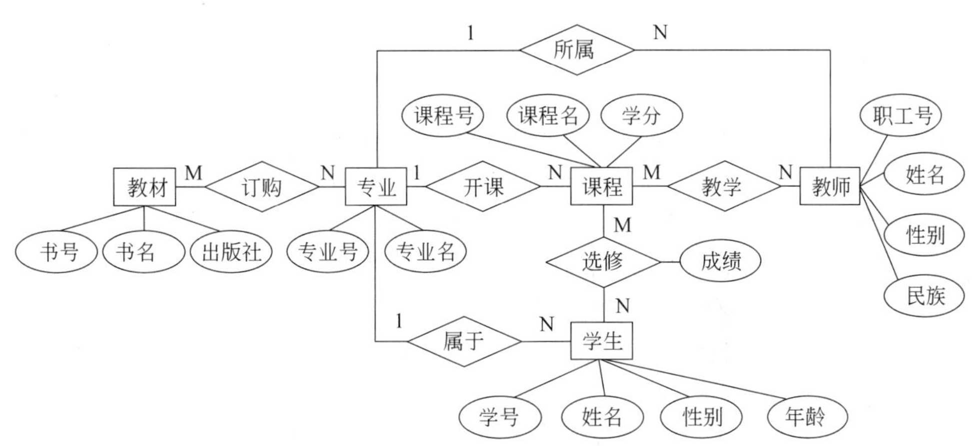

图 2-7 某高校信息数据库系统的 E-R 图

2.3 数据模型

数据模型是对客观事物及联系的数据描述，是概念模型的数据化，即数据模型提供表示和组织数据的方法。一般来讲，数据模型是严格定义的概念的集合，这些概念精确地描述系统的静态特征、动态特征和完整性约束条件。因此，数据模型通常由数据结构、数据操作和数据的完整性约束三要素构成。

1. 数据结构

数据结构是对计算机的数据组织方式和数据之间联系进行框架性描述的集合，是对数据库静态特征的描述。它研究存储在数据库中的对象类型的集合，这些对象类型是数据库的组成部分。数据库系统是按数据结构的类型来组织数据的，因此，数据库系统通常按照数据结构的类型来命名数据模型。常见的数据模型有 4 种，分别是层次模型、网状模型、关系模型、面向对象模型。其中层次模型和网状模型统称为非关系模型。

2. 数据操作

数据操作是指数据库中各记录允许执行的操作的集合，包括操作方法及有关的操作规定，是对数据库动态特征的描述。例如，插入、删除、修改、检索、更新等操作，数据模型要定义这些操作的确切含义、操作符号、操作规则以及实现操作的语言等。

3. 数据的完整性约束

数据的完整性约束条件是关于数据状态和状态变化的一组完整性约束规则的集合，以保证数据的正确性、有效性和一致性。数据模型中的数据以及联系都要遵循完整性规则的约束，例如，数据库的主码不能允许取空值，性别的取值范围为“男”或“女”等。此外，数据模型应该提供定义完整性约束条件的机制以反映某一个应用所涉及的数据必须遵守的、特定的语义约束条件。

2.3.1 层次模型

层次模型用树状结构来表示各类实体以及实体间的联系。每个结点表示一个记录类型，结点之间的连线表示记录类型间的联系，这种联系只能是父子联系。

层次模型存在如下特点。

(1) 只有一个结点没有双亲结点，称为根结点。

(2) 根结点以外的其他结点有且只有一个双亲结点。

在这种模型中，数据被组织成由“根”开始的“树”，每个实体由根开始沿着不同的分支放在不同的层次上，如果不再向下分支，那么此分支序列中最后的结点称为“叶”，上级结点与下级结点之间为一对一或一对多联系，层次模型不能直接表示多对多联系。层次模型结构如图 2-8 所示。

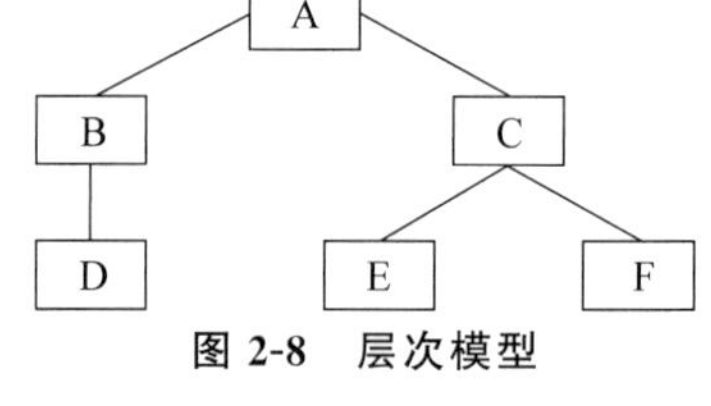

图 2-8 层次模型

层次数据模型的操纵主要有查询、插入、删除和更新。进行插入、删除、更新操作时要满足以下层次模型的完整性约束条件。

(1) 进行插入操作时，如果没有相应的双亲结点值就不能插入子结点值。

(2) 进行删除操作时，如果删除双亲结点值，则相应的子结点值也被同时删除。

(3) 进行更新操作时，应更新所有相应记录，以保证数据的一致性。

层次模型的优点是模型本身比较简单，只需几条命令就能操作数据库，对于实体间联系是固定的，且预先定义好的应用系统，采用层次模型最易实现。但缺点也很多，如插入和删除操作的限制比较多，查询子结点必须通过双亲结点，无法直接表示多对多联系等。

2.3.2 网状模型

网状模型是一种比层次模型更具普遍性的结构，它去掉了层次模型的两个限制，允许多个结点没有双亲结点，也允许一个结点有多个双亲结点。因此，网状模型可以方便地表示各种类型的联系。网状模型是一种较为通用的模型，从图论的观点看，它是一个不加任何条件的无向图。一般来说，层次模型是网状模型的特殊形式，网状模型是层次模型的一般形式。网状模型的结构如图2-9所示。

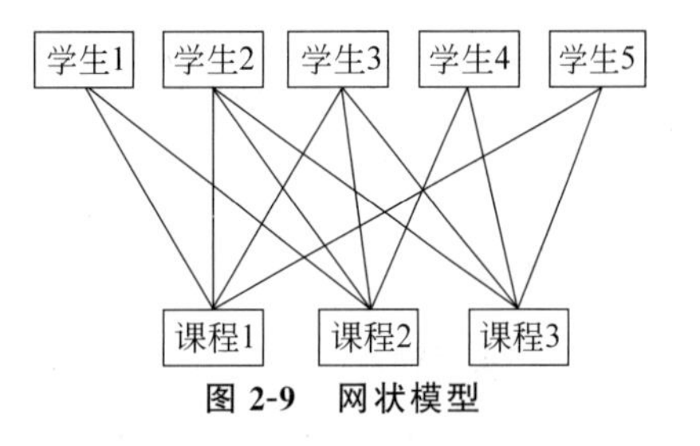

图2-9 网状模型

网状模型的操纵主要包括查询、插入、删除和更新数据。进行插入、删除、更新操作时要满足以下网状模型的完整性约束条件。

（1）插入操作允许插入尚未确定双亲结点值的子结点值。

（2）删除操作允许只删除双亲结点值。

（3）更新操作只需要更新指定记录即可。

（4）查询操作可以有多种方法，可以根据具体情况选用。

与层次模型相比，网状模型提供了更大的灵活性，能更直接地描述现实世界，性能和效率也比较好。网状模型的缺点是结构复杂，用户不易掌握，记录类型联系变动后涉及链接指针的调整，扩充和维护都比较复杂。

对于上述两种非关系模型，对数据的操作是过程化的，由于实体间的联系本质上是通过存取路径指示的，因此，应用程序在访问数据时要指定存取路径。

2.3.3 关系模型

用二维表格结构表示实体以及实体之间的联系的数据模型称为关系模型。关系模型在用户看来是一个二维表格，其概念单一，容易被初学者接受。关系模型以关系数学为理论基础。在关系模型中，操作的对象和操作结果都是二维表。

下面以表2-1所示的学生信息表来说明关系模型的有关概念。

表2-1 学生信息表

学号	姓名	性别	年龄	班级号
201501	张鹏	男	20	01
201502	王宏	女	19	01
201503	赵飞	男	21	02
201504	黄明	男	19	02

1. 关系

一个关系就是一张二维表，每个关系都是一个关系名，在计算机里，一个关系可以存储为一个文件。

2. 元组

二维表中的行称为元组，每一行是一个元组。元组对应存储文件中的一个记录。表 2-1中包括 4 个元组。

3. 属性

二维表的列称为属性，每一列有一个属性名，属性值是属性的具体值。属性对应存储文件中的一个字段，属性的具体取值就形成表中的一个个元组。表 2-1 中包含了 5 个属性。

4. 域

域是属性的取值范围。例如，学生信息表中性别的取值范围只能是男和女，即性别的域为(男，女)。

5. 关系模式

对关系的信息结构及语义限制的描述称为关系模式，用关系名和包含的属性名的集合表示。例如，学生信息表的关系模式是学生(学号，姓名，性别，年龄，班级号)。

6. 关键字或码

在关系的属性中，能够用来唯一标识元组的属性(或属性组合)称为关键字或码。

7. 候选关键字或候选码

如果在一个关系中，存在多个属性(或属性组合)都能用来唯一标识该关系中的元组，这些属性(或属性组合)都称为该关系的候选关键字或候选码，候选码可以有多个。例如，在学生信息表中，学号是学生信息表的候选码。

8. 主键或主码

在一个关系的若干候选关键字中，被指定作为关键字的候选关键字称为该关系的主键或主码(primary key)，通常习惯选择号码作为一个关系的主码。但一个关系的主码，在同一时刻只能有一个。

9. 主属性和非主属性

在一个关系中，包含在任何候选关键字中的各个属性称为主属性；不包含在任一候选码中的属性称为非主属性。例如，学生信息表中的学号是主属性，而姓名、性别、年龄和班级号是非主属性。

10. 外键或外码

一个关系的某个属性(或属性组合)不是该关系的主键或只是主键的一部分，却是另一个关系的主码,则称这样的属性为该关系的外键或外码(foreign key)。外码是表与表联系的纽带。例如,表 2-1 中的班级号不是学生表的主键,但却是表 2-2 的主键,因此班级号是学生信息表的外键,通过班级号可以在学生信息表和班级表之间建立联系。

表 2-2 班级表

班级号	班级名	班长
01	软件工程 1 班	王飞
02	软件工程 2 班	黄磊

2.3.4 面向对象模型

面向对象数据库系统是数据库技术与面向对象程序设计方法相结合的产物。现实世界中的事物都是对象,对象可以看成一组属性和方法的结合体。例如,学生、课程都是对象。属性则表示对象的状态与组成,学生有学号、姓名、年龄等属性;课程有课程号、课程名、学分等属性。对象的行为称为方法,学生可以进行学习、运动等行为。在面向对象技术中,通过方法来访问与修改对象的属性,这样就将属性与方法完美地结合在一起。在现实世界中有许多对象来自同一集合,例如,所有的学生都是人,则这些集合统称为类。类是对象的模板,规定该类型的对象有哪些属性,哪些方法等。面向对象方法适用于模拟实体的行为,核心是对象。

面向对象数据库系统支持的数据模型称为面向对象数据模型,即一个面向对象数据库系统是一个持久的、可共享的对象数据库,而一个对象是由一个面向对象数据模型所定义的对象的集合。面向对象数据模型中的主要概念有 3 个。

1. 对象

现实世界的任一实体都被称为模型化的一个对象,每个对象有一个唯一的标识,称为对象标识。例如,学生王鹏就是一个对象。

2. 封装

每个对象都将其状态、行为封装起来,其中状态就是该对象属性值的集合,行为就是该对象方法的集合。例如,学生封装学号、姓名、年龄等属性,还封装了学习、运动等方法。

3. 类

具有相同属性和方法的对象的集合称为类。一个对象是某一个类的一个实例。例如,全体学生就是学生类,每一个学生就是此类的一个实例。

面向对象数据库系统其实就是类的集合,它提供了一个类层次模型,如图 2-10 所示。

面向对象的类层次模型与层次模型是完全不同的概念。综上所述,每种数据模型都有自己的特点,基于某种数据模型的数据库也都有自己的用途。而当前数据库技术最流

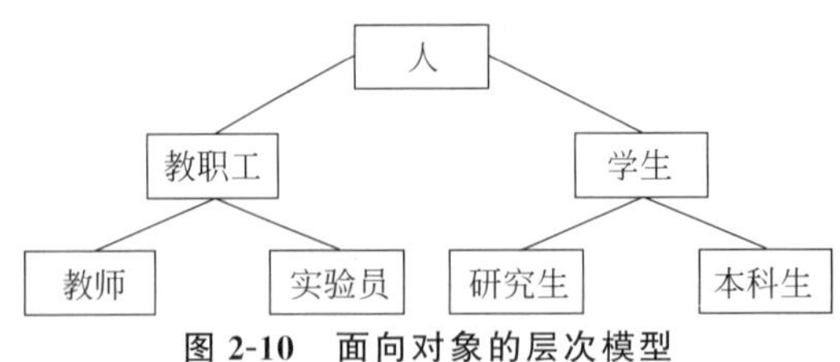

图 2-10　面向对象的层次模型

行的是关系模型和基于关系模型的关系数据库，本书后续会详细讲解关系模型和关系数据库。

习　　题

一、选择题

1. 在(　　)中，一个结点可以有多个双亲，结点之间可以有多种联系。

A. 网状模型　　B. 关系模型　　C. 实体-联系模型　　D. 层次模型

2. 当前应用最广泛的数据模型是(　　)。

A. 面向对象模型　　B. 关系模型　　C. 网状模型　　D. 层次模型

3. 在概念模型中，一个实体相对于关系数据库中一个关系中的一个(　　)。

A. 属性　　B. 元组　　C. 列　　D. 字段

4. 下列实体类型的联系中，属于一对一联系的是(　　)。

A. 班级对学生的所属联系　　B. 学生和课程的联系

C. 省对省会的所属联系　　D. 商店对顾客之间的联系

5. 学生社团可以接纳多名学生参加，但每个学生只能参加一个社团，从社团到学生之间的联系类型是(　　)。

A. 多对多　　B. 一对一　　C. 多对一　　D. 一对多

6. E-R 图中的主要元素是(　　)。

A. 结点、记录和文件　　B. 实体、联系和属性

C. 记录、文件和表　　D. 记录、表、属性

7. 数据库系统中的数据模型通常由(　　)3 部分组成。

A. 数据结构、数据操作和完整性约束

B. 数据定义、数据操作和安全性约束

C. 数据结构、数据管理和数据保护

D. 数据定义、数据管理和运行控制

8. 关系模型中，一个码(　　)。

A. 可由多个任意属性组成

B. 至多由一个属性组成

C. 可由一个或多个其值能唯一标识该关系模式中任何元组的属性组成

D. 以上都不是

二、填空题

1. (　　)是现实世界的抽象反映,它表示实体类型及实体间的联系,是独立于计算机系统的模型,是现实世界到机器世界的一个中间层次。

2. 一个实体中有一个属性或属性集能够唯一标识整个属性集合,那么称该属性或属性集为该实体的(　　)。

3. 关系模型中,不包含在任一候选码中的属性称为(　　)。

4. E-R模型中实体用(　　)来表示。

5. 一个关系就是一张二维表,二维表的一行称为(　　)。

6. 一个关系的某个属性不是该关系的主键或者只是主键的一部分,却是另外一个关系的主键,则称这个属性是该关系的(　　)。

7. 用树状结构表示实体类型及实体间联系的数据模型称为(　　)。

第3章 chapter 3

关系数据库

本章学习重点：

- 关系完整性。
- 关系运算。

关系数据库系统是支持关系模型的数据库系统。关系数据模型由关系数据结构、关系操作集合和关系完整性约束3部分组成。在关系数据库设计中，为使其数据模型合理可靠、简单实用，需要使用关系数据库的规范化设计理论。

本章介绍关系数据库的基本概念，围绕关系数据模型的三要素展开，利用集合、代数等抽象的知识，深刻而透彻地介绍关系数据结构、关系数据库完整性及关系数据库操作等内容。

3.1 关系数据结构

关系模型的数据结构非常简单。在关系数据模型中，现实世界的实体以及实体间的各种联系均用关系来表示。在用户看来，关系模型中数据的逻辑结构是一张二维表。

3.1.1 关系的定义和性质

关系就是一张二维表，但并不是任何二维表都叫作关系，人们不能把日常生活中所用的任何表格都当成一个关系直接存放到数据库中。

关系数据库要求其中的关系必须具有以下性质。

(1) 在同一个关系中，同一个列的数据必须是同一种数据类型。

(2) 在同一个关系中，不同列的数据可以是同一种数据类型，但各属性的名称都必须互不相同。

(3) 同一个关系中，任意两个元组都不能完全相同。

(4) 在一个关系中，列的次序无关紧要，即列的排列顺序是不分先后的。

(5) 在一个关系中，元组的位置无关紧要，即排行不分先后，可以任意交换两行的位置。

(6) 关系中的每个属性必须是单值，即不可再分，这就要求关系的结构不能嵌套。这是关系应满足的最基本的条件。

【例 3-1】 有学生成绩表如表 3-1 所示。这种表格就不是关系，应对其结构进行修改，才能成为数据库中的关系。对于该复合表，可以把它转化成一个关系，即学生成绩关系(学号，姓名，性别，年龄，班级号，数学，语文，英语)；也可以转化成两个关系，即学生关系(学号，姓名，性别，年龄，班级号)和成绩关系(学号，数学，语文，英语)，如表 3-2 和表 3-3 所示。

表 3-1 学生成绩表

学号	姓名	性别	年龄	班级号	成绩		
					数学	语文	英语
201501	张鹏	男	20	01	77	81	85
201502	王宏	女	19	01	78	82	86
201503	赵飞	男	21	02	79	83	87
201504	黄明	男	19	02	80	84	88

表 3-2 学生关系表

学号	姓名	性别	年龄	班级号
201501	张鹏	男	20	01
201502	王宏	女	19	01
201503	赵飞	男	21	02
201504	黄明	男	19	02

表 3-3 成绩关系表

学号	数学	语文	英语
201501	77	81	85
201502	78	82	86
201503	79	83	87
201504	80	84	88

关系是一种规范化了的二维表格，是一个属性数目相同的元组的集合。集合中的元素是元组，每个元组的属性数目应该相同。

在关系数据模型中，实体以及实体之间的联系都是用关系来表示的，它是通过关系当中的冗余属性(一般是主码和外码的关系)来实现实体之间的联系。例 3-1 中的学生关系和成绩关系就是通过“学号”属性实现的一对一联系，即一个学生只有一行成绩，而一行成绩也只属于一个学生。

3.1.2 关系模式

关系数据库中，关系模式（relation schema）是型，关系是值；关系模式是对关系的描述。因此关系模式必须指出这个元组集合的结构，即它由哪些属性构成，这些属性来自哪些域，以及属性与域之间的映像关系。

关系模式的定义：关系的描述称为关系模式。一个关系模式应是一个五元组。关系模式可以形式化地表示为 R(U,D,dom,F)。

其中，R 是关系名；U 是组成该关系的属性名集合；D 是属性组 U 中属性所来自的域；dom 是属性间域的映像集合；F 是属性间的数据依赖关系集合。

关系模式通常可以简记为 R(U)或 R(A1,A2,…,An)。

其中，R 是关系名，A1,A2,…,An 为属性名，域名及属性间域的映像，常常直接说明为属性的类型、长度。

关系实际上就是关系模式在某一时刻的状态或内容。关系模式是静态的、稳定的，而关系是动态的、随时间不断变化的，因为关系操作在不断地更新着数据库中的数据。可以把关系模式和关系统称为关系。

3.1.3 关系数据库

关系数据库就是采用关系模型的数据库。关系数据库有型和值的区别，关系数据库的型是指对关系数据库的描述，它包括若干关系模式；关系数据库的值是这些关系模式在某一时刻对应的关系的集合。

在一个给定的应用领域中，所有实体及实体之间联系的关系的集合构成一个关系数据库。关系数据库的型也称为关系数据库模式，是对关系数据库的描述，它包括若干域的定义以及在这些域上定义的若干关系模式。关系数据库的值是这些关系模式在某一时刻对应的关系的集合，通常称为关系数据库。

3.2 关系的完整性

数据完整性是指关系模型中数据的正确性与一致性。关系模型允许定义 3 类完整性规则：实体完整性规则、参照完整性规则和用户定义的完整性规则。

1. 实体完整性规则

实体完整性要求关系的主码具有唯一性且主码中的每个属性都不能取空值。例如，学生表中的学号属性应具有唯一性且不能为空。

关系模型必须满足实体完整性的原因如下。

（1）现实世界中的实体和实体间的联系都是可区分的，即它们具有某种唯一性标识。相应地，关系模型中以主码作为唯一性标识。

（2）空值就是“不知道”或“无意义”的值。主键取空值，就说明存在某个不可标识的实体，这与(1)矛盾。

2. 参照完整性规则

设F是基本关系R的一个或一组属性，但不是关系R的码，如果F与基本关系S的主码Ks相对应，则称F是基本关系R的外码，并称基本关系R为参照关系(referencing relation)，基本关系S为被参照关系(referenced relation)或目标关系(target relation)。

关系R和S也可以是相同的关系，即自身参照。

目标关系S的主码Ks和参照关系的外码F必须定义在同一个(或一组)域上。参照完整性规则就是定义外码与主码之间的引用规则。

参照完整性规则：若属性(或属性组)F是基本关系R的外码，它与基本关系S的主码Ks相对应(基本关系R和S可能是相同的关系)，则对于R中每个元组在F上的值必须为空值(F的每个属性值均为空值)；或者等于S中某个元组的主码值。

【例3-2】 学生实体和系实体可以用下面的关系表示，其中主码用下画线标识。

学生(学号，姓名，性别，系号)
系(系号，系名)

学生关系的"系号"与系关系的"系号"相对应，因此，"系号"属性是学生关系的外码，是系关系的主码。这里系关系是被参照关系，学生关系为参照关系。学生关系中的每个元组的"系号"属性只能取下面两类值：空值或系关系中已经存在的值。

3. 用户定义的完整性规则

用户定义的完整性规则由用户根据实际情况对数据库中数据的内容进行的规定，也称为域完整性规则。通过这些规则限制数据库只接受符合完整性约束条件的数据值，不接受违反约束条件的数据，从而保证数据库的中数据的有效性和可靠性。例如，学生表中的性别数据只能是男和女，选课表中的成绩数据为1～100等。

关系完整性的作用就是要保证数据库中的数据是正确的。通过在数据模型中定义实体完整性规则、参照完整性规则和用户定义的完整性规则，数据库管理系统将检查和维护数据库中数据的完整性。

3.3 关系运算

关系代数是以关系为运算对象的一组高级运算的集合；关系代数是一种抽象的查询语言，是关系数据操纵语言的一种传统表达方式。关系代数的运算对象是关系，运算结果也是关系。

关系代数中的操作可以分为如下两类。

(1) 传统的集合操作：笛卡儿积、并、差、交。

(2) 专门的关系操作：投影(对关系进行垂直分割)、选择(水平分割)、连接(关系的结合)、除法(笛卡儿积的逆运算)等。

3.3.1 传统的集合运算

传统的关系运算包括笛卡儿积(×)、并(∪)、差(－)和交(∩)。

1. 笛卡儿积(Cartesian product)

设关系R和S的属性个数分别为r和s,定义R和S的笛卡儿积是一个(r+s)元的元组集合,每个元组的前r个分量(属性值)来自R的一个元组,后s个分量来自S的一个元组,记为R×S。形式化定义如下:

$$R \times S = \{t \mid t = \langle t^r, t^s \rangle \wedge t^r \in R \wedge t^s \in S\}$$

其中,t^r、t^s中r和s为上标。若R有m个元组,S有n个元组,则R×S有m×n个元组。

实际操作时,可从R的第一个元组开始,依次与S的每个元组组合,然后对R的下一个元组进行同样的操作,直至R的最后一个元组也进行完同样的操作,即可得到R×S的全部元组。

【例3-3】 已知关系R和关系S如表3-4和表3-5所示,求R和S的笛卡儿积。

表3-4 关系R

M	N
m1	n1
m2	n2
m3	n3

表3-5 关系S

X	Y
x1	y1
x2	y2
x3	y3

R和S的笛卡儿积结果如表3-6所示。

表3-6 R和S的笛卡儿积

M	N	X	Y
m1	n1	x1	y1
m1	n1	x2	y2
m1	n1	x3	y3
m2	n2	x1	y1
m2	n2	x2	y2
m2	n2	x3	y3
m3	n3	x1	y1
m3	n3	x2	y2
m3	n3	x3	y3

2. 并(union)

设关系 R 和 S 具有相同的关系模式，R 和 S 是 n 元关系，R 和 S 的并是由属于 R 或属于 S 的元组构成的集合，记为 R∪S。形式定义如下：

$$R \cup S=\{t \mid t \in R \vee t \in S\}$$

其含义为任取元组 t，当且仅当 t 属于 R 或 t 属于 S 时，t 属于 R∪S。R∪S 是一个 n 元关系。关系的并操作对应于关系的插入或添加记录的操作，俗称为+操作，是关系代数的基本操作。

【例 3-4】 已知关系 R 和 S 如表 3-7 和表 3-8 所示，求 R 和 S 的并。

R 和 S 的并结果如表 3-9 所示。

表 3-7 关系 R

M	N	K
m1	n2	k3
m4	n5	k6
m7	n8	k9

表 3-8 关系 S

M	N	K
m1	n2	k3
m4	n5	k6
m10	n11	k12

表 3-9 R 和 S 的并结果

M	N	K
m1	n2	k3
m4	n5	k6
m7	n8	k9
m10	n11	k12

注意：并运算会取消某些元组(避免重复行)。

3. 差(difference)

关系 R 和 S 具有相同的关系模式，R 和 S 是 n 元关系，R 和 S 的差是由属于 R 但不属于 S 的元组构成的集合，记为 R－S。形式定义如下：

$$R-S=\{t \mid t \in R \wedge t \notin S\}$$

其含义为当且仅当 t 属于 R 并且不属于 S 时，t 属于 R－S。R－S 也是一个 n 元关系。

关系的差操作对应于关系的删除记录的操作，俗称为－操作，是关系代数的基本操作。

【例 3-5】 已知关系 R 和 S 如表 3-7 和表 3-8 所示，求 R 和 S 的差。

R 和 S 的差结果如表 3-10 所示。

表 3-10 R－S

M	N	K
m7	n8	k9

4. 交(intersection)

关系 R 和 S 具有相同的关系模式，R 和 S 是 n 元关系，R 和 S 的交是由属于 R 且属于 S 是元组构成的集合，记为 R∩S。形式定义如下：

$$R \cap S = \{t \mid t \in R \wedge t \in S\}$$

其含义为任取元组 t，当且仅当 t 既属于 R 又属于 S 时，t 属于 R∩S。R∩S 是一个 n 元关系。

关系的交操作对应于寻找两关系共有记录的操作，是一种关系查询操作。

【例 3-6】 已知关系 R 和 S 如表 3-7 和表 3-8 所示，求 R 和 S 的交。

R 和 S 的交结果如表 3-11 所示。

表 3-11 R∩S

M	N	K
m1	n2	k3
m4	n5	k6

3.3.2 专门的关系运算

专门的关系运算包括选择、投影、连接等。

1. 选择(selection)

选择运算是在关系 R 中选择满足给定条件的诸元组，记作

$$\sigma_F(R) = \{t \mid t \in R \wedge F(t) = '真'\}$$

其中，F 表示选择条件，它是一个逻辑表达式，取逻辑值“真”或“假”。逻辑表达式 F 的基本形式为 $X_1 \theta Y_1 [\Phi X_2 \theta Y_2]\cdots$。其中，$\theta$ 表示比较运算符，它可以是>、>=、<、<=、=或<>。X_1、Y_1 等是属性名或常量或简单函数。属性名也可以用它的序号来代替。Φ 表示逻辑运算符，它可以是¬、∧或∨。[ ]表示任选项，即[ ]中的部分可要可不要，…表示上述格式可以重复下去。

因此，选择运算实际上是从关系 R 中选取使逻辑表达式 F 为真的元组。这是从行的角度进行的运算，如图 3-1 所示。

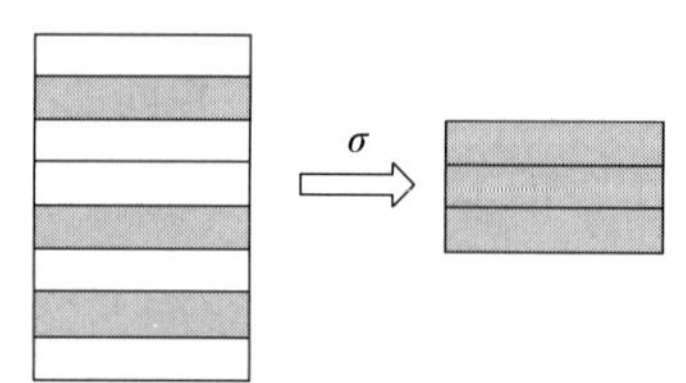

图 3-1 σ运算示意图

接下来举例说明选择运算的操作。

有学生表(student)如表 3-12 所示,课程表(course)如表 3-13 所示,成绩表(score)如表 3-14 所示。

表 3-12 学生表(student)

学　号	姓　名	性　别	年　龄	专　业
20154103101	王鹏	男	18	软件工程
20154103102	张超	女	17	大数据
20154103103	刘明浩	男	19	计算机科学与技术
20154103104	李明	男	18	软件工程
20154103105	王晓	女	18	大数据

表 3-13 课程表(course)

课　程　号	课　程　名	学　分
20001	Java 语言	3
20002	C++	4
20003	数据库	3
20004	操作系统	3
20005	Web 设计	2
20006	算法分析	4
20007	C 程序设计	3

表 3-14 成绩表(score)

学　号	课　程　号	成　绩
20154103101	20001	67
20154103101	20001	78
20154103102	20004	98
20154103102	20005	56
20154103103	20005	87
20154103103	20002	68

【例 3-7】 查询软件工程专业学生的信息。

$\sigma_{专业='软件工程'}(student)$ 或 $\sigma_{5='软件工程'}(student)$,结果如表 3-15 所示。

表 3-15 查询软件工程专业学生的信息

学 号	姓 名	性 别	年 龄	专 业
20154103101	王鹏	男	18	软件工程
20154103104	李明	男	18	软件工程

【例 3-8】 查询年龄大于 17 的女同学的信息。

$\sigma_{年龄>17\wedge性别='女'}$(student) 或 $\sigma_{4>17\wedge3='女'}$(student),结果如表 3-16 所示。

表 3-16 查询年龄大于 17 的女同学的信息

学 号	姓 名	性 别	年 龄	专 业
20154103105	王晓	女	18	大数据

2. 投影(projection)

关系 R 上的投影是从 R 中选择出若干属性列组成新的关系。记作

$$\pi_A(R)=\{t[A] \mid t\in R\}$$

其中,A 为 R 中的属性列。投影之后不仅取消了原关系中的某些列,而且还可能取消某些元组,因为取消了某些属性列后,就可能出现重复行,应取消这些完全相同的行。

这个操作是对一个关系进行垂直分割,投影运算示意图如图 3-2 所示。

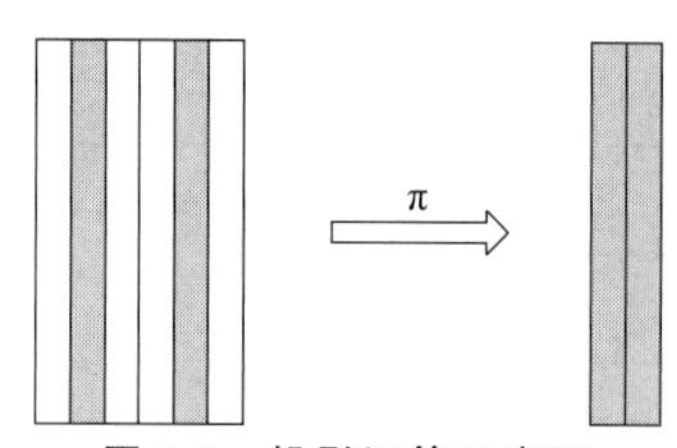

图 3-2 投影运算示意图

【例 3-9】 查询学生的学号和姓名。

$\pi_{学号,姓名}$(student) 或 $\pi_{1,2}$(student),结果如表 3-17 所示。

表 3-17 查询学生的学号和姓名

学 号	姓 名
20154103101	王鹏
20154103102	张超
20154103103	刘明浩
20154103104	李明
20154103105	王晓

【例 3-10】 查询课程表中的课程号和课程名。

$\pi_{课程号,课程名}$(course) 或 $\pi_{1,2}$(course),结果如表 3-18 所示。

表 3-18 查询课程号和课程名

课 程 号	课 程 名
20001	Java 语言
20002	C++
20003	数据库
20004	操作系统
20005	Web 设计
20006	算法分析
20007	C 程序设计

3. 连接(join)

1）连接运算的含义

连接也称为 θ 连接，是从两个关系的笛卡儿积中选取满足某规定条件的全体元组，形成一个新的关系，记为

$$R \underset{A\theta B}{\bowtie} S = \sigma_{A\theta B}(R \times S) = \{t_r t_s \mid t_r \in R \wedge t_s \in S \wedge t_r[A] \theta t_s[B]\}$$

其中，A 是 R 的属性组($A_1, A_2, \cdots, A_k$)，B 是 S 的属性组($B_1, B_2, \cdots, B_K$)；AθB 的实际形式为 $A_1\theta B_1 \wedge A_2\theta B_2 \wedge \cdots \wedge A_k\theta B_k$；$A_i$ 和 $B_i(i=1,2,\cdots,k)$不一定同名，但必须可比；$\theta \in \{>, <, \leqslant, \geqslant, =, \neq\}$。

连接操作是从行和列的角度进行运算，连接运算示意图如图 3-3 所示。

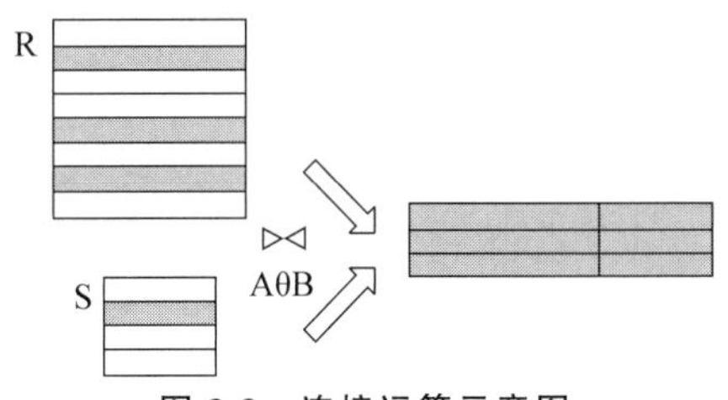

图 3-3 连接运算示意图

2）连接运算的过程

确定结果中的属性列，然后确定参与比较的属性列，最后逐一取 R 中的元组分别和 S 中与其符合比较关系的元组进行拼接。

3）两类常用连接运算。

(1) 等值连接(equal-join)。θ 为＝的连接运算称为等值连接，它是从关系 R 与 S 的笛卡儿积中选取 A、B 属性值相等的那些元组。等值连接为

$$R \underset{A\theta B}{\bowtie} S = \{t_r t_s \mid t_r \in R \wedge t_s \in S \wedge t_r[A] = t_s[B]\}$$

(2) 自然连接(natural join)。自然连接是一种特殊的等值连接，若 A、B 是相同的属性组，就可以在结果中把重复的属性去掉。这种去掉了重复属性的等值连接称为自然连接。自然连接可记作

$$R \bowtie S = \{ t_r t_s \mid t_r \in R \wedge t_s \in S \wedge t_r[B] = t_s[B] \}$$

接下来举例说明以上连接类型。

【例 3-11】 已知关系 R 和关系 S 如表 3-19 和表 3-20 所示，求 $R \underset{N<Y}{\bowtie} S$，$R \underset{N=Y}{\bowtie} S$，$R \bowtie S$。

表 3-19　关系 R

M	N	K
m1	5	k1
m2	6	k2
m1	10	k3

表 3-20　关系 S

X	Y	K
x1	6	k1
x2	11	k2
x3	2	k3

上述 3 个运算的结果如表 3-21～表 3-23 所示。

表 3-21　N<Y 的运算结果

M	N	R.K	X	Y	S.K
m1	5	k1	x1	6	k1
m1	5	k1	x2	11	k2
m2	6	k2	x2	11	k2
m1	10	k3	x2	11	k2

表 3-22　N＝Y 的运算结果

M	N	R.K	X	Y	S.K
m2	6	k2	x1	6	k1

表 3-23　自然连接的运算结果

M	N	R.K	X	Y
m1	5	k1	x1	6
m2	6	k2	x2	11
m1	10	k3	x3	2

根据学生表(student)(见表 3-12)、课程表(course)(见表 3-13)和成绩表(score)(见

表 3-14)，完成下面的查询。

【例 3-12】 查询选修课程号为 20005 号课程的学生学号和成绩。

$$\pi_{学号,成绩}(\sigma_{课程号='20005'}(sc))$$

【例 3-13】 查询选修课程号为 20001 课程的学生学号和姓名。

$$\pi_{学号,姓名}(\sigma_{课程号='20001'}(student\infty sc))$$

【例 3-14】 查询选修课程名为 Java 语言的学生学号和姓名。

$$\pi_{学号,姓名}(\sigma_{课程名='Java语言'}(student\infty sc\infty course))$$

【例 3-15】 查询选修课程号是 20001 或 20005 课程的学生学号。

$$\pi_{学号}(\sigma_{课程号='20001'\vee 课程号='20005'}(sc))$$

【例 3-16】 查询没有选修课程号是 20001 的学生的姓名和年龄。

$$\pi_{姓名,年龄}(student)-\pi_{姓名,年龄}(\sigma_{课程号='20001'}(student\infty sc))$$

【例 3-17】 查询年龄为 18 和 19 岁的女同学的学号、姓名和年龄。

$$\pi_{学号,姓名,年龄}(\sigma_{性别='女'\wedge 年龄>=18\wedge 年龄<=19}(student))$$

习　题

一、选择题

1. 关系模式的候选关键字可以有 1 个或多个，而主关键字有(　　)。

   A. 多个　　B. 0 个　　C. 1 个　　D. 1 个或多个

2. 采用二维表格结构表达实体型及实体间联系的数据模型是(　　)。

   A. 层次模型　　B. 网状模型
   C. 关系模型　　D. 实体联系模型

3. 同一个关系模型的任意两个元组值(　　)。

   A. 不能完全相同　　B. 可以完全相同
   C. 必须完全相同　　D. 以上都不是

4. 参照完整性规则：若属性(或属性组)F 是基本关系 R 的外码，它与基本关系 S 的主码 Ks 相对应，则对于 R 中每个元组在 F 上的值(　　)。

   A. 只能取空值
   B. 只能等于 S 中某个元组的主码值
   C. 或者为空值，或者等于 S 中某个元组的主码值
   D. 可以取任意值

5. 学生实体和系别实体如下，其中主码用下画线标识：

   学生(<u>学号</u>，姓名，年龄，系别号)
   系别(<u>系别号</u>，系名)

则学生关系的外码是(　　)。

   A. 学号　　B. 系别号　　C. 姓名　　D. 年龄

6. 设关系：职工(职工号,姓名,年龄,性别),下列可以求出年龄大于 50 岁的职工信息的关系代数是(　　)。

A. $\sigma_{年龄>50}$(职工)　　B. $\Pi_{年龄>50}$(职工)

C. σ_{50}(职工)　　D. Π_{50}(职工)

7. 关系 R 和关系 S 的并运算是(　　)。

A. 由关系 R 和关系 S 的所有元组合并组成的集合,再删除重复的元组

B. 由属于 R 而不属于 S 的所有元组组成的集合

C. 由既属于 R 又属于 S 的元组组成的集合

D. 由 R 和 S 的元组连接组成的集合

二、填空题

1. 关系 R 中有 m 个元组,S 中有 n 个元组,则 R×S 中元组的个数为(　　)。

2. (　　)规则是指若属性 A 是基本关系 R 的主属性,则属性 A 不能取空值。

3. 关系模型的 3 类完整性规则是实体完整性规则、参照完整性规则、(　　)。

4. 在专门关系运算中,从表中按照要求取出指定属性的操作称为(　　)。

5. 关系代数中 4 类传统的集合运算分别为(　　)、差运算、交运算和广义笛卡儿积运算。

第4章 chapter 4

关系规范化理论

本章学习重点：

- 函数依赖。
- 范式。

客观世界的事务间有着错综复杂的联系。实体间的联系有两类，一类是实体与实体之间的联系；另一类是实体内部各属性间的联系。定义属性值间的相互关连（主要体现于值的相等与否），这就是数据依赖，它是数据库模式设计的关键。数据依赖是现实世界属性间相互联系的抽象，是世界内在的性质，是语义的体现。

为使数据库模式设计合理可靠、简单实用，长期以来，形成了关系数据库设计理论，即规范化理论。它是根据现实世界存在的数据依赖而进行的关系模式的规范化处理，从而得到一个合理的数据库模式设计效果。

4.1 函数依赖

数据的语义不仅表现为完整性约束，对关系模式的设计也提出了一定要求。针对一个实际应用业务，如何构建合适的关系模式，应构建几个关系模式，每个关系模式由哪些属性构成等，这些都是数据库设计问题，确切地讲，是关系数据库的逻辑设计问题。

数据依赖共有3种：函数依赖、多值依赖和连接依赖，其中最重要的是函数依赖。

4.1.1 函数依赖的概念

函数依赖是关系模式中各属性之间的一种依赖关系，是规范化理论中一个最重要、最基本的概念。

所谓函数依赖是指在关系R中，X、Y为R的两个属性或属性组，如果对于R的所有关系r都存在：对于X的每一个具体值，Y都只有一个具体值与之对应，则称属性Y函数依赖于属性X，记作X→Y。当X→Y且Y→X时，则记作X↔Y。

函数依赖简单表述：如果属性X的值决定属性Y的值，那么属性Y函数依赖于属性X。换一种说法是，如果知道X的值，就可以获得Y的值。

【例4-1】 学生情况表（见表4-1），对应的关系模式为（学号，姓名，系别，性别），其函数依赖有哪些？

表 4-1　学生情况表

学　　号	姓　　名	系　　别	性　　别
20234103101	刘丽	大数据	女
20234103102	李明	软件工程	男
20234103103	汪语	计算机科学与技术	女
20234103104	赵亚龙	大数据	男
20234103105	王鹏飞	计算机科学与技术	男

由函数依赖的定义可知，存在如下的函数依赖关系集：

学号→姓名，学号→系别，学号→性别

注意：属性间的函数依赖不是指 R 的某个或某些关系满足上述限定条件，而是指 R 的一切关系都要满足定义中的限定。只要有一个具体关系 r 不满足定义中的条件，就破坏了函数依赖，使函数依赖不成立。

函数依赖与属性间的联系类型的关系如下。

在一个关系模式中，如果属性 X 与 Y 有 1∶1 联系时，则存在函数依赖 X→Y，Y→X，即 X↔Y。例如，当学生没有重名时，学号↔姓名；如果属性 X 与 Y 有 M∶1 联系时，则只存在函数依赖 X→Y。例如，学号与性别，系别之间均为 M∶1 联系，所以有学号→性别，学号→系别；如果属性 X 与 Y 有 M∶N 联系时，则 X 与 Y 之间不存在任何函数依赖关系。

4.1.2　几种特殊的函数依赖

接下来介绍几种特殊的函数依赖。

1. 非平凡函数依赖和平凡函数依赖

设关系模式 R(U)，X、Y⊆U；如果 X→Y，且 Y 是 X 的子集，则称 X→Y 为平凡的函数依赖。如果 X→Y，且 Y 不是 X 的子集，则称 X→Y 为非平凡的函数依赖。

【例 4-2】　在成绩(学号，课程号，成绩)关系中，存在函数依赖为(学号，课程号)→成绩；(学号，课程号)→课程号。

(学号，课程号)→成绩，为非平凡的函数依赖。

(学号，课程号)→课程号，为平凡的函数依赖。

2. 完全函数依赖和部分函数依赖

定义：设关系模式 R(U)，X、Y⊆U：如果 X→Y，并且对于 X 的任何一个真子集 Z，Z→Y都不成立，则称 Y 完全函数依赖于 X。若 X→Y，但对于 X 的某一个真子集 Z，有 Z→Y成立，则称 Y 部分函数依赖于 X。

【例 4-3】 在成绩(学号,课程号,成绩)关系中,(学号,课程号)是主键,存在函数依赖为(学号,课程号)→成绩。

由于“学号→成绩”不成立,“课程号→成绩”也不成立,因此,成绩完全函数依赖于(学号,课程号)。

【例 4-4】 在学生(学号,姓名,年龄,课程号,成绩)关系中,(学号,课程号)是主键,存在函数依赖为(学号,课程号)→姓名。

但是由于“学号→姓名”成立,因此,姓名部分函数依赖于(学号,课程号)。

3. 传递函数依赖

设关系模式 R(U),X⊆U,Y⊆U,Z⊆U。如果 X→Y,Y→Z 成立,但 Y→X 不成立,则称 X→Z 为传递函数依赖。

【例 4-5】 有学生关系(学号,姓名,性别,年龄,学院,院长),其中“学号”是主键,则存在函数依赖:“学号→学院”,并且“学院→院长”也成立,但“学院→学号”不成立,则“学号→院长”为传递函数依赖。

4.1.3 码的函数依赖表示

使用函数依赖的概念可以给出关系模式中码的严格定义。

候选码:设 K 是关系模式 R(U)中的属性或属性集合。若 K→U,则称 K 为 R 的一个候选码。

主码:若关系模式 R 有多个候选码,则选定其中一个作为主码。

4.2 范 式

学生信息表中,一个系有若干学生,一个学生只属于一个系;一个系只有一名系主任,一名主任只在一个系;一个学生可以选修多门课程,每门课程有若干学生选修,每个学生所学的每门课程都有一个成绩,如表 4-2 所示。

表 4-2 学生信息表

学 号	姓 名	院 系	系主任	课程号	成绩
20194103101	赵飞	大数据	王浩	20001	90
20194103101	赵飞	大数据	王浩	20002	89
20194103102	王明	软件工程	刘飞	20001	78
20194103102	王明	软件工程	刘飞	20002	76
20194103102	王明	软件工程	刘飞	20003	87
20194103102	王明	软件工程	刘飞	20004	56
20194103103	董明	计算机科学与技术	赵雷	20001	76

续表

学　　号	姓　名	院　　系	系主任	课程号	成绩
20194103103	董明	计算机科学与技术	赵雷	20002	90
20194103104	张晋	大数据	王浩	20001	84

上述数据库对应的关系模式是学生信息表(学号,姓名,院系,系主任,课程号,成绩),其中(学号,课程号)为该关系的主键。

上述关系模式中存在以下问题。

(1) 数据冗余。数据在数据库中的重复存放称为数据冗余。冗余度大,不仅浪费存储空间,重要的是对数据进行修改时,又容易造成数据的不一致性。例如,姓名、院系、系主任等都要重复存储多次,当它们发生修改时,就需要修改多次,一旦遗漏就会使数据不一致。

(2) 更新异常。数据冗余,更新数据时,维护数据完整性代价大。如果某学生改名,则该学生的所有记录都要逐一修改姓名;稍有不慎,就有可能漏改某些记录。

(3) 插入异常。无法插入某部分信息称为插入异常,该插的数据插不进去。例如,一个院系刚成立,尚无学生,就无法把这个院系及其系主任的信息存入数据库。因为学号与课程号是主键,主键不能为空。

(4) 删除异常。不该删除的数据不得不删除,如果某个院系的学生全部毕业了,在删除该院系学生信息的同时,把这个院系及其系主任的信息也丢掉了。

上述关系模式不是一个好的模式。"好"的关系模式是不会发生插入异常、删除异常、更新异常,数据冗余也应尽可能少。

4.2.1 关系规范化的目的

关系模式规范化的目的是解决关系模式中存在的数据冗余、插入和删除异常以及更新异常等问题。其基本思想是消除数据依赖中的不合适部分,使各关系模式达到某种程度的分离,使一个关系描述一个概念、一个实体或实体间的一种联系。因此,规范化的实质是概念的单一化。

关系数据库中的关系必须满足一定的规范化要求,对于不同的规范化程度可用范式来衡量。范式(normal form)是符合某一种级别的关系模式的集合,是衡量关系模式规范化程度的标准,达到的关系才是规范化的。目前主要有 6 种范式:第一范式、第二范式、第三范式、BC 范式、第四范式和第五范式。满足最低要求的叫作第一范式,简称为 1NF。在第一范式基础上进一步满足一些要求的为第二范式,简称为 2NF。其余以此类推。显然各种范式之间存在联系:$1NF \subseteq 2NF \subseteq 3NF \subseteq BCNF \subseteq 4NF \subseteq 5NF$。

通常把某一关系模式 R 称为第 n 范式,简记为 $R \in nNF$。

一个低一级范式的关系模式,通过模式分解可以转换为若干高一级范式的关系模式的集合,这个过程称为规范化。通常实际情况下,规范化到 3NF 就可以了。

4.2.2 第一范式

设 R 是一个关系模式。如果 R 的每个属性的值域(更确切地说是 R 的每个关系 r 的属性值域)都是不可分的简单数据项(即原子)的集合,则称这个关系模式属于第一范式,简记作 R∈1NF。

如果关系模式 R 的每个属性都是不可分解的,则 R 为第一范式的模式。

1NF 是规范化最低的范式,它要求无重复记录;字段不可分解。在任何一个关系数据库系统中,关系至少应该是第一范式。不满足第一范式的数据库模式不能称为关系数据库。但要注意,第一范式不能排除数据冗余和异常情况的发生。

学生成绩情况表如表 4-3 所示。

表 4-3 学生成绩情况表

学　号	姓　名	成　绩		
		Java 语言	数据库	C 语言
20234103101	王鹏	80	95	78
20234103102	刘芬	90	85	96

由于上表中成绩一项包括 3 部分,不满足每个属性不能分解,是非规范化表,不是第一范式,可规范为表 4-4。

表 4-4 规范后的学生成绩情况表

学　号	姓　名	Java 语言	数据库	C 语言
20234103101	王鹏	80	95	78
20234103102	刘芬	90	85	96

4.2.3 第二范式

如果关系模式 R 是第一范式,且每个非主属性都完全依赖于码,则称 R 为满足第二范式的模式,记为 R∈2NF。

在一个关系中,包含在任何候选关键字中的各个属性称为主属性;不包含在任何候选码中的属性称为非主属性。

1. 主关键字只有一个属性的关系是第二范式

【例 4-6】 在关系 R(学号,姓名,性别,出生日期)中主属性为学号,姓名、性别、出生日期为非主属性,存在下列函数依赖关系:学号→姓名;学号→性别;学号→出生日期。

由于每个非主属性都完全依赖于码,所以该关系 R∈2NF。

2. 主关键字是属性的组合,这样的关系模式可能不是第二范式

【例 4-7】 关系 S(学号,姓名,性别,课程号,成绩),其中(学号,课程号)为主键,学号

和课程号为主属性，姓名、性别、成绩为非主属性，关系 S 中存在下列函数依赖关系：(学号，课程号)→姓名；(学号，课程号)→性别；(学号，课程号)→成绩。同时“学号→姓名”也成立。

因此存在非主属性部分依赖于码，故关系 S 不属于 2NF。对上述关系模式进行分解，分解为两个关系：S_1(学号，姓名，性别)；S_2(学号，课程号，成绩)，则 $S_1 \in$ 2NF；$S_2 \in$ 2NF。

【例 4-8】 职工信息(职工号，姓名，职称，项目号，项目名称，项目排名)主码为(职工号，项目号)，非主属性为(姓名，职称，项目名称，项目排名)，关系中存在函数依赖如下：(职工号，项目号)→姓名；(职工号，项目号)→职称；(职工号，项目号)→项目名称；(职工号，项目号)→项目排名。

同时“职工号→姓名”“职工号→职称”“项目号→项目名称”也成立。

由于非主属性部分依赖于码，故职工信息关系不属于 2NF。对上述关系模式进行分解，分解为如下 3 个关系：职工信息表(职工号，姓名，职称)；项目排名表(职工号，项目号，项目排名)；项目表(项目号，项目名称)。

4.2.4 第三范式

定义：如果关系模式 R 是第二范式，且没有一个非主属性是传递函数依赖于码，则称 R 为满足第三范式的模式，记为 R∈3NF。

【例 4-9】 学生住宿关系(学号，楼号，收费)；其中“学号”为主键，该关系中包含的函数依赖关系有：学号→楼号　楼号→收费。但“楼号→学号”不成立，则学号→收费。

存在传递函数依赖，对上述关系模式进行分解，分解为两个关系：学生楼号关系(学号，楼号)；楼收费关系(楼号，收费)。

推论 1：如果关系模式 R∈1NF，且它的每一个非主属性既不部分依赖也不传递依赖于码，则 R∈3NF。

推论 2：不存在非主属性的关系模式一定为 3NF。

习　题

一、选择题

1. 在一个关系模式 R(X，Y)中，如果 X 与 Y 有 1∶1 的联系，则下列函数依赖正确的是(　　)。

A. X 函数依赖于 Y，Y 函数不依赖于 X

B. X 函数依赖于 Y，Y 函数依赖于 X

C. X 函数不依赖于 Y，Y 函数依赖于 X

D. X 函数不依赖于 Y，Y 函数不依赖于 X

2. 在学生课程(学号,课程号,成绩)的关系中,(学号,课程号)是主码,则下列属于非平凡函数依赖的是(　　)。

A. (学号,课程号)→成绩　　B. (学号,课程号)→学号

C. (学号,课程号)→课程号　　D. 学号→成绩

3. 在学生课程(学号,课程号,成绩)的关系中,(学号,课程号)是主码,则下列属于完全函数依赖的是(　　)。

A. (学号,课程号)→成绩　　B. (学号,课程号)→学号

C. (成绩,课程号)→学号　　D. (学号,成绩)→课程号

4. 关系模式中各级模式之间的关系是(　　)。

A. 3NF⊆2NF⊆1NF　　B. 3NF⊆1NF⊆2NF

C. 1NF⊆2NF⊆3NF　　D. 2NF⊆1NF⊆3NF

5. 下列各个关系的主键已用下画线标出,不属于2NF的关系是(　　)。

A. (学号,姓名,性别)

B. (学号,课程号,成绩)

C. (职工号,职工名,项目号,项目名,项目排名)

D. (课程号,课程名,学分)

6. 如果A→B,那么属性A和属性B的联系是(　　)。

A. 一对多　　B. 多对一

C. 多对多　　D. 以上都不是

二、填空题

1. 关系模式R(U),X、Y、Z都属于U,如果X→Y,Y→Z成立,但Y→X不成立,则称X→Z是(　　)。

2. 关系模式R(U),U是R的属性集,X、Y都属于U,如果X→Y,Y不属于X,则称X→Y是(　　)的函数依赖。

3. 关系模式R(U),U是R的属性集,X、Y都属于U,如果X→Y,并且对于X的任何一个真子集Z,Z－＞Y都不成立,则称Y(　　)依赖于X。

三、操作题

1. 设有关系模式R(职工编号,日期,日营业额,部门名,部门经理),该模式统计商店里每个职工的日营业额,以及职工所在的部门和经理信息。如果规定:每个职工每天只有一个营业额;每个职工只在一个部门工作,每个部门只有一个经理。

试回答下列问题:

(1) 根据上述规定,写出模式R的依赖集和主关键字。

(2) 说明R不是2NF的理由,并把R分解成2NF模式集。

(3) 进而分解成3NF模式集。

2. 设关系模式R(运动员编号,姓名,性别,班级,班主任,项目号,项目名,成绩),如

果规定：每名运动员只能代表一个班级参加比赛，每个班级只能有一个班主任，每名运动员可参加多个项目，每个比赛项目可由多名运动员参加；每个项目只能有一个项目名；每名运动员参加一个项目只能有一个成绩。

根据以上叙述，回答下列问题：

(1) 写出关系模式的主关键字。

(2) 分析 R 最高属于第几范式，说明理由。

(3) 若 R 不是 3NF，将其分解为 3NF。

第5章 chapter 5

数据库设计

本章学习重点：

- 需求分析的方法。
- 概念结果的设计。
- 逻辑结构的设计。
- 物理结构的设计。

数据库是数据库系统中最基本、最重要的部分。数据库性能的高低，决定了整个数据库应用系统的性能。设计一个性能优良的数据库，是满足各方面对数据需要的重要内容。本章主要介绍数据库设计的概念以及方法。

5.1 数据库设计概述

数据库中的数据不是相互独立的，数据库在系统中扮演着支持者的角色。而通常把使用数据库的各类信息系统都称为数据库应用系统。数据库设计广义地讲，是数据库及其应用系统的设计，即设计整个数据库应用系统。狭义地讲，就是设计数据库本身。

数据库设计其实就是软件设计，软件都有软件生存期。软件生存期是指从软件的规划、研制、实现、投入运行后的维护，直到它被新的软件取代而停止使用的整个期间。数据库设计方法有多种，概括起来分为4类：直观设计法、规范设计法、计算机辅助设计法和自动化设计法。

按照规范化设计的方法，考虑数据库及其应用系统开发的全过程，通常将数据库设计分为6个阶段：需求分析阶段、概念结构设计阶段、逻辑结构设计阶段、物理结构设计阶段、数据库实施阶段以及数据库运行和维护阶段。

5.2 需求分析阶段

需求分析就是分析用户对数据库的具体要求，是整个数据库设计的起点和基础。需求分析的结果直接影响以后的设计，并影响到设计结果是否合理和实用。需求分析阶段是数据库设计的第一步，也是最困难的一步。

需求分析就是理解用户需求，询问用户如何看待未来的需求变化。让用户解释其需求，而且随着开发的继续，还要经常询问用户保证其需求仍然在开发的目的之中。了解用户业务需求有助于在以后的开发阶段节省大量的时间。同时还应该重视输入和输出，增强应用程序的可读性。需求分析主要考虑“做什么”，而不应该考虑“怎么做”。

5.2.1 需求分析的任务

需求分析的总体任务是通过详细调研现实业务处理对象，充分掌握原系统业务数据及处理流程，明确用户各种需求，经规范化和分析形成文档（报告）。数据库需求分析的重点是调查用户和系统的数据（信息）及处理要求。

1. 信息要求

确定用户需要从数据库中获得信息的具体内容与性质，从而导出各种数据要求。

2. 处理要求

确定用户具体处理要求（如处理功能、内容、方式、顺序、流程和响应时间等），最终要实现的具体处理功能、性能等。

3. 安全性和完整性要求

明确系统中不同用户对数据库的使用和操作情况，明确数据之间的关联关系及数据的用户具体定义要求。

5.2.2 需求分析的方法

进行需求分析首先要调查清楚用户的实际要求，与用户达成共识，然后分析与表达这些需求。

1. 调查用户需求的具体步骤

（1）调查组织机构情况。包括了解该组织的部门组成情况、各部门的职责等，为分析信息流程做准备。

（2）调查各部门的业务活动情况。包括了解各部门输入和使用什么数据，如何加工处理这些数据，输出什么信息，输出到什么部门，输出结果的格式是什么，这是调查的重点。

（3）在熟悉业务活动的基础上，协助用户明确对新系统的各种要求。包括信息要求、处理要求、完全性与完整性要求，这是调查的另一个重点。

（4）确定新系统的边界。对前面调查的结果进行初步分析，确定哪些功能由计算机完成或将来准备让计算机完成，哪些活动由人工完成。由计算机完成的功能就是新系统应该实现的功能。在调查过程中，可以根据不同的问题和条件，使用不同的调查方法。

2. 常用的调查方法

(1) 跟班作业。通过亲身参加业务工作来了解业务活动的情况。这种方法可以比较准确地理解用户的需求,但比较耗时。

(2) 开座谈会。通过与用户座谈来了解业务活动情况及用户需求。座谈时,参加者之间可以相互启发,一般可按职能部门组织座谈会。

(3) 询问或请专人介绍。一般应包括领导、管理人员、操作员等。

(4) 设计调查表请用户填写需求。如果调查表设计得合理,这种方法是很有效的,也易于被用户接受。

(5) 调阅记录。查阅与原系统有关的数据记录。

做需求调查时,往往需要同时采用上述多种方法。但无论使用何种调查方法,都必须有用户的积极参与和配合,最好能建立由双方人员参加的项目实施保障小组负责沟通联系。

5.2.3 数据流图和数据字典

数据流图(Data Flow Diagram,DFD)和数据字典(Data Dictionary,DD)是对需求分析结果进行描述的两个主要工具。

1. 数据流图

数据流图是描述数据与处理流程及其关系的图形表示,以图形的方式表示数据和数据流从输入到输出的过程中所经受的变换及过程。在结构化分析方法中,任何一个系统都可抽象成如图 5-1 所示的数据流图。

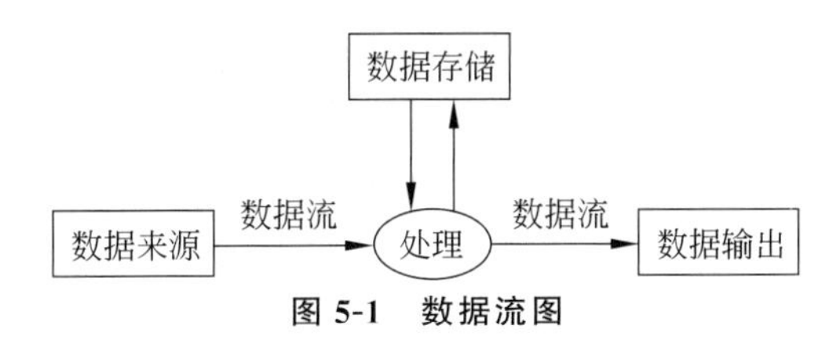

图 5-1 数据流图

1) 数据流

在数据流图中,有箭头的线段表示数据流,数据流由一组确定的数据组成。名字表示流经的数据,箭头表示数据流动的方向。

2) 处理

在数据流图中,用椭圆表示处理,处理是对数据进行的操作或处理。

3) 数据存储

数据存储是指数据保存的地方。在数据流程图中用一个双向箭头表示,箭头指出数据的流动方向,系统处理从数据存储中提取数据,也将处理的数据返回数据存储。

4) 外部实体

指独立于系统而存在的,但又和系统有联系的实体。它表示数据的外部来源和最后的去向。确定系统与外部环境之间的界限，从而可确定系统的范围。在数据流图中，用矩形表示外部实体。外部实体可以是某种组织、系统或事物。

2. 数据字典

数据字典是系统中各类业务数据及结构描述的集合，是各类数据结构和属性清单。同数据流图互为补充，数据字典贯穿于数据库需求分析直到运行的全过程，在不同的阶段，其内容形式和用途有所差别。数据字典通常包括数据项、数据结构、数据存储、数据流和处理过程 5 部分。

1）数据项

数据项是最小的数据单位。它通常包括属性名、含义、别名、类型、长度、取值范围、与其他数据项的逻辑联系等。

2）数据结构

数据结构反映了数据之间的组合关系。一个数据结构可以由若干数据项组成，也可由若干数据结构组成，或由数据项与数据结构混合组成。它包括关系名、含义、组成的成分等。

3）数据存储

数据存储是数据结构停留并保存的地方，也是数据流的来源和去向之一。它可以是手工文档或凭单，也可以是计算机文档。它包括数据存储名、说明、输入输出数据流、组成的成分（数据结构或数据项）、存取方式、操作方式等。

4）数据流

数据流表示数据项或数据结构在某一加工过程的输入或输出。数据流包括数据流名、说明、输入输出的加工名、组成的成分。

5）处理过程

处理过程的具体处理逻辑一般用判定表或判定树来描述，包括处理过程名、说明、输入输出数据流、处理的简要说明等。

数据字典是关于数据库中数据的描述。数据字典是在需求分析阶段建立，在数据库设计过程中不断修改、充实、完善的。

5.3 概念结构设计阶段

概念结构设计是将需求分析中用户具体业务数据处理等实际需求，抽象为信息结构（概念模型）的过程，是现实世界（事务）到机器世界（数据及处理）的一个重要过渡层次，也是整个数据库设计的关键。

概念结构设计通常将现实世界中的客观事务（实体），先抽象为不依赖 DBMS 支持的数据模型（E-R 图），概念模型是各种数据模型的共同基础。

概念结构设计的特点及优势主要有以下 4 点。

（1）直观易于理解，E-R 图便于研发人员和需求用户直接交换意见，用户的积极参与是数据库设计成功的关键。

（2）可以真实且充分地描述现实世界的具体事务，包括事务及其之间的联系，可以满足用户对数据的处理要求，是对现实世界的一个真实直观模型。

（3）易于扩充、修改和完善，当应用环境和业务需求改变时，方便对概念模型扩充、修改和完善。

（4）便于向关系数据模型、网状数据模型和层次数据模型等进行转换。

5.3.1 概念结构设计方法

概括起来，设计概念模型的总体策略和方法可以归纳为如下4种。

（1）自顶向下法。首先认定用户关心的实体及实体间的联系，建立一个初步的概念模型框架，即全局E-R模型，然后再逐步细化，加上必要的描述属性，得到局部E-R模型。

（2）自底向上法。有时又称为属性综合法，先将需求分析说明书中的数据元素作为基本输入，通过对这些数据元素的分析，把它们综合成相应的实体和联系，得到局部E-R模型，然后在此基础上再进一步综合成全局E-R模型。

（3）逐步扩张法。先定义最重要的核心概念E-R模型，然后向外扩充，以滚雪球的方式逐步生成其他概念E-R模型。

（4）混合策略。将单位的应用划分为不同的功能，每一种功能相对独立，针对各功能设计相应的局部E-R模型，最后通过归纳合并，消去冗余与不一致，形成全局E-R模型。

其中最常用的策略是自底向上法，即先进行自顶向下的需求分析，再进行自底向上的概念设计。

5.3.2 概念模型设计步骤

在概念结构设计时，自底向上法可以分为两步。第一步是进行数据抽象，设计局部E-R模型，即设计用户视图。第二步是集成各局部E-R模型，形成全局E-R模型，即视图的集成。

1. 设计局部E-R模型

局部E-R模型的设计步骤包括如下4步。

1）确定局部E-R模型描述的范围

根据需求分析所产生的文档，可以确定每个局部E-R模型描述的范围。通常采用的方法是将单位的功能划分为几个系统，每个系统又分为几个子系统。设计局部E-R模型的第一步就是划分适当的系统或子系统，在划分时过细或过粗都不太合适。划分过细将造成大量的数据冗余和不一致，过粗有可能漏掉某些实体。

一般可以遵循以下两条原则进行功能划分。

（1）独立性原则。划分在一个范围内的应用功能具有独立性与完整性，与其他范围内的应用有最少的联系。

（2）规模适度原则。局部E-R模型规模应适度，一般以6个左右实体为宜。

2）确定局部 E-R 模型的实体

根据需求分析说明书，将用户的数据需求和处理需求中涉及的数据对象进行归类，指明对象的身份，是实体、联系还是属性。

3）定义实体的属性

根据上述实体的描述信息来确定其属性。

4）定义实体间的联系

确定了实体及其属性后，就可以定义实体间的联系了。实体间的联系按其特点可分为 3 种：存在性联系（如学生有所属的班级）、功能性联系（如教师要教学生）、事件性联系（如学生借书）。实体间的联系方式分为一对一、一对多、多对多 3 种。

设计完成某一局部结构的 E-R 模型后，再看还有没有其他的局部 E-R 模型，有则转到第 2）步继续，直到所有的局部 E-R 模型都设计完为止。

2. 局部 E-R 模型的集成

由于局部 E-R 模型反映的只是单位局部子功能对应的数据视图，可能存在不一致的地方，还不能作为逻辑设计的依据，这时可以去掉不一致和重复的地方，将各局部视图合并为全局视图，即局部 E-R 模型的集成。

一般来说，视图集成可以有两种方式：第一种是多个分 E-R 模型一次集成；第二种是逐步集成，用累加的方式一次集成两个分 E-R 模型。第一种方式比较复杂，做起来难度较大。第二种方式每次只集成两个分 E-R 模型，可以降低复杂度。

无论采用哪种集成法，每一次集成都分为两个阶段：第一步是合并，以消除各局部 E-R 模型之间的不一致情况，生成初步的 E-R 模型；第二步是优化，消除不必要的数据冗余，生成全局 E-R 模型。

5.4 逻辑结构设计阶段

数据库概念设计阶段得到的数据模式是用户需求的形式化，它独立于具体的计算机系统和 DBMS。为了建立用户所要求的数据库，必须把上述数据模式转换成某个具体的 DBMS 所支持的概念模式，并以此为基础建立相应的外模式，这是数据库逻辑设计的任务，是数据库结构设计的重要阶段。

逻辑设计的主要目标是产生一个 DBMS 可处理的数据模型和数据库模式。该模型必须满足数据库的存取、一致性及运行等各方面的用户需求。逻辑结构设计阶段一般要分为三步进行：将 E-R 模型转换为关系数据模型，关系模式的优化，设计用户外模式。

5.4.1 将 E-R 模型转换为关系数据模型

关系数据模型是一组关系模式的集合，而 E-R 模型是由实体、属性和实体之间的联系三要素组成的。所以将 E-R 模型转换为关系数据模型实际上是要将实体、属性和实体之间的联系转换为关系模式。转换过程中要遵循如下原则。

1. 实体的转换

一个实体转换为一个关系模式。实体的属性就是关系的属性。实体的主码就是关系的主码。

【例 5-1】 将图 5-2 所示的学生实体,转换为关系模式。

对应的关系模式为

```
学生(学号,姓名,出生日期,所在系,年级,平均成绩)
```

其中,学号为主码,用下画线标识。

2. 联系的转换

两实体间联系的转换根据联系类型的不同分为 3 种。

1) 1∶1 联系的转换

两实体间 1∶1 联系可以转换为一个独立的关系模式,也可以与任意一端对应的关系模式合并。

(1) 转换为一个独立的关系模式。

转换后的关系模式中关系的属性包括与该联系相连的各实体的码以及联系本身的属性;关系的主码为任一实体的主码。

【例 5-2】 将如图 5-3 所示的 E-R 模型转换为关系模式。

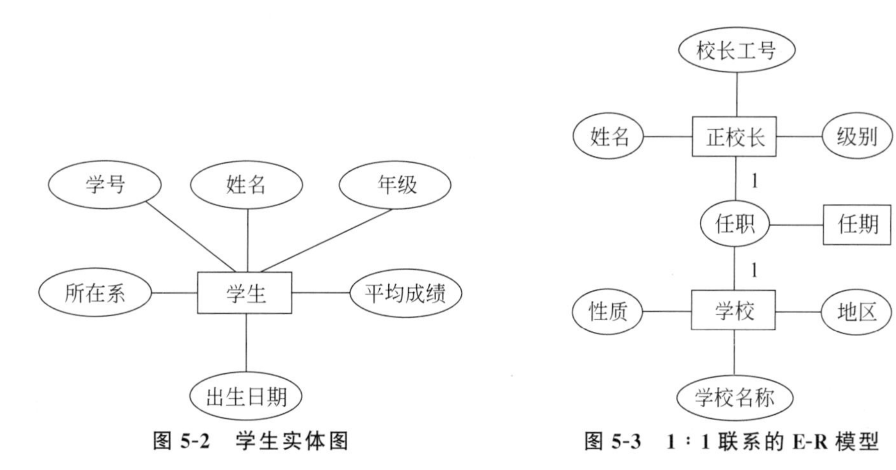

图 5-2 学生实体图　　**图 5-3 1∶1 联系的 E-R 模型**

转换成如下关系模式:

```
学校(学校名称,性质,地区)
正校长(校长工号,姓名,级别)
任职(学校名称,校长工号,任期)
```

(2) 与某一端对应的关系模式合并。

合并后关系的属性包括自身关系的属性和另一关系的码及联系本身的属性;合并后

关系的码不变。

【例 5-3】 将如图 5-3 所示的 E-R 模型，按照方案(2)转换为关系模式。

转换成如下关系模式：

学校(学校名称,性质,地区,校长工号,任期)
正校长(校长工号,姓名,级别)

或

学校(学校名称,性质,地区)
正校长(校长工号,姓名,级别,学校名称,任期)

2) 1∶N 联系的转换

两实体间 1∶N 联系可以转换为一个独立的关系模式，也可以与 N 端对应的关系模式合并。

(1) 转换为一个独立的关系模式。

关系的属性包括与该联系相连的各实体的码以及联系本身的属性；关系的主码为 N 端实体的码。

【例 5-4】 将如图 5-4 所示的 E-R 模型转换为独立的关系模式。

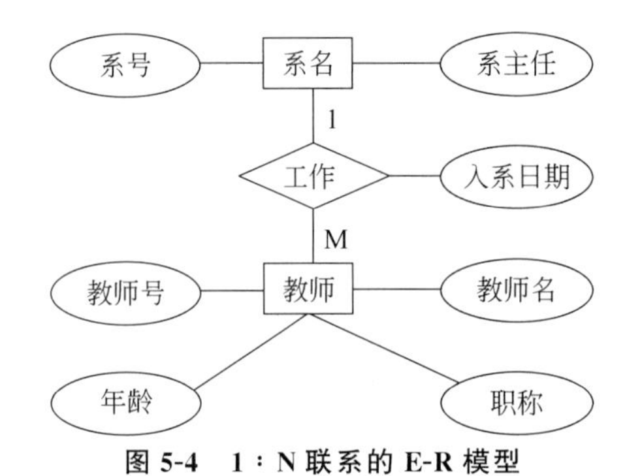

图 5-4 1∶N 联系的 E-R 模型

对应的关系模式如下：

系(系号,系名,系主任)
教师(教师号,教师名,年龄,职称)
工作(教师号,系号,入系日期)

(2) 与 N 端对应的关系模式合并。

合并后关系的属性包括在 N 端关系中加入 1 端关系的主码和联系本身的属性。合并后关系的码不变。

【例 5-5】 将如图 5-4 所示的 E-R 模型，按照方案(2)转换为合并的关系模式。

对应的关系模式如下：

系(系号,系名,系主任)
教师(教师号,教师名,年龄,职称,系号,入系日期)

注意：实际使用中通常采用这种方法以减少关系模式，因为多一个关系模式就意味着查询过程中要进行连接运算，而降低查询的效率。

3）M∶N联系的转换

两实体间M∶N联系必须为联系产生一个新的关系。该关系中至少包含被它所联系的双方实体的主码，若联系有属性，也要并入该关系中。关系的主码为双方实体的主码的组合。

【例5-6】 将图5-5所示的E-R模型转换成对应的关系模式。

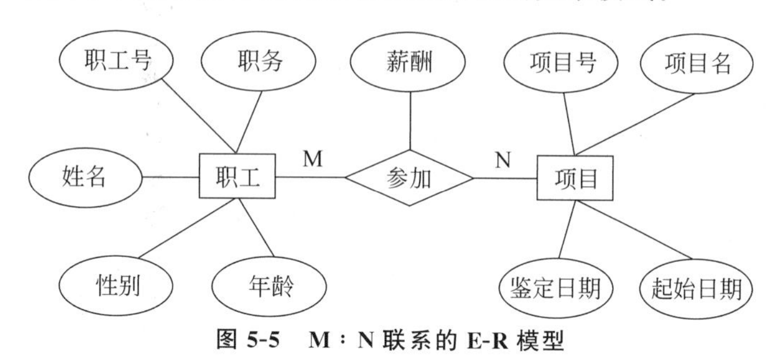

图5-5 M∶N联系的E-R模型

对应的关系模式如下：

职工(<u>职工号</u>,姓名,性别,年龄,职务)
项目(<u>项目号</u>,项目名,起始日期,鉴定日期)
参加(<u>职工号,项目号</u>,薪酬)

5.4.2 关系模式的优化

通常情况下，数据库逻辑设计的结果不是唯一的。为了进一步提高数据库应用系统的性能，还应努力减少关系模式中存在的各种异常，改善完整性、一致性和存储效率。规范化理论是数据库逻辑设计的重要理论基础和有力工具。为了提高数据库应用系统的性能，需要对关系模式进行修改，调整结构，这就是关系模式的优化。

关系模式的优化方法如下。

（1）确定数据依赖。

（2）对于各关系模式之间的数据依赖进行极小化处理，消除冗余的联系。

（3）按照数据依赖的理论对关系模式逐一进行分析，考查是否存在部分函数依赖、传递函数依赖、多值依赖等，确定各关系模式分别属于第几范式。

（4）按照需求分析阶段得到的各种应用对数据处理的要求，分析对于这样的应用环境这些模式是否合适，确定是否要对它们进行合并或分解。

（5）对关系模式进行必要的分解。

规范化理论为数据库设计人员判断关系模式优劣提供了理论标准，可用于预测模式可能出现的问题，使数据库设计工作有严格的理论基础。

5.4.3 设计用户外模式

外模式也称为子模式，是用户可直接访问的数据模式。同一系统中，不同用户可有不同的外模式。外模式来自逻辑模式，但在结构和形式上可以不同于逻辑模式，所以它不是逻辑模式简单的子集。

外模式的作用主要有：通过外模式对逻辑模式的屏蔽，为应用程序提供了一定的逻辑独立性；可以更好地适应不同用户对数据的需求；为用户划定了访问数据的范围，有利于数据的保密等。

定义数据库全局模式主要是从系统的时间效率、空间效率、易维护等角度出发。由于用户外模式与模式是相对独立的，在定义用户外模式时可以注重考虑用户的习惯与方便。这些习惯与方便包括如下 3 方面。

(1) 使用符合用户习惯的别名。

(2) 可以对不同级别的用户定义不同的视图，以保证系统的安全性。

(3) 简化用户对系统的使用。

如果某些局部应用中经常要使用某些很复杂的查询，为了方便用户，可以将这些复杂查询定义为视图，用户每次只对定义好的视图进行查询，大大简化了用户的使用。

5.5 物理结构设计阶段

数据库最终要存储在物理设备上。将逻辑设计中产生的数据库逻辑模型结合指定的数据库管理系统，设计出最适合应用环境的物理结构的过程，称为数据库的物理结构设计。

数据库的物理结构设计分为如下两个步骤。

(1) 确定数据库的物理结构。

(2) 对所设计的物理结构进行评价。

如果所设计的物理结构的评价结果满足原设计要求则可进入物理实施阶段，否则，就需要重新设计或修改物理结构，有时甚至要返回逻辑设计阶段修改数据模型。

5.5.1 确定数据库的物理结构

数据库物理结构设计包括确定数据的存储结构、设计数据的存取路径、确定数据的存放位置和确定系统配置。

1. 确定数据的存储结构

确定数据库存储结构时要综合考虑存取时间、存储空间利用率和维护代价 3 方面的因素。这 3 方面常常是相互矛盾的，例如消除一切冗余数据虽然能够节约存储空间，但往往会导致检索代价的增加，因此必须进行权衡，选择一个折中方案。

2. 设计数据的存取路径

数据库管理系统常用存取方法有 B+树索引方法、聚簇方法和 HASH 索引方法。

1) B+树索引方法

在关系数据库中，选择存取路径主要是指确定如何建立索引。例如，应把哪些域作为次关键字建立次索引，建立单码索引还是组合索引，建立多少个合适，是否建立聚集索引等。

2）聚簇方法

为了提高某个属性（或属性组）的查询速度，把这个或这些属性（称为聚簇码）上具有相同值的元组集中存放在连续的物理块称为聚簇。聚簇的用途是大大提高按聚簇属性进行查询的效率，聚簇功能不但适用于单个关系，也适用于多个关系。假设用户经常要按系别查询学生成绩单，这一查询涉及学生关系和课程关系的连接操作，即需要按学号连接，为提高连接操作的效率，可以把具有相同学号值的学生元组和选修元组在物理上聚簇在一起，从而提高连接操作的效率。

3）HASH 索引方法

有些数据库管理系统提供了 HASH 存取方法。由于 HASH 索引比较的是进行 HASH 运算之后的 HASH 值，所以满足下列两个条件之一，此关系才可以选择 HASH 索引方法。

（1）该关系的属性主要出现在等值连接条件中或主要出现在相等比较选择条件中。

（2）该关系的大小可预知且关系的大小不变或该关系的大小动态改变但所选用的数据库管理系统提供了动态 HASH 存取方法。

3. 确定数据的存放位置

为了提高系统性能，数据应该根据应用情况将易变部分与稳定部分、经常存取部分和存取频率较低部分分开存放。

4. 确定系统配置

数据库管理系统产品一般都提供了一些存储分配参数，供设计人员和数据库管理员对数据库进行物理优化。初始情况下，系统都为这些变量赋予了合理的默认值。但是这些值不一定适合每种应用环境，在进行物理设计时，需要重新对这些变量赋值以改善系统的性能。

5.5.2 评价物理结构

数据库物理结构设计完成后，需要评价物理结构，重点是时空效率。需要权衡系统的时空效率、维护代价和用户需求，对多种设计方案进行具体评价和考虑，其结构可产生多种方案，需要对这些方案细致地评价，从中选出较优秀的方案。对数据库物理结构的评价依赖于所选用的数据库管理系统，具体的考核指标包括以下几个。

（1）查询和响应时间。一个好的应用程序设计应较少占用 CPU 时间和 I/O 时间。

（2）更新事务的开销。主要包括修改索引、重写物理块或文件及写校验等方面的开销。

（3）生成报告的开销。主要包括索引、重组、排序及结构显示的开销。

（4）主存储空间的开销。包括程序和数据占用空间，可对缓冲区的个数及大小做适当控制以减小开销。

（5）辅助存储空间开销。如数据块和索引块占用空间，可对索引块的大小及充满度做适当的控制。

5.6 数据库实施、运行和维护阶段

在数据库正式投入运行之前，还需要完成很多工作。例如，在模式和子模式中加入数据库安全性、完整性的描述，完成应用程序和加载程序的设计，数据库系统的试运行，并在试运行中对系统进行评价。如果评价结果不能满足要求，还需要对数据库进行修正设计，直到满意为止。数据库正式投入使用，也并不意味着数据库设计生命周期的结束，而是数据库维护阶段的开始。

5.6.1 数据库实施

根据逻辑和物理设计的结果，在计算机上建立实际的数据库结构，并装入数据，进行试运行和评价的过程，叫作数据库的实施（或实现）。

1. 建立实际的数据库结构

用数据库管理系统提供的数据定义语言（DDL），编写描述逻辑设计和物理设计结果的程序（一般称为数据库脚本程序），经计算机编译处理和执行后，就生成了实际的数据库结构。

2. 数据加载

数据库应用程序的设计应该与数据库设计同时进行。一般地，应用程序的设计应该包括数据库加载程序的设计。在数据加载前，必须对数据进行整理。由于用户缺乏计算机应用背景的知识，常常不了解数据的准确性对数据库系统正常运行的重要性，因而未对提供的数据做严格的检查。所以，数据加载前，要建立严格的数据登录、录入和校验规范，设计完善的数据校验与校正程序，排除不合格数据。

3. 数据库试运行和评价

当加载了部分必需的数据和应用程序后，就可以开始对数据库系统进行联合调试，称为数据库的试运行。一般将数据库的试运行和评价结合起来，目的如下。

（1）测试应用程序的功能。

（2）测试数据库的运行效率是否达到设计目标，是否为用户所容忍。

测试的目的是发现问题，而不是为了说明能达到哪些功能。所以，测试中一定要有非设计人员的参与。

对于数据库系统的评价比较困难。需要估算不同存取方法的 CPU 服务时间及 I/O 服务时间。为此，一般还是从实际试运行中进行估价，确认其功能和性能是否满足设计要求，对空间占用率和时间响应是否满意等。

5.6.2 数据库的运行与维护

数据库试运行结果符合设计目标后，数据库就可以真正投入运行了。数据库投入运行标志着开发任务的基本完成和维护工作的开始。对数据库设计进行评价、调整、修改等维护工作是一个长期的任务，也是设计工作的继续和提高。

概括起来，维护工作包括数据库的转储和恢复；数据库的安全性和完整性控制；数据库性能的监督、分析和改造；数据库的重组织和重构造。

习　题

一、选择题

1. 下列有关 E-R 模型向关系模型转换的叙述中，不正确的是（　　）。
   A. 一个实体类型转换为一个关系模式
   B. 一个 1∶1 联系可以转换为一个独立的关系模式，也可以与联系的任意一端实体所对应的关系模式合并
   C. 一个 1∶N 联系可以转换为一个独立的关系模式，也可以与联系的任意一端实体所对应的关系模式合并
   D. 一个 M∶N 联系转换为一个单独关系模式

2. 从 E-R 模型向关系模型转换时，一个 M∶N 联系转换为关系模式时，该关系模式的主键是（　　）。
   A. 实体 M 的主键　　B. 实体 N 的主键
   C. 实体 M 和实体 N 的主键的结合　　D. 以上都不是

3. 下面不是设计概念模型的总体策略和方法的是（　　）。
   A. 自顶向下法　　B. 自底向上法　　C. 逐步扩张法　　D. 逐步细化法

4. 在数据字典中，一个（　　）可以由若干数据项组成，也可由若干数据结构组成，或由数据项与数据结构混合组成，它包括关系名、含义、组成的成分等。
   A. 数据结构　　B. 数据存储　　C. 数据流　　D. 处理过程

二、填空题

1. （　　）和（　　）是对需求分析结果进行描述的两个主要工具。
2. 设计概念模型最常用的策略是（　　）。

三、综合题

1. 学生和教师管理教学模型。

学生：学号，姓名，性别，年龄。

教师：编号，姓名，性别，年龄，职称。

课程：课程号，课程名，课时，学分。

一门课程只安排一名教师任教，一名教师可教多门课程。教师任课包括任课时间和使用教材。

一门课程有多名学生选修，每名学生可选多门课。学生选课包括考核成绩。

完成如下设计：

(1) 设计学生和教师管理教学模型的 E-R 模型。要求标注联系类型，可省略实体属性。

(2) 把该 E-R 模型转化为关系模式结构，并注明每个关系的主键和外键(如果存在)。

2. 设某工厂数据库情况如下。

仓库：仓库号，仓库面积。

零件：零件号，零件名，规格，单价。

供应商：供应商号，供应商名，地址。

保管员：职工号，职工名。

设仓库与零件之间有存放关系，每个仓库可存放多个零件，每种零件可存放在多个仓库，仓库存放时有库存量，每个供应商可供应多种零件，每种零件可由多个供应商供应，供应有供应量，一个仓库有多个保管员，一个保管员只能在一个仓库工作。

(1) 根据上述语意画出 E-R 模型。要求标注联系类型(可省略实体的属性)。

(2) 将 E-R 模型转换为关系模式，并注明每个关系的主键和外键(如果存在)。

第6章 chapter 6

安装和配置 SQL Server 2019

本章学习重点：

- SQL Server 2019 的安装和配置。
- SQL Server 2019 的管理工具。

SQL Server 是美国 Microsoft 公司推出的一种关系数据库系统，是一个可扩展的、高性能的、为分布式客户/服务器计算所设计的数据库管理系统，它一经推出便得到了广大用户的积极响应，成为数据库市场的重要产品之一。Microsoft 公司经过对 SQL Server 的不断更新换代，2019 年推出了 SQL Server 2019 版本。本章介绍 SQL Server 2019 的基础知识，包括 SQL Server 2019 发展史，SQL Server 2019 的新增功能、系统架构、安装和配置及其管理工具。

6.1 SQL Server 2019 概述

SQL Server 最初是由 Microsoft、Sybase 和 Ashton-Tate 三家公司联合研发的，是一种广泛应用于网络业务数据处理的关系数据库管理系统。

6.1.1 SQL Server 发展史

微软公司从 1995 年到 2019 年的 20 多年间，不断地开发和升级数据库管理系统 SQL Server，各种业务数据处理技术得到了广泛应用且不断快速发展和完善，其版本发布时间如表 6-1 所示。

表 6-1 SQL Server 版本发布时间

发布时间	产品名称	内核版本
1995 年	SQL Server 6.0	6.x
1996 年	SQL Server 6.5	6.5
1998 年	SQL Server 7.0	7.x
2000 年	SQL Server 2000	8.x

续表

发布时间	产品名称	内核版本
2003 年	SQL Server 2000 64 位	8.x
2005 年	SQL Server 2005	9.x
2008 年	SQL Server 2008	10.x
2010 年	SQL Server 2008 R2	10.5
2012 年	SQL Server 2012	11.x
2014 年	SQL Server 2014	12.x
2016 年	SQL Server 2016	13.x
2017 年	SQL Server 2017	14.x
2019 年	SQL Server 2019	15.x

SQL Server 2019 是微软最新研发的新一代旗舰级数据库和分析平台，此平台提供了开发语言、数据类型、本地或云以及操作系统选项等。它为所有数据工作负载带来了创新的安全性和合规性功能、业界领先的性能、任务关键型可用性和高级分析，还支持内置的大数据。

6.1.2 SQL Server 2019 新功能

SQL Server 2019 为 SQL Server 引入了大数据群集，还为 SQL Server 数据库引擎、SQL Server 2019 Analysis Services、SQL Server 机器学习服务、Linux 上的 SQL Server 和 SQL Server Manager Data Services 提供和改进了附加功能。

1. 可缩放的大数据解决方案

SQL Server 2019 支持部署 SQL Server、Spark 和在 Kubernetes 上运行的 HDFS 容器的可缩放群集；在 Transact-SQL（简称 T-SQL）或 Spark 中读取、写入和处理大数据；通过大容量大数据轻松合并和分析高价值关系数据；查询外部数据源；在由 SQL Server 管理的 HDFS 中存储大数据；通过群集查询多个外部数据源的数据；将数据用于人工智能、机器学习和其他分析任务；在大数据群集中部署和运行应用程序；SQL Server 主实例数据库使用 Always On 可用性组等。

2. 数据库引擎安全

SQL Server 2019 提供具有安全 Enclave 的 Always Encrypted；提供暂停和恢复透明数据加密（TDE）的初始扫描；提供配置管理器中的证书管理等数据库引擎安全功能。

3. 图形

SQL Server 2019 支持在图形数据库中的边缘约束上定义级联删除操作；使用

MATCH 内的 SHORTEST_Path 指令来查询图中任意两个结点之间的最短路径，或执行任意长度遍历；已分区表和已分区索引的数据被划分为多个单元，这些单元可以跨图形数据库中的多个文件组分散；在图形匹配查询中使用派生表或视图别名。

4. 索引

SQL Server 2019 支持在 SQL Server 数据库引擎内启用优化，有助于提高索引中高并发插入的吞吐量，此选项用于易发生最后一页插入争用的索引，常见于有顺序键的索引；联机聚集列存储索引生产和重新生产；可恢复联机行存储索引生成。

5. 内存中数据库

SQL Server 2019 数据库引擎的新功能，可以在需要时直接访问位于永久性内存设备上数据库文件中的数据库页；SQL Server 2019 引入了属于内存数据库功能系列的新功能，即内存优化 tempdb 元数据，它可有效消除此瓶颈，并为 tempdb 繁重的工作负担解锁新的可伸缩性级别。在 SQL Server 2019 中，管理临时表元数据时所涉及的系统表可以移动到无闩锁的非持久内存优化表中。

6. Unicode 支持

SQL Server 2019 支持使用 UTF-8 字符进行导入和导出编码，并用作字符串数据的数据库级别或列级别排序规则。Unicode 编码支持应用程序扩展到全球范围，其中提供全球多语言数据库应用程序和服务的要求对于满足客户需求和特定市场规范至关重要。

此外，SQL Server 2019 在性能监视、语言扩展、空间、性能、可用性组、设置、错误消息、Linux 上的 SQL Server、SQL Server 机器学习服务、Master Data Services、Analysis Services 等方面均有更新。

6.1.3 SQL Server 2019 系统架构

SQL Server 具有大规模处理联机事务、数据仓库和商业智能等许多强大功能，这与其内部完善的体系结构是密切相关的。SQL Server 2019 主要包括数据库引擎（Database Engine）、分析服务（Analysis Services）、集成服务（Integration Services）、报表服务（Reporting Services）以及主数据服务（Master Data Services）等组件，各组件的组成结构如图 6-1 所示。SQL Server 2019 主要组件之间的关系如图 6-2 所示。

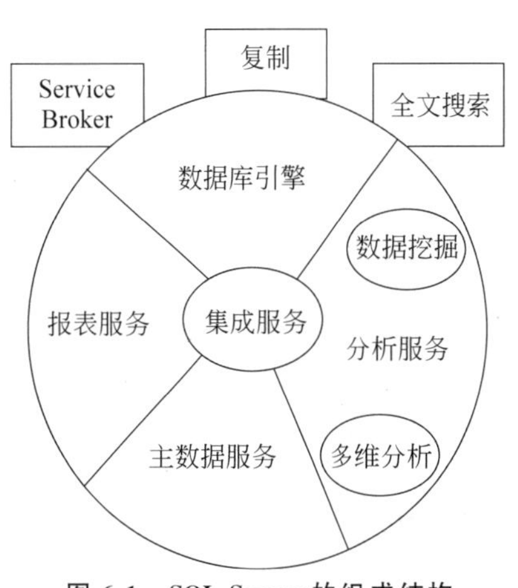

图 6-1 SQL Server 的组成结构

其中，SQL Server 2019 数据库引擎有四大组件：协议（Protocol）、关系引擎（Relational Engine，包括查询处理器，即 Query Compilation 和 Execution Engine）、存储引擎（Storage Engine）和 SQLOS。任何客户端提交的 SQL 命令都要和

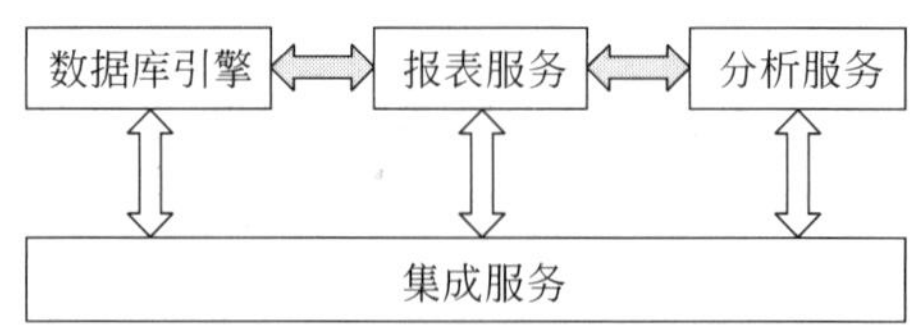

图 6-2 SQL Server 主要组件之间的关系

这 4 个组件进行交互。

协议层接受客户端发送的请求并将其转换为关系引擎能够识别的形式。同时,它也能从关系引擎中获取查询结果、状态信息和错误信息等,然后将这些结果转换为客户端能够理解的形式返回给客户端。

关系引擎负责处理协议层传来的 SQL 命令,对 SQL 命令进行解析、编译和优化。如果关系引擎检测到 SQL 命令需要数据就会向存储引擎发送数据请求命令。

存储引擎在收到关系引擎的数据请求命令后负责数据的访问,包括事务、锁、文件和缓存的管理。

SQLOS 层则被认为是数据库内部的操作系统,它负责缓冲池和内存管理、线程管理、死锁检测、同步单元和计划调度等。

6.2 SQL Server 2019 的安装和配置

SQL Server 2019 版本很多,需求不同,选择的版本也各不相同,而根据应用程序的需要,安装要求也会有所不同。不同版本的 SQL Server 能够满足单位和个人独特的性能、运行以及价格要求。安装哪些 SQL Server 组件取决于用户的具体要求。

6.2.1 SQL Server 2019 的版本

SQL Server 2019 共有 5 个版本,分别是 Enterprise(企业版)、Standard(标准版)、Web(网站版)、Developer(开发人员版)和 Express(精简版),后两个版本可免费下载使用。

1. Enterprise(企业版)

企业版提供了全面的高端数据中心功能,性能极为快捷,无限虚拟化,还具有端到端的商业智能,可为关键任务工作负荷提供较高服务级别并且支持最终用户访问数据。

2. Standard(标准版)

标准版提供了基本数据管理和商业智能数据库,使部门和小型组织能顺利运行其应用程序并支持将常用开发工具用于内部部署和云部署,有助于以最少的 IT 资源获得高效的数据库管理。

3. Web(网站版)

网站版对于小规模到大规模 Web 资产提供可伸缩性、经济性和可管理性功能的

Web 宿主和 Web VAP 来说,是一项成本较低的选择。

4. Developer(开发人员版)

开发人员版支持开发人员基于 SQL Server 构建任意类型的应用程序。它包括 Enterprise 版的所有功能,但有许可限制,只能用作开发和测试系统,而不能用作生产服务器。它是构建和测试应用程序人员的理想之选。

5. Express(精简版)

精简版是入门级的免费数据库,是学习和构建桌面及小型服务器数据驱动应用程序的理想选择。它是独立软件供应商、开发人员和热衷于构建客户端应用程序人员的最佳选择。如果需要使用更高级的数据库功能,则可以将精简版无缝升级到其他高端的版本。SQL Server Express LocalDB 是 Express 的一种轻型版本,该版本具有所有可编程性功能,在用户模式下运行,并且具有快速零配置安装和必备组件要求较小的特点。

6.2.2 SQL Server 2019 的安装步骤

本节以 Windows 10 操作系统下安装 SQL Server 2019 为例,讲解安装过程。

(1) 选择已经下载好的 ISO 文件并将其打开,双击 setup.exe 文件开始安装,如图 6-3 所示。

名称	修改日期	类型	大小
2052_CHS_LP	2021/1/22 13:30	文件夹	
redist	2021/1/22 13:30	文件夹	
resources	2021/1/22 13:30	文件夹	
Tools	2021/1/22 13:30	文件夹	
x64	2021/1/22 13:31	文件夹	
autorun	2019/9/25 12:43	安装信息	1 KB
MediaInfo	2019/9/25 12:43	XML 文档	1 KB
setup	2019/9/25 12:43	应用程序	124 KB
setup.exe	2019/9/25 12:43	XML Configurati...	1 KB
SqlSetupBootstrapper.dll	2019/9/25 12:43	应用程序扩展	216 KB

图 6-3 SQL Server 2019 安装文件

(2) 选择“安装”→“全新 SQL Server 独立安装或向现有安装添加功能”命令,如图 6-4 所示。

(3) 进入“产品密钥”设置界面。这里可以选择免费的 Developer 版本,不需要输入产品密钥,如图 6-5 所示。

(4) 单击“下一步”按钮,进入“许可条款”界面,勾选“我接受许可条款和(A)”复选框后,单击“下一步”按钮,如图 6-6 所示。

(5) 单击“下一步”按钮进入“全局规则”界面,如图 6-7 所示。

(6) 自动检查成功后,单击“下一步”按钮进入“Microsoft 更新”界面,如图 6-8 所示。

(7) 单击“下一步”按钮,进入“安装规则”界面。系统再次根据安装程序支持规则检查当前环境是否符合 SQL Server 2019 的安装条件,如图 6-9 所示。

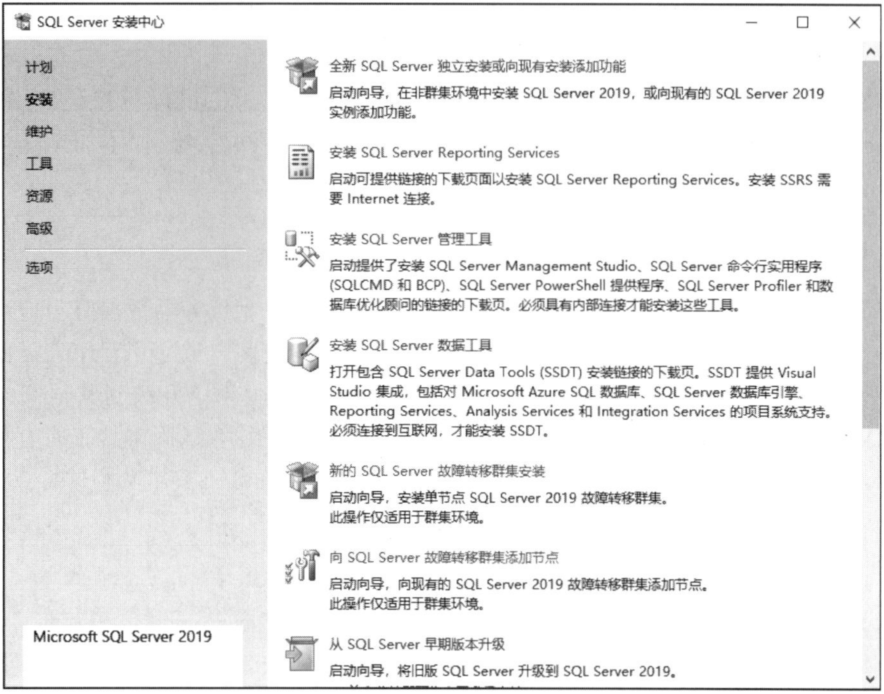

图 6-4　安装界面

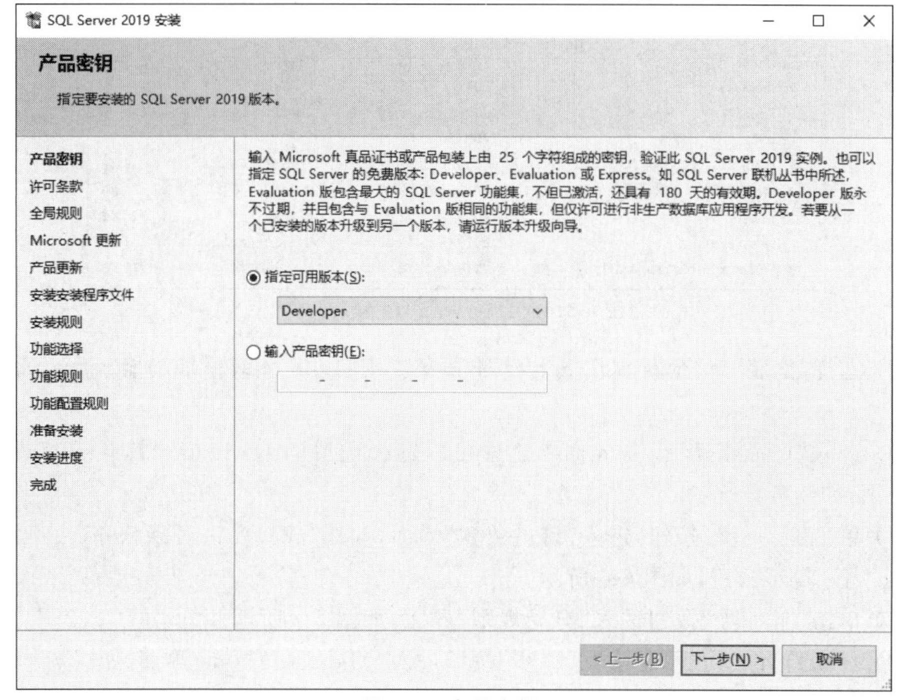

图 6-5　产品密钥

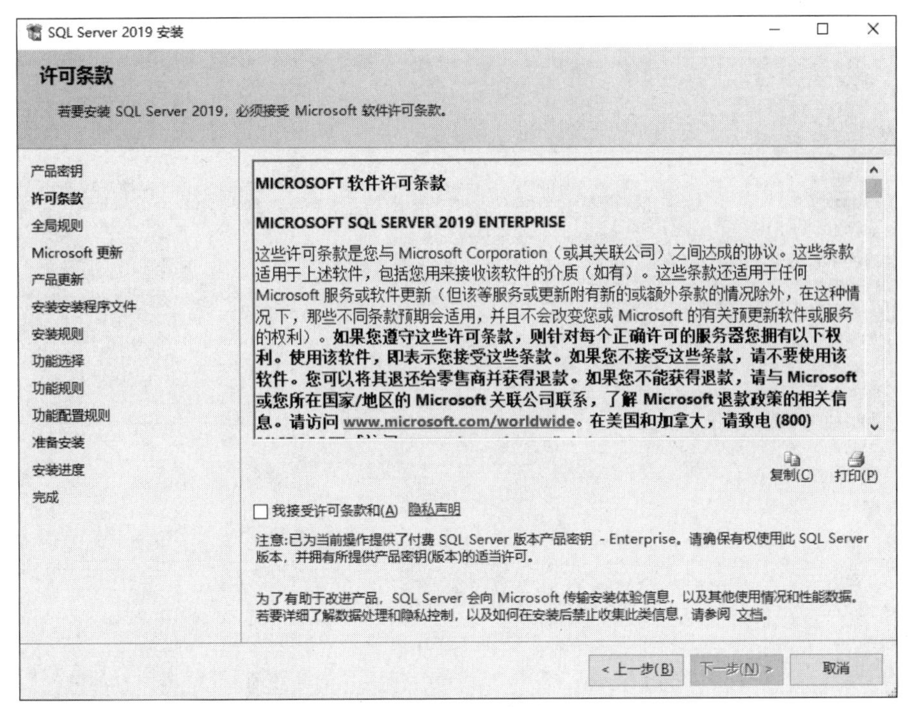

图 6-6　许可条款

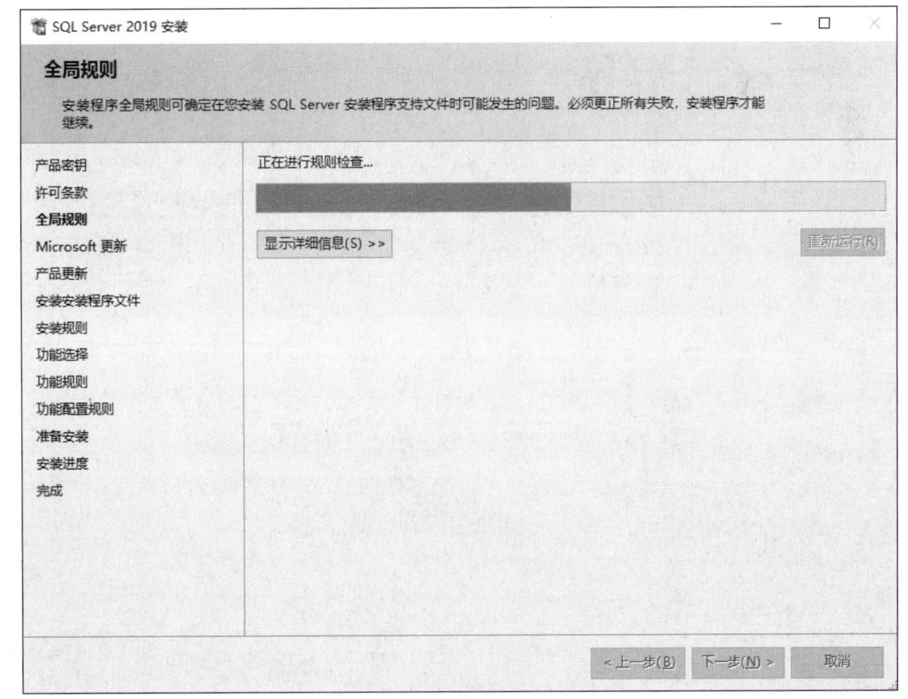

图 6-7　全局规则

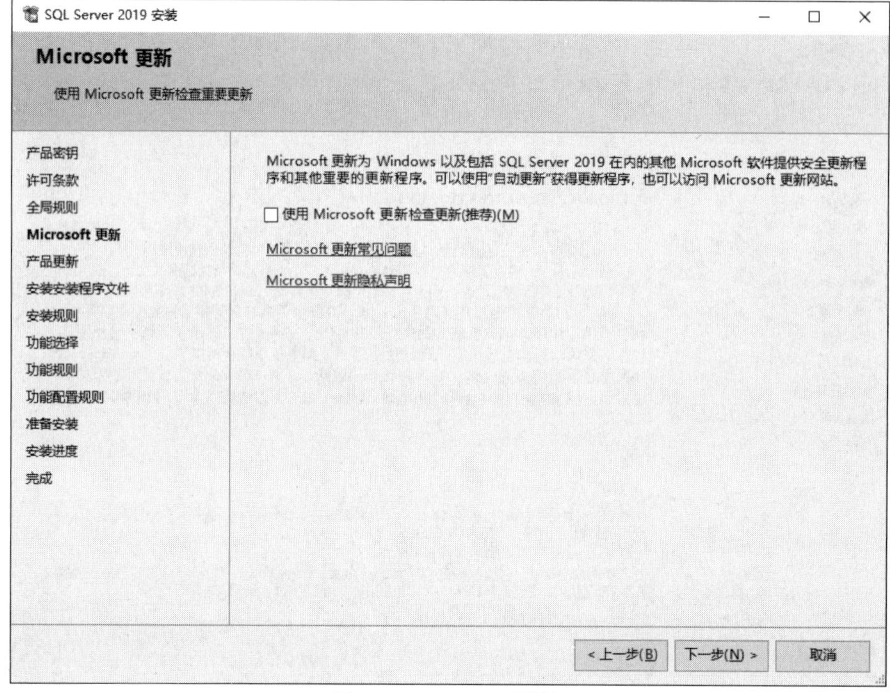

图 6-8 Microsoft 更新

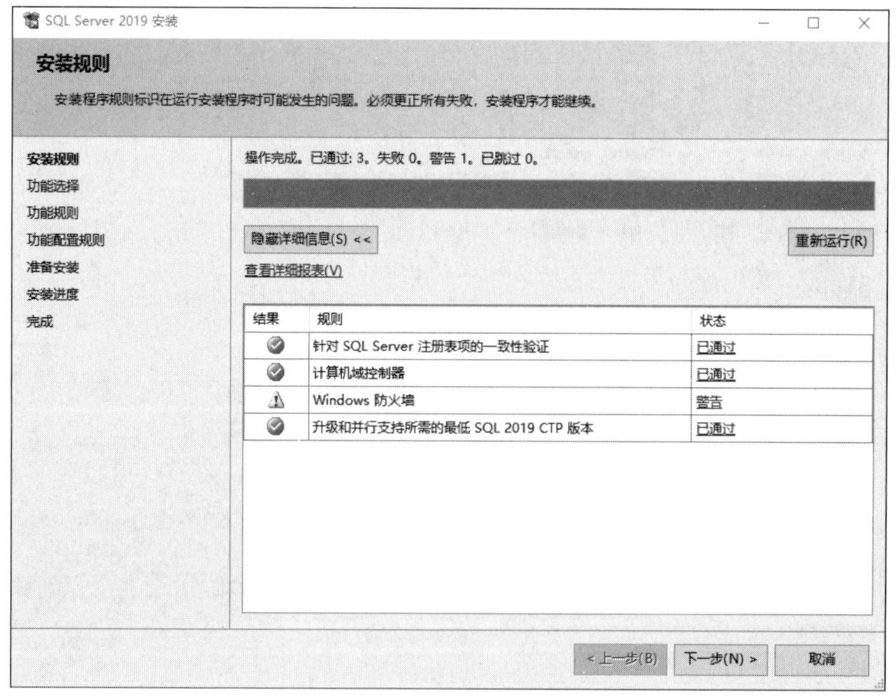

图 6-9 安装规则

(8) 单击“下一步”按钮，进入“功能选择”界面，通常勾选“数据库引擎服务”复选框，如图 6-10 所示。

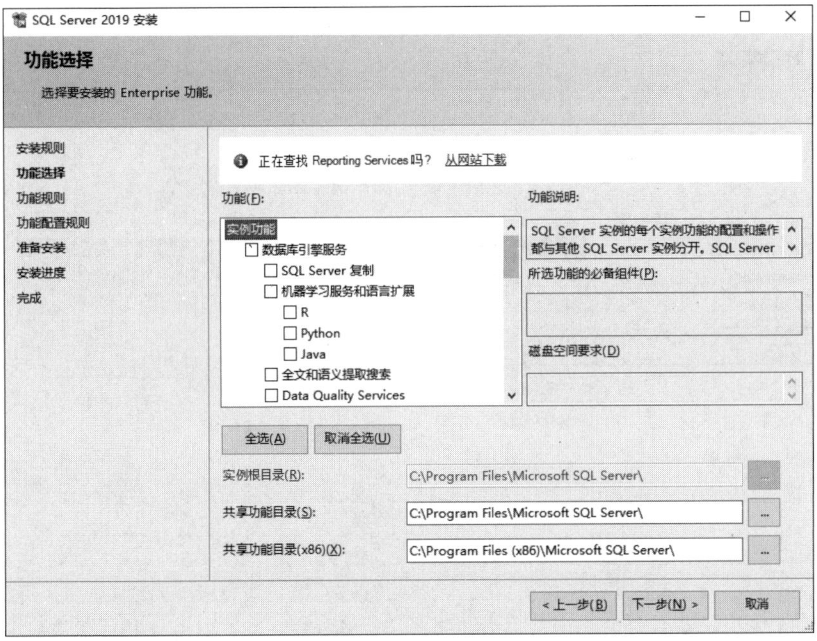

图 6-10 功能选择

(9) 单击“下一步”按钮，进入“实例配置”界面，如图 6-11 所示。SQL Server 允许在同一台计算机上同时运行多个实例，可以选择“默认实例”单选按钮。默认实例仅由允许该实例的计算机的名称唯一标识，它没有单独的实例名，一台计算机上只能有一个默认实例。

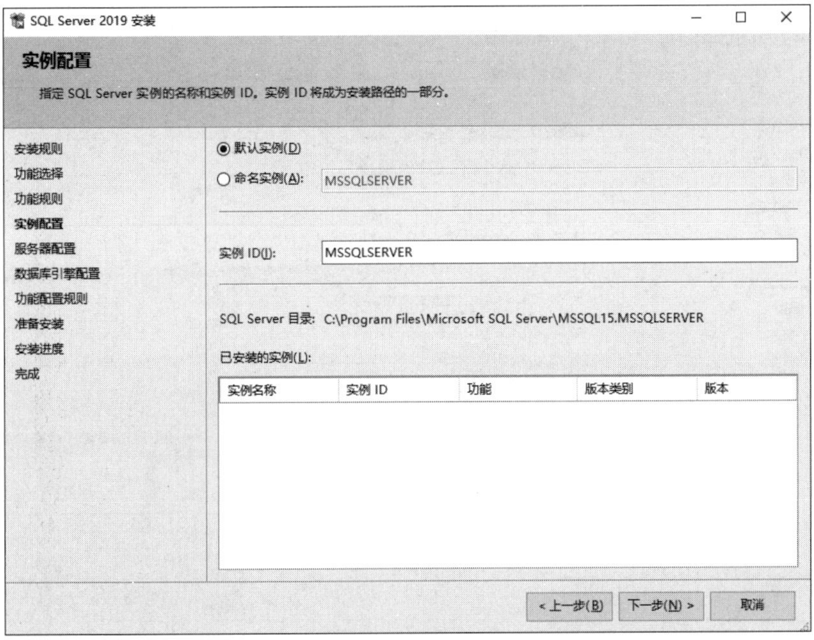

图 6-11 实例配置

(10) 单击“下一步”按钮，进入“服务器配置”界面。该界面主要配置服务的账户、启动类型等，如图 6-12 所示。这里均保持默认值即可。

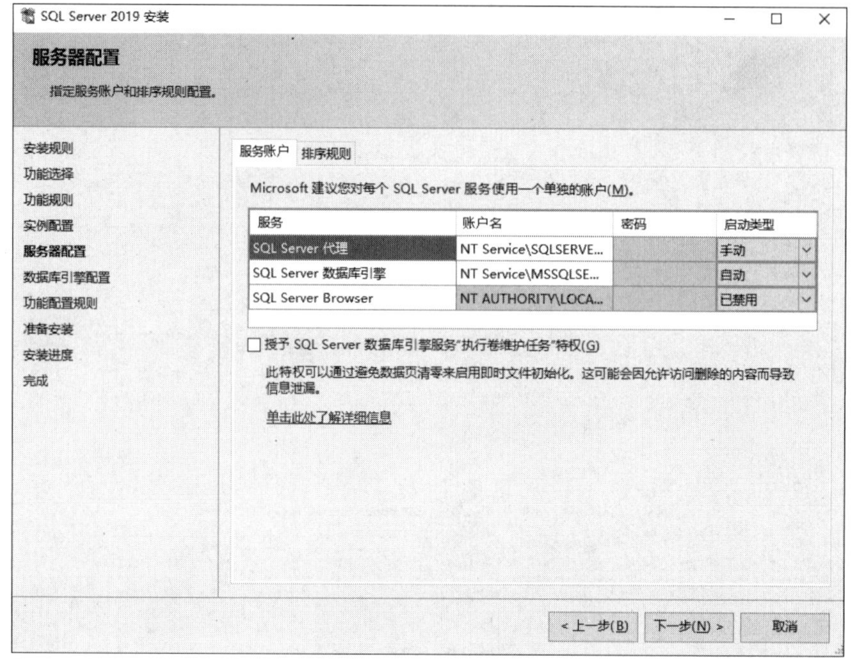

图 6-12　服务器配置

(11) 单击“下一步”按钮，进入“数据库引擎配置”界面，用于配置数据账户、数据目录等，如图 6-13 所示。

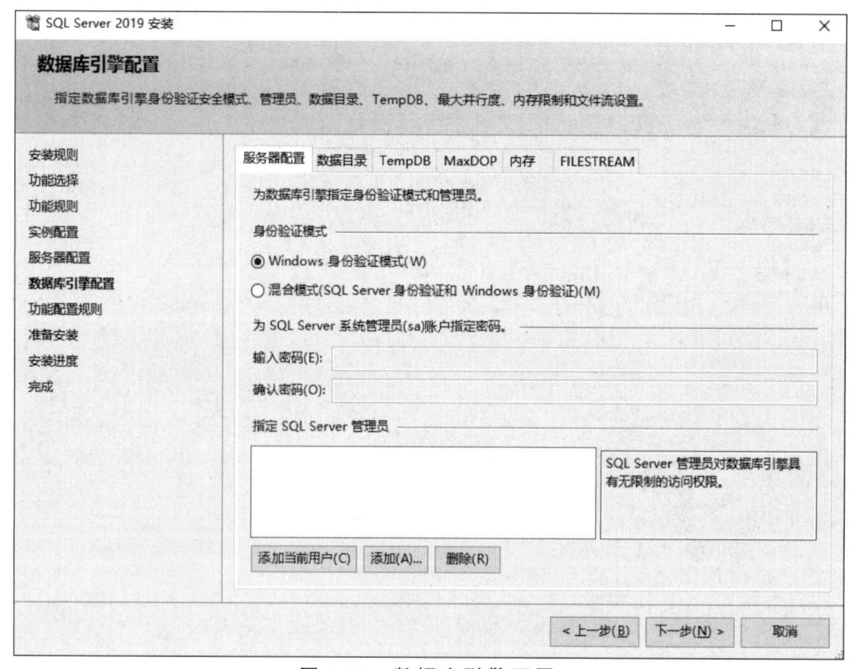

图 6-13　数据库引擎配置

在 SQL Server 2019 中有两种身份验证模式：Windows 身份验证模式和混合模式。Windows 身份验证模式只允许 Windows 中的账户和域账号访问数据库；而混合模式除了允许 Windows 账户和域账号外，还可以使用在 SQL Server 中配置的用户名和密码来访问数据库。如果使用混合模式则可以通过 sa 账户登录，在该界面中则需要设置 sa 的密码。

（12）单击“下一步”按钮，进入“准备安装”界面，如图 6-14 所示。

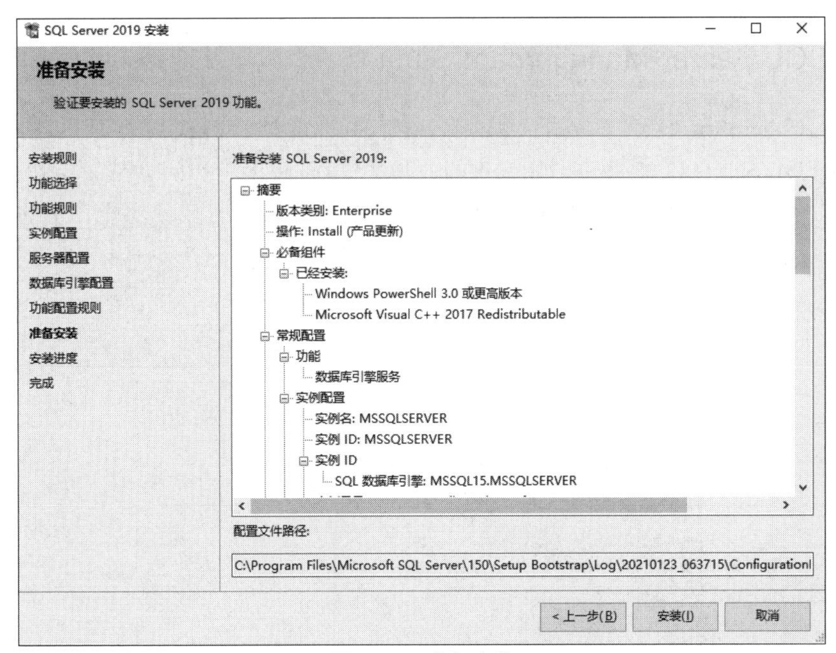

图 6-14 准备安装

（13）单击“安装”按钮，按照向导中的配置将数据库安装到计算机中，如图 6-15 所示。

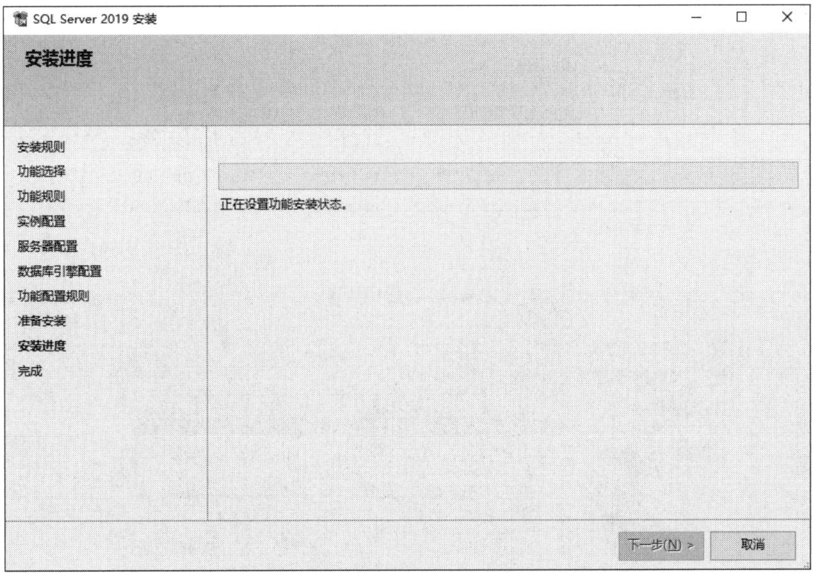

图 6-15 安装进度

6.3 SQL Server 2019 的管理工具

完成 SQL Server 2019 的安装后，可以使用图形化工具和命令提示进行配置。下面介绍用于管理 SQL Server 2019 实例的常用工具。

6.3.1 SQL Server Management Studio

SSMS（Microsoft SQL Server Management Studio，SQL Server 管理控制台）是从 Microsoft SQL Server 2005 版本开始提供的一种集成环境，用于访问、配置、控制、管理和开发 SQL Server 的所有组件。SSMS 将一组多样化的图形工具与多种功能齐全的脚步编辑器组合在一起，可为各种技术级别的开发人员和管理员提供对 SQL Server 的访问。

单击 Microsoft SQL Server 2019 程序组，选择 Microsoft SQL Server Management Studio 选项，打开“连接到服务器”对话框，如图 6-16 所示。

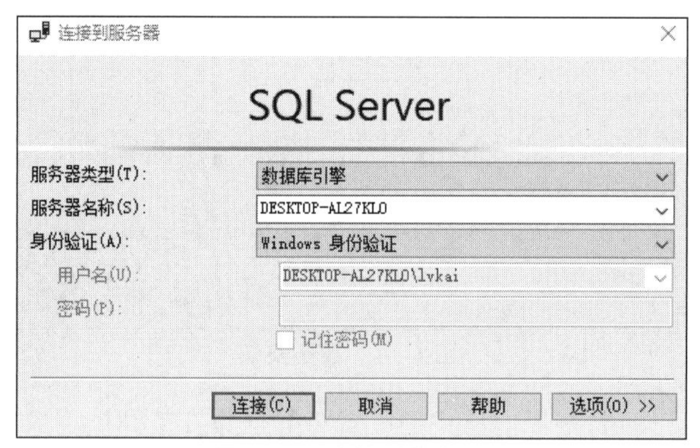

图 6-16　连接到服务器

在对话框中可以选择服务器类型、服务器名称、身份验证模式。在此服务器类型是“数据库引擎”；如果安装时使用的是默认实例，则服务器的名称就是机器名和 IP 地址，如果在安装时使用的是命名实例，那么服务器名称中还要包括实例名。身份验证可以有 5 种选择，如图 6-17 所示，通常选择前两种：“Windows 身份验证”或“SQL Server 身份验

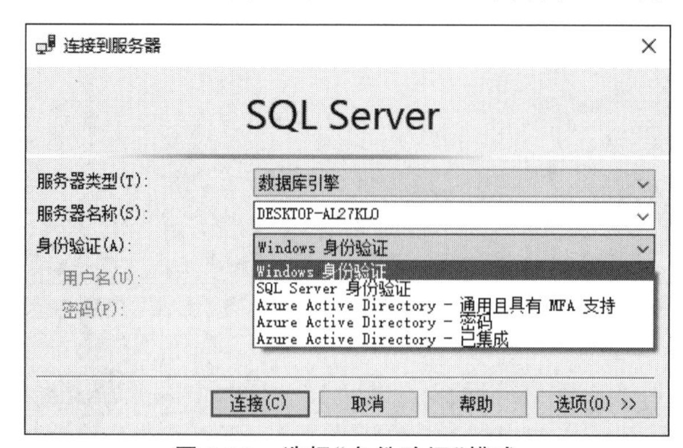

图 6-17　选择“身份验证”模式

证”,若选择“SQL Server 身份验证”,在用户名中输入 sa,然后输入安装时配置的密码,单击“连接”按钮后,SSMS 将连接到指定的服务器,如图 6-18 所示。

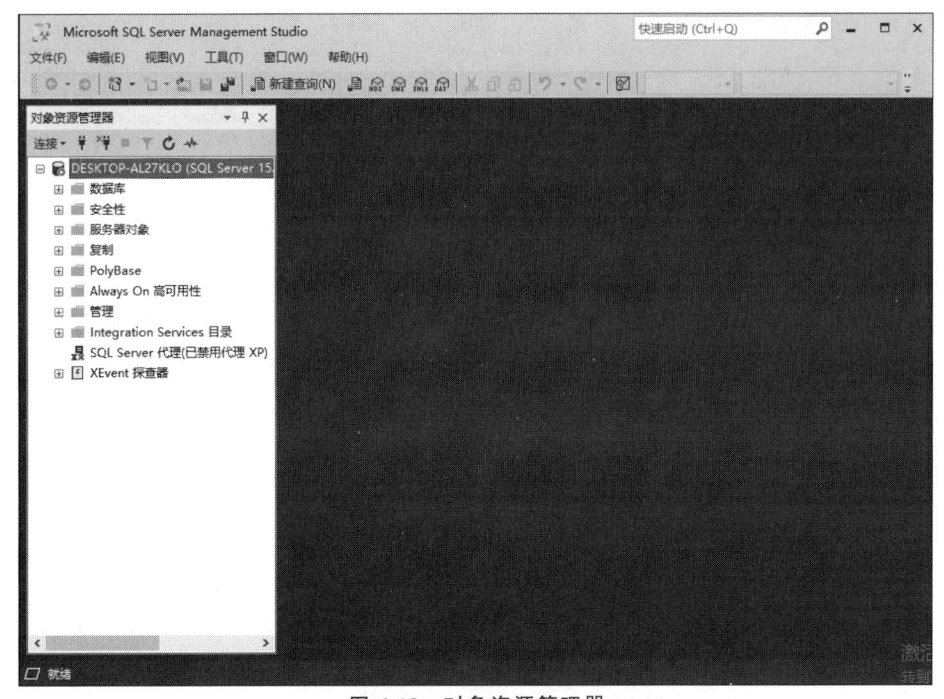

图 6-18 对象资源管理器

SSMS 的对象资源管理器组件是一种集成工具,可以查看和管理所有服务器类型的对象。用户可以通过该组件操作数据库,包括新建、修改、删除数据库、表、视图等数据库对象,进行新建查询、设置关系图、设置系统安全、数据库复制、数据备份、恢复等操作,它是 SSMS 中最常用也是最重要的一个组件。

6.3.2 SQL Server 配置管理器

SQL Server 配置管理器为 SQL Server 服务、服务器协议、客户端协议和客户端别名提供基本配置管理。

使用 SQL Server 配置管理器可以启动、暂停、恢复或停止服务,还可以查看或更改服务属性;使用 SQL Server 配置管理器可以配置服务器和客户端网络协议以及连接选项。

单击 Microsoft SQL Server 2019 程序组,选择“SQL Server 2019 配置管理器”,出现如图 6-19 所示的 Sql Server Configuration Manager 界面。

1. 管理 SQL Server 服务

在 SQL Server 配置管理器窗口中,启动或停止各服务的方法是首先在 SQL Server 配置管理器窗口的左侧单击“SQL Server 服务”,此时在窗口右边会看到已安装的所有服务,可以选中某个服务,然后单击窗口上部工具栏中的响应按钮,或右击某个服务名称,

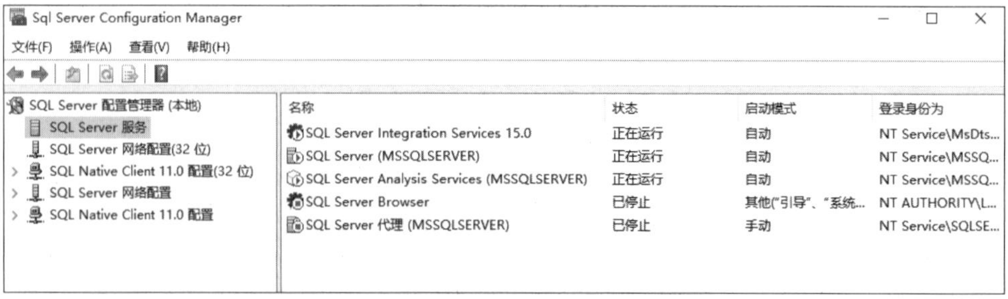

图 6-19　Sql Server Configuration Manager 界面

在弹出的快捷菜单中选择相应的菜单选项来启动或停止服务。

其中，SQL Server Integration Services 15.0（集成服务）是商务智能中的一部分，主要用于数据收集转换和数据仓库的建立；SQL Server 服务提供基本的数据库运行支持；SQL Server Analysis Services（分析服务）是商务智能的一部分，主要用于数据挖掘和OLAP分析等；SQL Server Browser（浏览器服务）主要用于多实例的网络支持；SQL Server 代理主要用于定时运行数据库作业。

2. 管理 SQL Server 网络配置

"SQL Server 网络配置"用于配置本计算机作为服务器时允许使用的连接协议，可以启用或禁用某个协议。当需要启用或禁用某个协议时，只需要选中此协议并右击，在弹出的快捷菜单中选择"启用"或"禁用"选项即可。

3. 管理 SQL Native Client 11.0 配置

"SQL Native Client 11.0 配置"用于配置客户端与 SQL Server 服务器通信时使用的网络协议，通过 SQL Server 客户端配置工具，可以实现对客户端网络协议的启用或禁用，以及网络协议的启用顺序，并可以设置服务器别名等。

6.3.3　SQL Server Profiler 跟踪工具

SQL Server 提供了对数据库执行情况进行跟踪监视的工具 SQL Server Profiler。此工具是 SQL 跟踪的图形用户界面，用于监视 SQL Server Database Engine 或 SQL Server Analysis Services 的实例。用户可以捕获有关每个事件的数据，并将其保存到文件或表中供以后分析。

单击 Microsoft SQL Server 2019 程序组，选择 SQL Server Profiler，启动 SQL Server Profiler。在 SQL Server Profiler 中选择"文件"→"新建跟踪"命令，系统弹出"连接到服务器"对话框，该对话框与 SSMS 的连接窗口相似，输入需要跟踪的服务器名称、用户名和密码并单击"连接"按钮，Profiler 将连接到服务器并弹出"跟踪属性"对话框，如图 6-20 所示。

单击"运行"按钮，Profiler 开始对数据库服务器进行监视，如图 6-21 所示。在 Profiler 运行后使用 SSMS 打开被监视的数据库服务器，进行一些操作，如创建一个表。

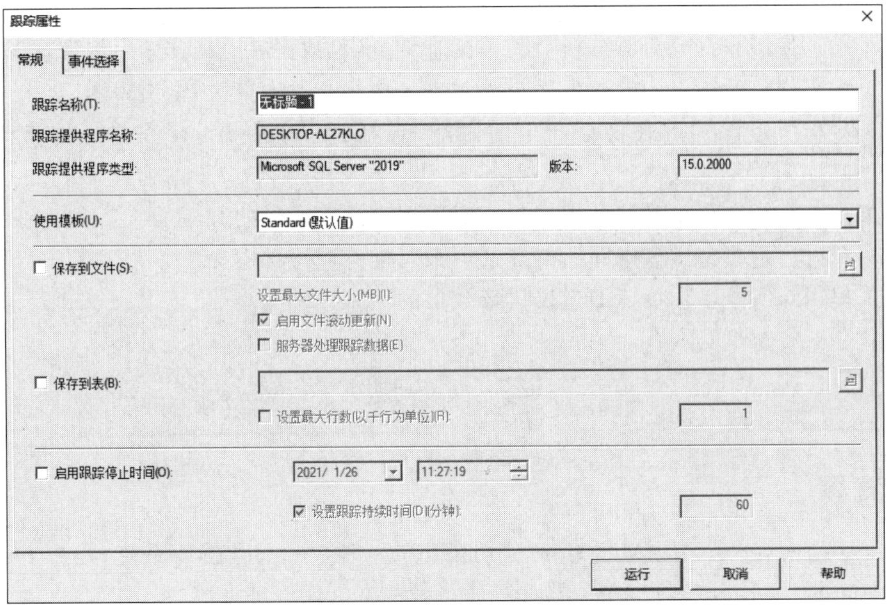

图 6-20 “跟踪属性”对话框

再切换到 Profiler 页面，便可以看到刚才 SSMS 执行数据库操作的所有 SQL 脚本。单击工具栏中“停止所选跟踪”按钮可以停止对服务器的跟踪。

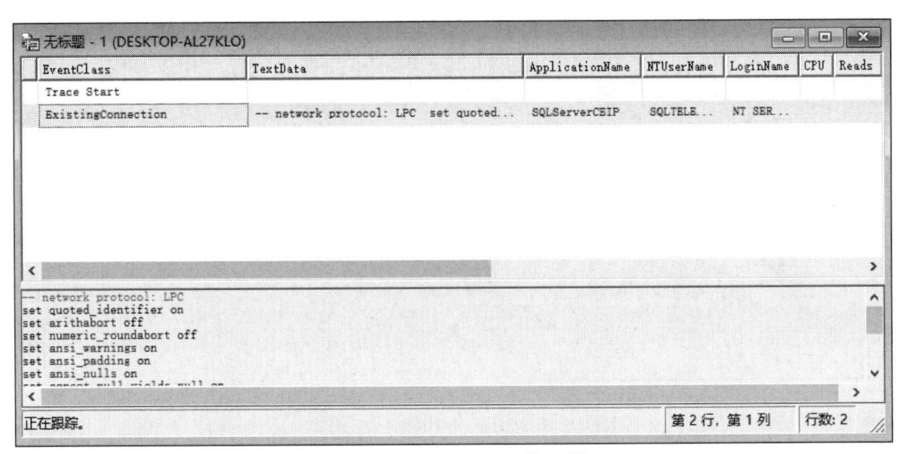

图 6-21 Profiler 跟踪界面

6.3.4 数据库引擎优化顾问

数据库引擎优化顾问是一个实用的数据库管理工具，不需要对数据库内部结构有深入的了解，就可以选择和创建最佳的索引、索引视图和分区等。例如，用户可以使用 SSMS 的查询编辑器和 T-SQL 脚本作为工作负载，然后使用 SQL Server 分析器的 Tuning Template 创建跟踪文件和表负载，加载后对特定的跟踪文件进行分析。数据库引擎优化顾问能够提供建议的索引创建和改进方法，以提升查询功能。

使用数据库引擎优化顾问可以执行下列操作。

(1) 通过使用查询分析器分析负荷重的查询，推荐数据库的最佳索引组合。

(2) 为工作负荷中引用的数据库推荐对齐分区和非对齐分区、索引视图。

(3) 分析所建议的更改将会产生的影响，包括索引的使用、查询在工作负荷中的性能。

(4) 推荐执行一个小型问题查询集而对数据库进行优化的方法。

(5) 允许通过指定磁盘空间约束等选项来对推荐进行自定义。

(6) 提供对所给工作负荷的建议执行效果的汇总报告。

习　　题

填空题

1. SQL Server 是美国 Microsoft 公司推出的一种(　　)数据库系统，是一个可扩展的、高性能的、为分布式客户/服务器计算所设计的数据库管理系统。

2. SQL Server 采用的身份验证模式主要有 Windows 身份验证模式和(　　)。

3. (　　)是 SQL Server 提供的一种集成环境，用于访问、配置、控制、管理和开发 SQL Server 的所有组件。

4. SQL Server 2019 共有 5 个版本，分别是(　　)、(　　)、(　　)、(　　)和(　　)。

第7章 chapter 7

数据库的基本管理

本章学习重点：

- 数据库的基本概念。
- 数据库的操作。

SQL Server 2019 的数据库是有组织的数据的集合，这种数据集合具有逻辑结构和物理结构，并得到数据库管理系统的管理和维护。数据库由包含数据的基本表和对象(如视图、索引、存储过程和触发器等)组成，其主要用途是处理数据管理活动产生的信息。

7.1 数据库基本概念

数据库是 SQL Server 2019 存放表和索引等数据库对象的逻辑实体。数据库的存储结构分为物理存储结构和逻辑存储结构两种。

7.1.1 物理存储结构

数据库的物理存储结构指的是保存数据库各种逻辑对象的物理文件如何在磁盘上存储的，数据库在磁盘上是以文件为单位存储的，SQL Server 2019 将数据库映射为一组操作系统文件。数据库中所有的数据和对象都存储在操作系统文件中。

1. 数据库的文件类型

SQL Server 2019 的数据库具有 3 种类型的文件。

(1) 主数据文件。主数据文件是数据库的起点，指向数据库中的其他文件。每个数据库可以有多个主数据文件，但只有第一个为当前数据库主文件。主数据文件的扩展名是 mdf。

(2) 辅助数据文件。除主数据文件以外的所有其他数据文件都是辅助数据文件。某些数据库可能不含有任何辅助数据文件，而有些数据库则含有多个辅助数据文件。辅助数据文件的扩展名是 ndf。

(3) 事务日志文件。事务日志文件包含用于恢复数据库的所有日志信息。每个数据库必须至少有一个日志文件，当然也可以有多个。SQL Server 2019 事务日志采用提前写入的方式，即对数据库的修改先写入事务日志中，然后再写入数据库。事务日志文件的扩展名是 ldf。

在 SQL Server 2019 中，数据库中所有文件的位置都记录在该数据库的主数据文件和系统数据库 master 中。

2. 文件组

为了方便用户对数据库文件进行分配和管理，SQL Server 2019 将文件分成不同的文件组。文件组有两种类型。

(1) 主要文件组。主要文件组(PRIMARY 文件组)包含主要数据文件和未放入其他文件组的所有次要数据文件。数据库的系统表都包含在主文件组中，每个数据库有一个主要文件组。

(2) 用户定义文件组。用户定义文件组是在 CREATE DATABASE 或 ALTER DATABASE 语句中，使用 FILEGROUP 关键字指定的文件组。

文件组应用的规则如下。

(1) 一个文件只能存在于一个文件组中，一个文件组也只能被一个数据库使用。

(2) 主文件组中包含所有的系统表，当建立数据库时，主文件组包括主数据库文件和未指定组的其他文件。

(3) 在创建数据库对象时如果没有指定将其放在哪一个文件组中，就会将它放在默认文件组中，如果没有指定默认文件组，主文件组就是默认文件组。

(4) 事务日志文件不能属于任何文件组。

7.1.2 逻辑存储结构

数据库是存储数据的容器，即数据库是一个存放数据的表和支持这些数据的存储、检索、安全性和完整性等所组成的集合。

组成数据库的逻辑成分称为数据库对象，SQL Server 2019 中的逻辑对象主要包括数据表、视图、同义词、存储过程、函数、触发器、规则，以及用户、角色、架构等。

每个 SQL Server 2019 都包含两种类型的数据库：系统数据库和用户数据库。系统数据库存放 SQL Server 系统的系统级信息，如系统配置、数据库属性、登录账号、数据库文件、数据库备份、警报、作业等信息。通过系统信息来管理和控制整个数据库服务器系统。用户数据库是用户创建的，存放用户数据和对象的数据库。在安装了 SQL Server 2019 以后，系统会自动创建 5 个系统数据库，分别是 master、model、msdb、resource 及 tempdb。

1. master 数据库

master 数据库记录了 SQL Server 2019 系统的所有系统级别的信息，包括系统中所有的登录账户、链接服务器、系统配置信息、SQL Server 2019 的初始化信息及数据库错误信息等内容。此外，该数据库还记录了所有其他数据库是否存在以及这些数据库文件的位置。master 数据库如果被破坏，SQL Server 2019 将无法启动。

2. model 数据库

model 数据库是 SQL Server 2019 创建用户数据库的模板。当用户创建一个数据库时，model 数据库的内容会自动复制到用户数据库中。对 model 数据库进行的某些修改，如对数据库排序规则或恢复模式的修改，都将应用到以后创建的用户数据库中。

3. msdb 数据库

msdb 数据库用于存储报警、作业及操作员信息。SQL Server Agent(SQL Server 代理)通过这些信息来调度作业，监视数据库系统的错误并触发报警，同时将作业或报警消息传递给操作员。

4. tempdb 数据库

tempdb 数据库为临时表和临时存储过程提供存储空间，所有与系统连接的用户的临时表和存储过程，以及 SQL Server 2019 产生的其他临时性对象都存储于该数据库。tempdb 数据库是 SQL Server 中负担最重的数据库，几乎所有的查询都可能用到它。tempdb 数据库中的所有对象，在 SQL Server 关闭时都将被删除，而下次重新启动 SQL Server 2019 时，又会重新被创建。tempdb 数据库可以按照需要自动增长。

5. resource 数据库

resource 数据库包含了 SQL Server 2019 中的所有系统对象。该数据库具有只读特性。resource 数据库的物理文件名为 mssqlsystemresource.mdf，该文件不允许移动或重新命名，否则 SQL Server 2019 不能启动。resource 数据库由于隐藏，因此，在默认目录下看不到。

7.2 数据库操作

在 SQL Server 2019 中，用户可以自己创建数据库即用户数据库，并且可以对数据库进行修改、删除等操作。

7.2.1 数据库的创建

在 Microsoft SQL Server 2019 中，创建数据库的方法主要有两种：一种是在 SQL Server Management Studio(SSMS)中使用现有命令和功能，通过图形化工具进行创建；另一种是通过 T-SQL 语句创建。

1. 用图形化界面创建数据库

通过 SSMS 界面方式创建数据库的步骤如下。

（1）启动 SSMS，在左侧树状结构中右击“数据库”，在弹出的快捷菜单中选择“新建数据库”命令。

（2）弹出“新建数据库”窗口，在“常规”页的“数据库名称”文本框中，输入新建的数据库的名称，如图 7-1 所示。

图 7-1　“新建数据库”窗口

其中，“逻辑名称”是在所有 T-SQL 语句中引用物理文件时所使用的名称，每个数据库的“逻辑名称”只能有一个。物理文件名是包括目录路径的名称，它必须符合操作系统文件命名规则；“初始大小”可以设置文件的初始大小（MB）；“自动增长/最大大小”可以设置文件增长方式和最大文件大小；单击路径后的按钮可设置文件的存储路径。

在“选项”页中可以设置数据库的属性选项。

在“文件组”页中可以增加或删除文件组。

【例 7-1】 利用图形化界面创建数据库 DBTest，主数据文件初始大小为 20MB，增长方式为按 10%比例自动增长；日志文件初始大小为 20MB，文件的增长量为 1MB。两个文件都不限制增长，数据文件与事务日志文件都放在 D 盘下。

2. 通过 T-SQL 语句创建数据库

使用 CREATE DATABASE 语句可以创建数据库，在创建时可以指定数据库名称、数据库文件存放位置、大小、文件的最大容量和文件的增量等。

具体的语法格式如下。

```
CREATE DATABASE database_name
    [ON[ PRIMARY ][<filespec> [ ,….n ][,<filegroup>[ ,…n ]]
```

```
    [LOG ON{ <filespec> [ ,…n ]}]
    [FOR LOAD|FOR ATTACH]
<filespec> ::= ([NAME = logical_file_name ,]
FILENAME = 'os_file_name'
[,SIZE = size ]
[,MAXSIZE = {max_size|UNLIMITED}]
[,FILEGROWTH=growth_increment[KB|MB|GB|TB|%]]) [,…n ]}
<filegroup> ::={FILEGROUP filegroup_name[DEFAULT] <filespec>[ ,…n ]}
```

其中,各参数说明如下。

(1) database_name:在服务器中必须唯一,并且符合标识符命名规则,最长为128个字符。

(2) ON:用于定义数据库的数据文件。

(3) PRIMARY:用于指定其后所定义的文件为主要数据文件,如果省略,系统将第一个定义的文件作为主要数据文件。

(4) LOG ON:指明事务日志文件的明确定义。

(5) NAME:指定 SQL Server 系统应用数据文件或事务日志文件时使用的逻辑文件名。

(6) FILENAME:指定数据文件或事务日志文件的操作系统文件名称和路径,即数据库文件的物理文件名。

(7) SIZE:指定数据文件或事务日志文件的初始容量,默认单位为 MB。

(8) MAXSIZE:指定数据文件或事务日志文件的最大容量,默认单位为 MB。如果省略 MAXSIZE,或指定为 UNLIMITED,则文件的容量可以不断增加,直到整个磁盘满为止。

(9) FILEGROWTH:指定数据文件或事务日志文件每次增加的容量,当指定数据为0时,表示文件不增长。

(10) FILEGROUP:用于指定用户自定义的文件组。

(11) DEFAULT:指定文件组为默认文件组。

【例 7-2】 创建名为 jsjxy 的数据库,包含一个主数据文件和一个事务日志文件。主数据文件的逻辑名为 jsjxy _data,物理文件名为 jsjxy _data.mdf,初始容量大小为 10MB,最大容量为 20MB,文件的增长量为 20%。事务日志文件的逻辑文件名为 jsjxy_log,物理文件名为 jsjxy_log.ldf,初始容量大小为 10MB,最大容量为 20MB,文件增长量为 2MB。数据文件与事务日志文件都放在 D 盘。

操作步骤如下。

(1) 在 SSMS 中,单击工具栏上的“新建查询”按钮,打开一个新的查询编辑器窗口。

(2) 在查询编辑器窗口中输入以下 T-SQL 语句。

```
CREATE DATABASE jsjxy
ON PRIMARY
(NAME='jsjxy_data',
FILENAME='d:\jsjxy_data.mdf',
```

```
SIZE=10MB,
MAXSIZE=20MB,
FILEGROWTH=20%)
LOG ON
(NAME='jsjxy_log',
FILENAME='d:\jsjxy_log.ldf',
SIZE=10MB,
MAXSIZE=20MB,
FILEGROWTH=2MB)
```

(3) 单击工具栏上的“执行”按钮，执行上述语句。

(4) 在“消息”窗口中将显示相关消息，告诉用户数据库创建是否成功。

【例 7-3】 创建含有多个数据文件和日志文件的数据库。该数据库名称为 studentDB，有 1 个 10MB 和 1 个 20MB 的数据文件和 2 个 10MB 的事务日志文件。数据文件逻辑名称为 studentDB1 和 studentDB2，物理文件名为 studentDB1.mdf 和 studentDB2.ndf，两个数据文件的最大容量分别为无限大和 100MB，增长量分别为 20%和 5MB。事务日志文件的逻辑名为 studentDBlog1 和 studentDBlog2，物理文件名为 studentDBlog1.ldf 和 studentDBlog2.ldf，最大容量均为 50MB，文件增长量为 5MB。要求数据库文件和日志文件的物理文件都存放在 D 盘。

操作步骤如下。

(1) 在 SSMS 中，单击工具栏上的“新建查询”按钮，打开一个新的查询编辑器窗口。

(2) 在查询编辑器窗口中输入以下 T-SQL 语句。

```
CREATE DATABASE studentDB
ON PRIMARY
(NAME='studentDB1',
FILENAME='D:\studentDB1.mdf',
SIZE=10MB,
MAXSIZE=unlimited,
FILEGROWTH=20%),
(NAME='studentDB2',
FILENAME='D:\studentDB2.ndf',
SIZE=20MB,
MAXSIZE=100MB,
FILEGROWTH=5MB)
LOG ON
(NAME='studentDBlog1',
FILENAME='D:\studentDBlog1.ldf',
SIZE=10MB,
MAXSIZE=50MB,
FILEGROWTH=5MB),
(NAME='studentDBlog2',
FILENAME='D:\studentDBlog2.ldf',
SIZE=10MB,
MAXSIZE=50MB,
FILEGROWTH=5MB)
```

(3) 单击工具栏上的“执行”按钮,执行上述语句。

(4) 在“消息”窗口中将显示相关消息,告诉用户数据库创建是否成功。

7.2.2 数据库的修改

数据库创建以后,可以对其进行修改。修改数据库包括增减数据文件和事务日志文件、修改文件属性(包括更改文件名和文件大小)、修改数据库选项等。

1. 修改已有数据库文件的属性

修改已有数据库文件的属性有两种方式:一种是使用图形化界面,另一种是使用T-SQL语句。

(1) 在SSMS中右击要修改的数据库,在弹出的快捷菜单中选择“属性”命令,在弹出的“数据库属性”窗口中选择“文件”页,在此窗口中可以修改“大小”、自动增长/最大大小,如图7-2所示。

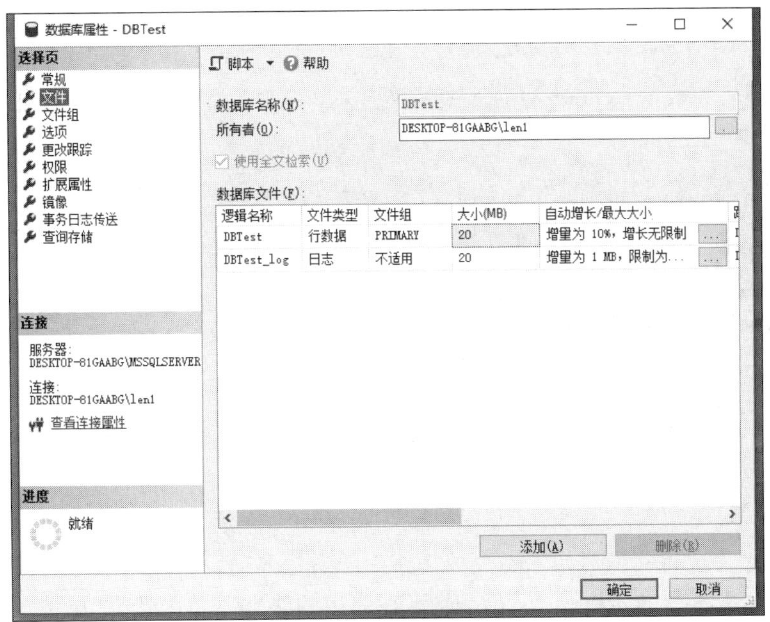

图 7-2 修改数据库

(2) 使用T-SQL语句增加已有数据库文件的属性,语法格式如下。

```
ALTER DATABASE 数据库名
MODIFY FILE
{<filespec>[,…n]}
```

【例 7-4】 修改数据库studentDB主要数据文件studentDB1的属性,将初始大小修改为50MB,最大大小改为1000MB,增长量改为50%。

```
ALTER DATABASE studentDB
```

```
MODIFY FILE
(NAME='studentDB1',
SIZE=50MB,
MAXSIZE=1000MB,
FILEGROWTH=50%)
```

2. 增加数据库文件

增加数据库文件有两种方式：一种是使用图形化界面，另一种是使用 T-SQL 语句。

(1) 在 SSMS 中右击要修改的数据库，在弹出的快捷菜单中选择“属性”命令，在弹出的“数据库属性”窗口中选择“文件”页，单击“添加”按钮，为新的数据库文件指定逻辑文件名、初始大小、增长方式等属性，单击“确定”按钮即可完成数据库文件的添加。

(2) 使用 T-SQL 语句增加数据库文件，语法格式如下。

```
ALTER DATABASE 数据库名
ADD FILE|ADD LOG FILE
{<filespec>[,…n]|[<filegroupspec>[,…n]]}
```

【例 7-5】 为数据库 jsjxy 增加数据文件 jsjxy_data2，初始大小为 10MB，无上限，文件增长量为 10MB。

```
ALTER DATABASE jsjxy
ADD FILE
(NAME='jsjxy_data2',
FILENAME='D:\jsjxy_data2.ndf',
SIZE=10MB,
MAXSIZE=unlimited,
FILEGROWTH=10MB
)
```

3. 删除数据库文件

删除数据库文件有两种方式：一种是使用图形化界面，另一种是使用 T-SQL 语句。

(1) 在 SSMS 中右击要修改的数据库，在弹出的快捷菜单中选择“属性”命令，在弹出的“数据库属性”窗口中选择“文件”页，选择要删除的文件后，单击“删除”按钮就可以删除对应的文件了。

(2) 使用 T-SQL 语句删除数据库中的文件，语法格式如下。

```
ALTER DATABASE 数据库名
REMOVE FILE 逻辑文件名
```

【例 7-6】 将数据库 jsjxy 中的 jsjxy_data2 文件删除。

```
ALTER DATABASE jsjxy
REMOVE FILE jsjxy_data2
```

4. 重命名数据库

除系统数据库以外,其他数据库的名称可以更改。但是数据库一旦创建,就可能被位于任意地方的前台用户连接,因此对数据库名称的处理必须特别小心,只有在确定尚未被使用后才可进行更改。

重命名数据库有两种方式:一种是使用图形化界面,另一种是使用T-SQL语句。

(1) 在SSMS中右击要修改的数据库,在弹出的菜单中选择"重命名"命令,即可完成名称的修改。

(2) 使用sp_renamedb重命名数据库。

使用T-SQL语句重命名数据库,语法格式如下。

```
sp_renamedb 原数据库名,新数据库名
```

【例7-7】 将jsjxy数据库重命名为ComputerDepartment。

```
sp_renamedb jsjxy,ComputerDepartment
```

(3) 使用ALTER DATABASE语句重命名数据库。

使用T-SQL语句重命名数据库,语法格式如下。

```
ALTER DATABASE old_database_name
Modify NAME=new_database_name
```

【例7-8】 将数据库ComputerDepartment重改回为jsjxy。

```
ALTER DATABASE Computerdepartment
MODIFY NAME=jsjxy
```

7.2.3 数据库的删除

在SQL Server 2019中,除了系统数据库之外,其他数据库都可以删除。当用户删除数据库时,将从当前服务器或实例上永久地、物理地删除该数据库。数据库一旦被删除就不能恢复,因为其相应的数据文件和数据都已被物理地删除。

用户只能根据自己的权限删除数据库,不能删除当前正在使用的数据库(如用户正在读写)。

删除数据库有两种方式:一种是使用图形化界面,另一种是使用T-SQL语句。

(1) 在SSMS中右击要删除的数据库,在弹出的菜单中选择"删除"命令,即可完成数据库的删除,如图7-3所示。

(2) 使用T-SQL语句删除数据库,语法格式如下。

```
DROP DATABASE 数据库名
```

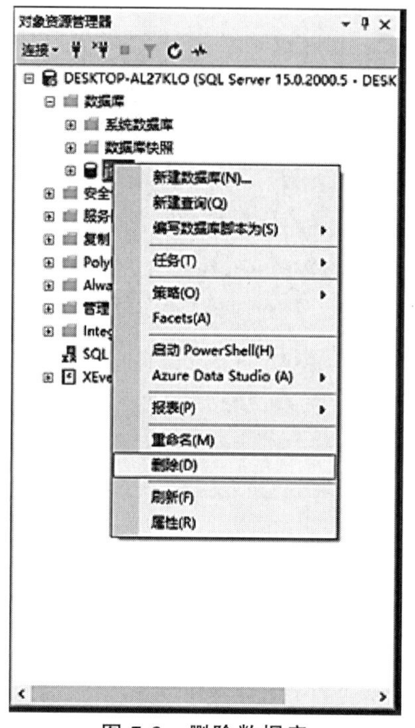

图 7-3 删除数据库

【例 7-9】 删除 studentDB 数据库。

```
DROP DATABASE studentDB
```

7.3 数据库的分离与附加

数据库操作除了上述所讲内容外，还有分离和附加数据库操作。SQL Server 2019 可以分离数据库的数据和事务日志文件，然后将其重新附加到同一台或另一台服务器上。分离数据库将从 SQL Server 2019 删除数据库，但是保证在组成该数据库的数据和事务日志文件中的数据库完好无损。这些数据和事务日志文件可以用来将数据库附加到任何 SQL Server 2019 实例上，这使数据库的使用状态与它分离时的状态完全相同。

7.3.1 数据库的分离

分离数据库是指将数据库从 SQL Server 2019 数据库管理系统中删除，但不会从磁盘上删除文件，而且数据库在其数据文件和事务日志文件中保持不变。这些文件可以被附加到任何 SQL Server 2019 数据库管理系统中。

分离数据库有两种方式：一种是使用图形化界面，另一种是使用 T-SQL 语句。

1. 使用图形化界面分离数据库

操作步骤如下。

(1) 在 SSMS 中右击要分离的数据库名称,在弹出的快捷菜单中选择“任务”→“分离”命令,如图 7-4 所示。

图 7-4　分离数据库

(2) 在弹出的“分离数据库”对话框中单击“确定”按钮即可完成数据库的分离。

2. 使用 T-SQL 语句分离数据库

可以使用系统存储过程 sp_detach_db 分离该数据库。sp_detach_db 存储过程从服务器分离数据库,并可以选择在分离前在所有的表上运行 UPDATE STATISTICS。

语法格式如下。

```
sp_detach_db[@dbname=]'dbname'
    [,[@skipchecks=]'skipchecks']
```

参数说明如下。

(1) [@dbname=]'dbname': 要分离的数据库名称。@dbname 的数据类型为 sysname,默认值为 NULL。

(2) [@skipchecks =] 'skipchecks': @skipchecks 的数据类型为 nvarchar(10),默认值为 NULL。如果为 true,则跳过 UPDATE STATISTICS。如果为 false,则运行 UPDATE STATISTICS。对于要移动到只读媒体上的数据库,此选项很有用。

【例 7-10】 分离 jsjxy 数据库。

```
sp_detach_db 'jsjxy'
```

7.3.2 数据库的附加

与分离对应的是附加数据库操作。附加数据库可以很方便地在 SQL Server 2019 服务器之间利用分离后的数据文件和日志文件组织成新的数据库。

附加数据库有两种方式：一种是使用图形化界面，另一种是使用 T-SQL 语句。

1. 使用图形化界面附加数据库

操作步骤如下。

(1) 在 SSMS 中右击“数据库”选项，在弹出的快捷菜单中选择“附加”命令，如图 7-5 所示。

图 7-5 附加数据库

(2) 在弹出的“附加数据库”窗口中单击“添加”按钮，选择要附加的数据库文件，单击“确定”按钮完成数据库的附加，如图 7-6 所示。

2. 使用 T-SQL 语句附加数据库

可以使用系统存储过程 sp_attach_db 将数据库附加到当前服务器，语法格式如下。

图 7-6 选择数据库文件

```
sp_attach_db[@dbname=]'dbname'
,[@filename1=]'filename_n'[,…16]
```

参数说明如下。

(1) [@dbname =] 'dbname': 要附加到服务器的数据库的名称。该名称必须是唯一的。dbname 的数据类型为 sysname,默认值为 NULL。

(2) [@filename1 =] 'filename_n': 数据库文件的物理名称,包括路径。filename_n 的数据类型为 nvarchar(260),默认值为 NULL。最多可以指定 16 个文件名。参数名称以 @filename1 开始,递增到 @filename16。文件名列表至少必须包括主数据文件,主数据文件包含指向数据库中其他文件的系统表。该列表还必须包括数据库分离后所有被移动的文件。

【例 7-11】 附加 jsjxy 数据库。

```
exec sp_attach_db @dbname='jsjxy',
@filename1='D:\jsjxy_data.mdf',
@filename2='D:\jsjxy_log.ldf'
```

分离和附加数据库的操作可以将数据库从一台计算机移动到另外一台计算机,而不必重新创建数据库,当附加到数据库上时,必须指定主数据文件的名称和物理位置。主数据文件包含查找由数据库组成的其他文件所需的信息。如果存储的文件位置发生了变化,则需要手动指定次要数据文件和日志文件的存储位置。

习　题

一、选择题

1. 以下关于使用文件组的叙述中,不正确的是(　　)。
   A. 文件或文件组可以由一个以上的数据库使用
   B. 文件只能是一个文件组的成员
   C. 数据和事务日志信息不能属于同一个文件或文件组
   D. 事务日志文件不能属于任何文件组
2. 包含数据库的启动信息的文件是(　　)。
   A. 主数据文件　　B. 次要数据文件
   C. 日志文件　　D. 以上都不是
3. 关于数据库的大小,下列说法正确的是(　　)。
   A. 只能指定固定的大小　　B. 最小为 10MB
   C. 最大为 100MB　　D. 可以设置为自动增长
4. 下列(　　)数据库是 SQL Server 2019 在创建数据库时可以使用的模板。
   A. master　　B. msdb　　C. model　　D. tempdb

5. 下列(　　)数据库是可以记录系统中所有系统级的信息的系统数据库。

A. master　　B. msdb　　C. model　　D. tempdb

6. 用 T_SQL 语句来修改已有数据库中文件的大小时,用到的关键字为(　　)。

A. ALTER FILE　　B. MODIFY FILE

C. REMOVE FILE　　D. ADD FILE

7. 下列关于数据库文件描述正确的是(　　)。

A. 一个数据库中可以有多个主要数据文件

B. 一个数据库中有且只有一个主要数据文件

C. 一个数据库中只能有一个日志文件

D. 一个数据库中不能有多个辅助数据文件

8. 用 T-SQL 语句创建数据库时,指明日志文件用到的关键字为(　　)。

A. ON LOG　　B. LOG ON　　C. LOG　　D. FOR LOG

二、填空题

1. 用于数据库还原的重要文件是(　　)。

2. 在使用 CREATE DATABASE 命令创建数据库时,FILENAME 选项的定义是(　　)。

3. SQL Server 2019 包含两种类型的数据库:系统数据库和(　　)。

4. SQL Server 2019 中创建数据库的 T-SQL 语句为(　　)。

5. 用 T-SQL 语句(　　)来删除数据库文件。

6. SQL Server 2019 数据库主数据文件的扩展名为(　　)。

7. SQL Server 2019 数据库日志数据文件的扩展名为(　　)。

三、操作题

利用 T_SQL 完成下列操作。

(1) 创建一个名为 SQLKS 的数据库,该数据库包含一个数据文件和一个日志文件,逻辑文件名为 SQLKS_DATA,磁盘文件名为 SQLKS_DATA.MDF,文件初始容量为 5MB,最大容量为 15MB,递增容量为 1MB,日志文件的逻辑文件名为 SQLKS_LOG,磁盘文件名为 SQLKS_LOG.LDF,文件初始容量为 3MB,最大容量为 10MB,增量为 10%,所有文件都放在 D 盘。

(2) 向数据库 SQLKS 中添加一个数据文件,文件的逻辑名为 SQLKS_DATA1,磁盘文件名为 SQLKS_DATA1.NDF,初始大小为 1MB,最大容量为 50MB,文件增量为 2MB。

第 8 章 chapter 8

数据表的基本管理

本章学习重点：

- 表的创建和修改。
- 表的各种约束。
- 表中数据的操作。

在数据库中，表是由数据按一定的顺序和格式构成的数据集合，是数据库的主要对象。表的数据组织形式是行、列的结构，每一行代表一条记录，每一列代表记录的一个字段。没有记录的表称为空表。在 SQL Server 2019 中，每个数据库最多可包含 20 亿个表，每个表可包含 1024 个字段。每个表通常都有一个主关键字（又称为主码），用于唯一地确定一条记录。在同一个表中不允许有相同名称的字段。

8.1 创 建 表

数据库创建完成后，里面是没有数据的。用户需要根据需求存入数据后，这样的数据库才能成为真正的数据库，表是存放数据的基本单位，因此首先要在空的数据库中创建表。

8.1.1 数据类型

用户创建表的时候，需要为每个字段指定数据类型，目的是指定该字段所存放的数据是整型、字符串、货币、日期还是其他类型的数据，以及每个字段的存储空间。数据类型决定了数据的存储格式，代表了各种不同的信息类型。

SQL Server 2019 的数据类型可以分为两类：基本数据类型和用户自定义数据类型。基本数据类型是 SQL Server 2019 预先定义好的，可以直接使用。下面介绍 SQL Server 2019 基本的数据类型。

1. 整型

SQL Server 2019 支持的整型数据类型有 int、smallint、bigint、tinyint 和 bit 五种，如表 8-1 所示。

表 8-1 整型

类型名称	取值范围及说明
int	-2^{31}～$2^{31}-1$ 的整型数据，存储大小为 4B
smallint	-2^{15}～$2^{15}-1$ 的整型数据，存储大小为 2B
bigint	-2^{63}～$2^{63}-1$ 的整型数据(所有数字)，存储大小为 8B
tinyint	0～255 的整型数据，存储大小为 1B
bit	可以取值为 1、0 或 NULL 的整型数据类型。字符串值 TRUE 和 FALSE 可以转换为以下 bit 值：TRUE 转换为 1，FALSE 转换为 0

2. ASCII 字符型

ASCII 字符型数据的类型包括 char、varchar 和 text。ASCII 字符型数据是由任何英文字母、符号、数字以及中国编码标准的汉字任意组合而成的数据，每个英文字母、符号或数字占用 1B，每个汉字占用 2B，如表 8-2 所示。

表 8-2 ASCII 字符型

类型名称	取值范围及说明
char(n)	按固定长度存储字符串，字符数不满 n 个时，自动补空格，n 的取值范围为 1～8000 的整数。原因是每个汉字占用 2B
varchar(n)	按变长存储字符串，存储大小为输入数据的字节的实际长度，若输入的数据超过 n 字节，则自动截断后存储。n 的取值范围为 1～8000 的整数。当有空值或字符串长度不固定时可以用 varchar 来存储
text	可以存储最大长度是($2^{31}-1$)B 的字符数据。超过 8KB 的 ASCII 数据可以用 text 来存储

3. Unicode 字符型

Unicode(统一编码)为国际通用字符类型，该类型包括 nchar、nvarchar 和 ntext。Unicode 字符数据是由任何英文字母、符号、数字以及国际标准的汉字等任意组合而成的数据，每个汉字占用 2B 的空间，如表 8-3 所示。

表 8-3 Unicode 字符型

类型名称	取值范围及说明
nchar(n)	存储固定长度的 n 个 Unicode 字符数据，n 必须是介于 1～4000 的整数
nvarchar(n)	存储长度可变的 n 个 Unicode 字符数据，n 必须是介于 1～4000 的整数
ntext	存储最大长度是 $2^{31}-1$ 个的 Unicode 字符数据

4. 精确数值型

精确数值型数据由整型和小数两部分组成，所有的数字都是有效位，能够以完整的精度存储十进制数据。

精确数值型有 decimal 和 numeric 两种，它们唯一的区别在于 decimal 不能用于带有 identity 关键字的列，如表 8-4 所示。

表 8-4　精确数值型

类型名称	取值范围及说明
decimal[(p[,s])]	其中，p 指定精度或对象能够控制的数字个数；s 指定可放在小数点右边的小数位数或数字个数。p 可指定的范围是 1～38；s 可指定的范围最少是 0，最多不能超过 p
numeric[(p[,s])]	功能上等价于 decimal[(p[,s])]

例如，decimal(10,8)的取值范围是－99.99999999～99.99999999。

5. 近似数值型

近似数值型有 float 和 real 两种，如表 8-5 所示。

表 8-5　近似数值型

类型名称	取值范围及说明
float [(n)]	存储－1.79E＋308～1.79E＋308 的浮点型数据。其中，n 为用于存储 float 数值尾数的位数(以科学记数法表示)，因此可以确定精度和存储大小。如果指定了 n，则它必须是介于 1～53 的某个值。n 的默认值为 53。SQL Server 2019 将 n 视为下列两个可能值之一：如果 1≤n≤24，则将 n 视为 24；如果 25≤n≤53，则将 n 视为 53
real	范围为－3.40E＋38～3.40E＋38 的浮点型数据，存储大小为 4B

6. 日期时间型

日期时间型有 date、time、datetime、smalldatetime、datetime2 和 datetimeoffset 六种类型，如表 8-6 所示。

表 8-6　日期时间型

类型名称	取值范围及说明
date	仅存储日期，不存储时间。指定年、月、日的值，表示 0001 年 1 月 1 日—9999 年 12 月 31 日的日期。每个日期型数据存储空间为 3 字节
time[(n)]	仅存储一天中的时间，不存储日期。使用的是 24 小时时钟，支持的范围是 00:00:00.0000000—23:59:59.9999999。可以在创建数据类型时指定小数秒的精度，即 n 的值，默认精度是 7 位，准确度是 100ns，精度影响所需的存储空间大小，范围包括最多两位的 3 字节、3 或 4 位的 4 字节以及 5～7 位的 5 字节
datetime	1753 年 1 月 1 日—9999 年 12 月 31 日的日期和时间，占用的存储空间大小为 8 字节。时间范围为 00:00:00—23:59:59.999
smalldatetime	1900 年 1 月 1 日—2079 年 6 月 6 日的日期和时间，时间表示精度为分钟，占用的存储空间大小为 4 字节。时间范围为 00:00—23:59

续表

类型名称	取值范围及说明
datetime2[(n)]	是原始 datetime 类型的扩展。它支持更大的日期范围以及更细的小数秒精度，日期范围是 0000 年 1 月 1 日—9999 年 12 月 31 日的日期。与 time 类型一样，提供了 7 位小数秒精度，时间范围为 00:00:00.0000000—23:59:59.9999999
datetimeoffset[(n)]	提供了时区信息。范围是 0000 年 1 月 1 日 00:00:00.0000000—9999 年 12 月 31 日 23:59:59.9999999。可在创建数据类型时指定小数秒的精度，即 n 的值，默认精度是 7 位

7. 货币型

货币型有 money 和 smallmoney 两种，如表 8-7 所示。

表 8-7 货币型

类型名称	取值范围及说明
money	取值范围为 $-2^{63}\sim2^{63}-1$，占 8B，精确到它们所代表的货币单位的万分之一
smallmoney	取值范围为 $-2^{31}\sim2^{31}-1$，占 4B，精确到它们所代表的货币单位的万分之一

8. 二进制类型

二进制类型有 binary、varbinary、image 三种，如表 8-8 所示。

表 8-8 二进制类型

类型名称	取值范围及说明
binary[(n)]	固定长度的 n 字节二进制数据，存储大小为 n+4 字节，$1\leqslant n\leqslant 8000$。若输入的数据不足 n+4 字节，则补足后存储，若输入的数据超过 n+4 字节，则截断后存储
varbinary[(n)]	可变长度二进制数据。$1\leqslant n\leqslant 8000$，若输入的数据不足 n+4 字节，则补足后存储；若输入的数据超过 n+4 字节，则截断后存储
image	可存储最大长度是 $(2^{31}-1)$B 的二进制数据

9. 其他数据类型

除了上述的数据类型外，SQL Server 2019 还提供了 geography、geometry、hierarchyid、sql_variant、timestamp、uniqueidentifier、xml 等数据类型。

8.1.2 使用图形化界面创建表

在创建一个表前，需要确定表中的内容如下。

(1) 表中包含的属性，每个属性的数据类型和长度。

(2) 每个属性是否有约束等要求。

(3) 表的主键、外键或索引等。

【例 8-1】 在 jsjxy 数据库中,创建 student 表,结构如表 8-9 所示。

表 8-9 student 表结构

列 名	数据类型	长 度	允许空值	含 义
id	char	11	否	学号
name	nvarchar	15		姓名
sex	nchar	1		性别
age	int			年龄
birthday	date			出生日期
nation	nvarchar	20		民族
specialty	nvarchar	20		专业

创建步骤如下。

(1) 在 SSMS 中打开 jsjxy 数据库,右击"表"结点,在弹出的快捷菜单中选择"新建"→"表"命令,出现表的设计界面。

(2) 在表的设计界面的上部分录入表 8-9 的内容,如图 8-1 所示。

DESKTOP-81GAAB...y - dbo.Table_1*

列名	数据类型	允许 Null 值
id	char(11)	☐
name	nvarchar(15)	☑
sex	nchar(1)	☑
age	int	☑
birthday	date	☑
nation	nvarchar(20)	☑
specialty	nvarchar(20)	☑

图 8-1 表设计界面

(3) 定义好所有的属性后,单击"保存"按钮,输入表名 student,完成表的创建。

8.1.3 使用 T-SQL 语法创建表

使用 CREATE TABLE 语句创建数据表,语法格式如下。

```
CREATE TABLE [database_name.[schema_name].|schema_name.]table_name
({column_name<data_type>
 [NULL|NOT NULL] [IDENTITY[(seed,increment)]][<column_constraint>[…n ]]
[,…n ]}[,<table_constraint>][,…n ])
```

各参数说明如下。

(1) database_name:在其中创建表的数据库的名称。database_name 必须指定现有数据库的名称。如果未指定,则 database_name 默认为当前数据库。

(2) schema_name:新表所属架构的名称。

(3) table_name:新表的名称。表名必须遵循标识符规则。最多可包含 128 个字符。

(4) column_name：表中列的名称。列名必须遵循标识符规则并且在表中是唯一的。

(5) column_name：最多可包含 128 个字符。

(6) <column_constraint>：在列上定义的约束。

(7) <table_constraint>：在表上定义的约束。

其中，<column_constraint>包含的内容如下。

```
<column_constraint>::=[column_name data_type]
{[NULL|NOT NULL]
 [PRIMARY KEY|UNIQUE]
 [CHECK(logical_expression)]
 [DEFAULT{constraint_expression}]
 [FOREIGH KEY[(column)] REFERENCES ref_table [(ref_column)]]
}
```

各参数说明如下。

(1) NULL 和 NOT NULL：如果表的某一列被指定具有 NULL 属性，那么允许在插入数据时省略该列的值。反之，如果表的某一列被指定具有 NOT NULL 属性，那么不允许在没有指定列默认值的情况下插入省略该列值的数据行。在 SQL Server 2019 中列的默认属性是 NULL。

(2) PRIMARY KEY：设置字段为主键。

(3) UNIQUE：设置字段具有唯一性。

(4) CHECK：利用逻辑表达式(logical_expression)设置字段的取值范围。

(5) DEFAULT：利用默认值表达式(constraint_expression)设置字段的默认值。

(6) FOREIGH KEY[(column)] REFERENCES ref_table [(ref_column)]：设置外键，与其他表建立联系，其中，ref_table 为被参考的主键所在的表名，ref_column 为被参考的主键列名。

【例 8-2】 在 jsjxy 数据库中，创建 course 表和 sc 表，表结构如表 8-10 和表 8-11 所示。

表 8-10 course 表结构

列　名	数据类型	长　度	允许空值	含　义
courseid	char	5	否	课程号
coursename	nvarchar	15		课程名称
credit	int			学分

表 8-11 sc 表结构

列　名	数据类型	长　度	允许空值	含　义
id	char	11	否	学号
courseid	char	5	否	课程号
score	float	1		成绩

操作步骤如下。

(1) 在 SSMS 中,单击工具栏上的"新建查询"按钮,打开一个新的查询编辑器窗口。

(2) 在查询编辑器窗口中输入以下 T-SQL 语句。

```
USE jsjxy
GO
CREATE TABLE course
(courseid char(5) NOT NULL,
coursename nvarchar(15),
credit int
)
```

(3) 单击工具栏上的"执行"按钮,执行上述语句。

(4) 在"消息"窗口中会显示相关消息,告诉用户数据库创建是否成功,如图 8-2 所示。

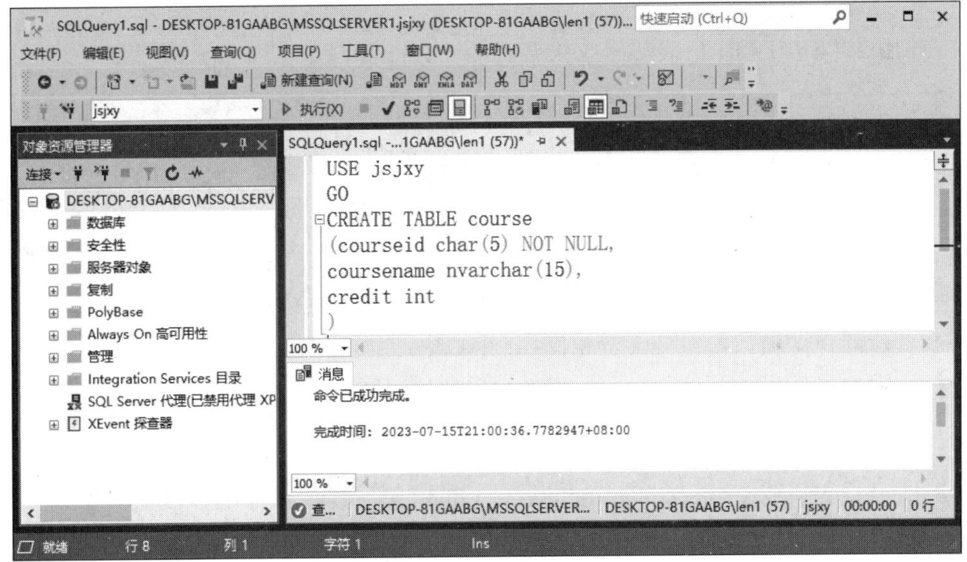

图 8-2 创建 course 表

(5) 创建 sc 表的语法如下。

```
USE jsjxy
GO
CREATE TABLE sc
(id char(11) NOT NULL,
courseid char(5) NOT NULL,
score float
)
```

8.2 修 改 表

当数据表的结构创建完成后，用户还可以根据实际需要对表的结构进行修改。用户可以增加、删除和修改字段，更改数据表名称等。

8.2.1 使用图形化界面修改表

使用图形化界面修改表的操作步骤如下。

（1）在 SSMS 中右击要修改的数据表，在弹出的快捷菜单中选择“设计”命令，打开表的设计界面。

（2）在表的设计界面就可以完成对表的修改，与创建表时相同。

8.2.2 使用 T-SQL 语法修改表

使用 ALTER TABLE 语句修改数据表，语法格式如下。

```
ALTER TABLE table_name
[ALTER COLUMN {column_name new_data_type[<column_constraint>]}
|ADD{column_name data_type[< column_constraint >]|[CONSTRAINT]constraint_
name}
|DROP{COLUMN column_name|[CONSTRAINT] constraint_name }
]
```

其中各参数的含义和创建表的大致相同。

【例 8-3】 对 student 表中 name 属性进行修改，使该字段数据类型为 nvarchar(50)，不允许取空值。

```
USE jsjxy
GO
ALTER TABLE student
ALTER COLUMN name nvarchar(50) NOT NULL
```

【例 8-4】 对 course 表添加 teacher 字段，数据类型为 nvarchar(20)。

```
USE jsjxy
GO
ALTER TABLE course
ADD  teacher nvarchar(20)
```

【例 8-5】 删除 course 表中的 teacher 字段。

```
USE jsjxy
GO
```

```
ALTER TABLE course
DROP COLUMN teacher
```

8.3 表中的各种约束

约束是通过限制列中数据、行中数据和表之间数据来保证数据完整性的非常有效的方法。约束可以确保把有效的数据输入列中和维护表和表之间的特定关系。其中,列约束是针对表中一个列的约束,表约束是针对表中一个或多个列的约束。在 SQL Server 2019 中有 6 种约束:主键(PRIMARY KEY)约束、唯一性(UNIQUE)约束、外键(FOREIGN KEY)约束、检查(CHECK)约束、默认(DEFAULT)约束和是否为空约束(NULL 和 NOT NULL)。

8.3.1 主键约束

主键约束在表中定义一个主键值,这是唯一确定表中一行记录的标识符。在所有的约束类型中,主键约束是最重要的一种约束类型,也是使用最广泛的。一个表最多只能有一个主键,主键列不允许为空。

主键可以定义在一列上,也可以定义在多列的组合上。当定义在多列上时,虽然某一列中可以有重复的数据,但是这个组合的数据是不能重复的。

1. 创建表时定义主键

【例 8-6】 在 jsjxy 中创建数据表 teacher,包括属性(tid,name,sex,age),其中 id 定义为主键。

```
USE jsjxy
GO
CREATE TABLE teacher
(tid char(11) PRIMARY KEY,
name nvarchar(20),
sex nchar(1),
age int)
```

【例 8-7】 在 jsjxy 中创建数据表 st,包含字段(id,tid,coursename),其中(id,tid)的组合为主键。

```
USE jsjxy
GO
CREATE TABLE st
(id char(11),
tid char(11),
coursename nvarchar(20),
CONSTRAINT pk_st PRIMARY KEY(id,tid))
```

2. 修改表时添加主键

修改表时添加主键的语法格式如下。

```
ALTER TABLE table_name
ADD[CONSTRAINT constraint_name]
PRIMAY KEY[CLUSTERED|NONCLUSTERED]{(column_name)}
```

【例 8-8】 为 student 表中的 id 设置主键。

```
USE jsjxy
GO
ALTER TABLE student
ADD CONSTRAINT pk_id PRIMARY KEY(id)
```

从上面的例题中可以看出,创建约束时,可以指定约束的名称,否则系统会自动提供一个复杂的名称。对于一个数据库来说,约束名称是唯一的。一般来说,约束的名称应该按照这种格式:“约束类型简称_表名_字段名_代号”。

3. 删除主键

删除主键的语法格式如下。

```
ALTER TABLE table_name
DROP CONSTRAINT constraint_name [,…n]
```

【例 8-9】 删除 st 表中的主键。

```
USE jsjxy
GO
ALTER TABLE st
DROP CONSTRAINT pk_st
```

8.3.2 唯一性约束

唯一性约束用于指定非主键的一个列或多个列的组合值具有唯一性,以防止在列中输入重复的值,也就是说,如果一个数据表已经设置了主键约束,但该表中还包含其他的非主键列,也必须具有唯一性,为避免该列中的值出现重复输入的情况,可以使用唯一性约束。

1. 创建表时定义唯一性约束

【例 8-10】 在 jsjxy 数据库中创建数据表 teacher1,包括属性(tid,name,sex,age,idcard),其中 id 定义为主键,idcard 要求数据是唯一的。

```
USE jsjxy
GO
CREATE TABLE teacher1
(tid char(11) PRIMARY KEY,
name nvarchar(20),
sex nchar(1),
age int,
idcard char(18) UNIQUE)
```

2. 修改表时添加唯一性约束

修改表时添加唯一性约束的语法格式如下。

```
ALTER TABLE table_name
ADD [CONSTRAINT constraint_name] UNIQUE
[CLUSTERED|NONCLUSTERED]
{column_name[,…n]}
```

【例 8-11】 设置 teacher1 表中的 name 的值是唯一的。

```
USE jsjxy
GO
ALTER TABLE teacher1
ADD CONSTRAINT uq_student1 UNIQUE(name)
```

3. 删除唯一性约束

删除唯一性约束的语法格式与删除主键约束相同。

【例 8-12】 删除 teacher1 表中的 uq_student1 约束。

```
USE jsjxy
GO
ALTER TABLE teacher1
DROP CONSTRAINT uq_student1
```

4. 使用唯一性约束时应考虑的问题

唯一性约束所在的列允许取空值，但是主键约束所在的列不允许取空值。一个表中可以有多个唯一性约束，可以把唯一性约束放在一个或多个列上，这些列必须是唯一的，但是，唯一性约束所在的列并不是表的主键列。

8.3.3 外键约束

外键约束强制实现参照完整性，能够在同一个数据库的多个表之间建立关联，并维护表与表之间的依赖关系。创建外键约束既可以由图形界面来完成，也可以用 T-SQL

语法来完成。

1. 在图形界面下建立表间的关系

在图形界面下建立表间的关系的步骤如下。

(1) 在 SSMS 中,展开 jsjxy 数据库,右击“数据库关系图”,在弹出的快捷菜单中选择“新建数据库关系图”命令,出现“添加表”对话框,如图 8-3 所示。

(2) 选择要添加关联的表,单击“添加”按钮完成表的添加,如添加 student、sc 两个表,然后关闭“添加表”对话框。

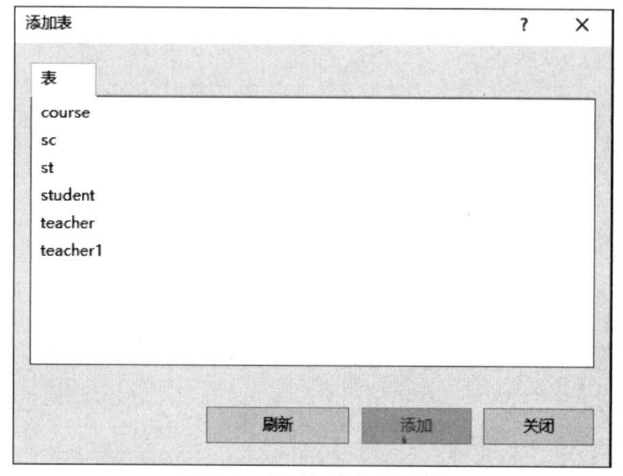

图 8-3 “添加表”对话框

(3) 拖动鼠标对不同表中相关的属性进行关联,如 student 表中的 id 和 sc 表中的 id,出现表的关联情况,如图 8-4 所示。

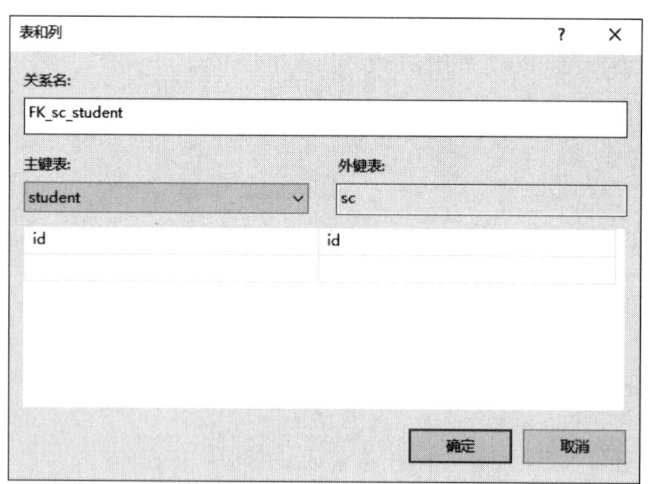

图 8-4 student 表和 sc 表的关联情况

(4) 单击“确定”按钮,建立两个表的关联,如图 8-5 所示。关系图建立好后,保存并关闭此界面。

外键约束定义一个或多个列,这些列可以引用同一个表或另外一个表中的主键约束

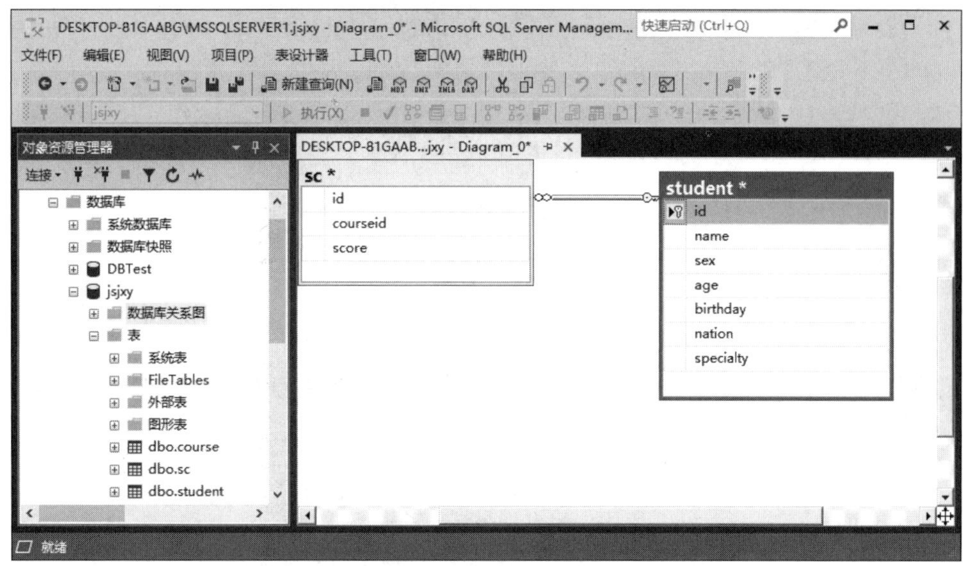

图 8-5 建立好的关系图

列或唯一性约束列。在 SQL Server 中，表和表之间经常存在着大量的关系，这些关系都是通过定义主键约束和外键约束来实现的。

2. 创建表时定义外键约束

【例 8-13】 在 jsjxy 数据库中创建 sc1 表，包括属性(id，courseid，score)，并为 sc1 表创建外键约束，将 id 字段和 student 表中的 id 字段建立起关联。

```
USE jsjxy
GO
CREATE TABLE sc1
(id char(11) FOREIGN KEY REFERENCES student(id),
courseid char(5),
score float,
)
```

3. 修改表时添加外键约束

修改表时添加外键约束的语法格式如下。

```
ALTER TABLE table_name
ADD [CONSTRAINT constraint_name]
FOREIGN KEY {(column_name[,…n])}
REFERENCES {ref_table (ref_column[,…n])}
```

【例 8-14】 将 jsjxy 数据库中的 course 表和 sc 表建立起关联，关联字段是 course 表中的 courseid 和 sc 表中的 courseid。

```
USE jsjxy
GO
ALTER TABLE sc
ADD CONSTRAINT fk_sc_course FOREIGN KEY(courseid)
REFERENCES course(courseid)
```

这些代码执行后“消息”窗口中将显示错误信息，如图 8-6 所示。

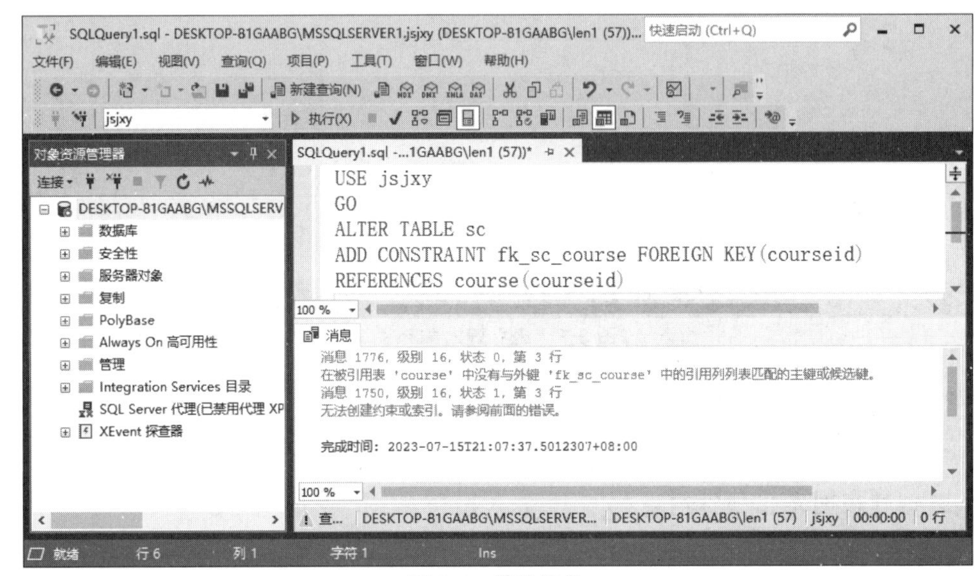

图 8-6 错误信息

发生错误的原因是 course 表中并没有把 courseid 设置为主键，因此需要把 course 表中 courseid 设置为主键后，再运行上述代码，即可完成外键的设置。

4. 删除外键约束

删除外键约束的语法格式与删除主键约束相同。

【例 8-15】 删除 sc1 表的外键约束。

```
USE jsjxy
GO
ALTER TABLE sc1
DROP CONSTRAINT FK__sc1__id__4BAC3F29
```

5. 级联更新和级联删除

外键是双向的，无论用户在参照表中做了什么，外键都将检查被参照表，保持外键和主键的一致性，避免出现不完整的记录。

对于 SQL Server 2019 而言，默认情况下如果被参照表中的某行数据的主键被引用，那么将不允许对该行删除或修改其主键值。但是若希望在删除被参照表数据或修改被参照表中某个主键值的同时，自动删除参照表中对应的行，或将对应行的外键列同时修改，或将对应行的外键列设置为 NULL 等，那么将用到级联更新或删除。

级联更新和删除是外键约束语法中的一部分，语法格式如下。

(1) 级联更新：[ON UPDATE{NO ACTION | CASCADE | SET NULL | SET DEFAULT}]。

(2) 级联删除：[ON DELETE{NO ACTION | CASCADE | SET NULL | SET DEFAULT}]。

其中，ON UPDATE 表示级联更新，ON DELETE 表示级联删除。

NO ACTION 是 SQL Server 的默认选项，表示不允许对被参照表执行删除或更新操作。CASCADE 是层叠操作，表示级联自动删除或级联自动更新参照表相关数据。SET NULL 表示将参照表中的外键列数据设置为 NULL，如果外键列定义了 NOT NULL 约束则不能使用此选项。SET DEFAULT 表示将参照表中的外键列数据设置为默认值，如果外键列未定义 DEFAULT 值，则不能使用该选项。

【例 8-16】 在 jsjxy 数据库中创建 sc2 表，包括属性(id，coursed，score)，并为 sc2 表创建外键约束，将 id 字段和 student 表中的 id 字段建立起关联，并设置级联更新和级联删除。

```
USE jsjxy
GO
CREATE TABLE sc2
(id char(11) FOREIGN KEY REFERENCES student(id)
ON DELETE CASCADE ON UPDATE CASCADE,
courseid char(5),
score float,
)
```

可以修改 student 表中的学号或删除 student 表中的某行数据，体验级联更新和级联删除的效果。

8.3.4 检查约束

检查约束用于限制用户输入某一列的数据，即在该列中只能输入指定范围的数据。检查约束的作用非常类似于外键约束，两者都是限制某个列的取值范围，但是外键是通过其他表来限制列的取值范围，检查约束是通过指定的逻辑表达式来限制列的取值范围。例如，描述学生“性别”列中可以利用检查约束来限制取值范围是“男”或“女”，描述学生“年龄”列中也可以利用检查约束来限制取值范围必须大于 0。

1. 创建表时定义检查约束

【例 8-17】 在 jsjxy 数据库中创建 teacher2 表，包括属性(tid，name，sex，age，idcard)，利用检查约束限制 sex 的取值范围是“男”或“女”。

```
USE jsjxy
GO
```

```
CREATE TABLE teacher2
(tid char(11) PRIMARY KEY,
name nvarchar(20),
sex nchar(1) CHECK(sex= '男' or sex= '女'),
age int,
idcard char(18) UNIQUE)
```

2. 修改表时添加检查约束

修改表时添加检查约束的语法格式如下。

```
ALTER TABLE table_name
ADD CONSTRAINT check_name CHECK(logical_expression)
```

【例 8-18】 对 jsjxy 数据库中的 student 表进行修改,对 age 添加检查约束,要求输入的数据必须大于 0。

```
USE jsjxy
GO
ALTER TABLE student
ADD CONSTRAINT ck_student_age CHECK(age>0)
```

3. 删除检查约束

删除检查约束的语法格式与删除主键约束相同。

【例 8-19】 删除例 8-18 创建的约束。

```
USE jsjxy
GO
ALTER TABLE student
DROP CONSTRAINT ck_student_age
```

一个列中可以定义多个检查约束,在执行 INSERT 或 UPDATE 操作时,检查约束会验证数据是否满足条件要求。

8.3.5 默认值约束

当向数据表中插入数据时,如果某一列没有输入内容,那么可以用默认值约束在此列中输入一个默认值。例如,在学生表的性别列中,可以用默认值约束设置数据“男”,当没有为性别提供数据时,默认值约束就会自动把“男”插入该列中。

1. 创建表时定义默认值约束

【例 8-20】 在 jsjxy 数据库中创建 student1 表,包括属性(id,name,sex,age),把 sex 的默认值设置为“男”。

```
USE jsjxy
GO
CREATE TABLE student1
(id char(11),
name nvarchar(20),
sex nchar(1) DEFAULT '男',
age int,
)
```

2. 修改表时添加默认值约束

修改表时添加默认值约束的语法格式如下。

```
ALTER TABLE table_name
ADD CONSTRAINT constraint_name DEFAULT values FOR column_name
```

【例 8-21】 在 jsjxy 数据库中为 student 表中的 sex 添加默认值"女"。

```
USE jsjxy
GO
ALTER TABLE student
ADD CONSTRAINT df_sex DEFAULT '女' FOR sex
```

3. 删除默认值约束

删除默认值约束的语法格式与删除主键约束相同。

【例 8-22】 删除例 8-21 创建的默认值约束。

```
USE jsjxy
GO
ALTER TABLE student
DROP CONSTRAINT df_sex
```

4. 定义默认值约束应该注意的问题

定义默认值约束应该注意的问题如下。

(1) 定义的常量必须和此列的数据类型一致。

(2) 默认值约束只能应用于 INSERT 语句。

(3) 一列只能设置一个默认值约束,且默认值约束不能放在有 identity 属性的列上或者数据类型是 timestamp 的列上,因为这两种列的内容由系统提供。

8.4 删 除 表

删除表就是将表从数据库中永久地删除，表一旦被删除了，就不能再恢复。

1. 使用图形化界面删除表

使用图形化界面删除表的步骤如下。

(1) 在 SSMS 中右击要删除的数据表，在弹出的快捷菜单中选择“删除”命令。

(2) 在弹出的对话框中，单击“确定”按钮完成表的删除。

2. 使用 T-SQL 语句删除表

使用 T-SQL 语句删除表的语法格式如下。

```
DROP TABLE table_name[,…n]
```

【例 8-23】 删除 jsjxy 数据库中除了 student、course、sc 三张表以外其他的数据表。例如，删除 teacher 表的语法如下。

```
USE jsjxy
GO
DROP TABLE teacher
```

8.5 数 据 操 作

表的基本结构建好后，表内没有数据，可以利用 T-SQL 中的命令完成相应的功能，也可以利用图形化界面完成数据的各种操作。

8.5.1 插入数据

1. 使用图形化界面插入数据

使用图形化界面插入数据的具体步骤如下。

(1) 在 SSMS 中右击要插入数据的数据表，在弹出的快捷菜单中，选择“编辑前 200 行”命令。

(2) 出现表数据编辑界面，如图 8-7 所示，输入数据。

	id	name	sex	age	birthday	nation	specialty
▸*	NULL	NULL	NULL	NULL	NULL	NULL	NULL

图 8-7 表数据编辑界面

2. 使用 T-SQL 语句插入数据

使用 T-SQL 语句插入数据的语法格式如下。

```
INSERT [INTO] table_name [(column_name_list)] {VALUES(express[,…n])}
```

各参数说明如下。

(1) INTO：一个可选的关键字，可以将它用在 INSERT 和目标表之间。

(2) table_name：将要接收数据的表或 table 变量的名称。

(3) column_name_list：要在其中插入数据的一列或多列的列表，必须用圆括号将 column_name_list 括起来，并且用逗号进行分隔。

(4) VALUES：引入要插入的数据值的列表。对于 column_name_list 中或者表中的每个列，都必须有一个数据值，必须用圆括号将值列表括起来。如果 VALUES 列表中的值与表中列的顺序不相同，或者未包含表中所有列的值，那么必须使用 column_name_list 明确地指定存储每个传入值的列。

(5) expression：列值表达式。

【例 8-24】 在 student 表中插入数据('20154103101','刘聪','男',20,'1996-2-5','汉族','软件工程')。

```
USE jsjxy
GO
INSERT INTO student VALUES('20154103101','刘聪','男',20,'1996/02/05','汉族',
'软件工程')
```

【例 8-25】 在 student 表中插入两条数据('20154103102','王腾飞','男',21,'1995-6-10','汉族','大数据'),('20154103103','张童','男',19,'1997-9-18','满族','计算机科学与技术')。

```
USE jsjxy
GO
INSERT INTO student VALUES
('20154103102','王腾飞','男',21,'1995/06/10','汉族','大数据'),
('20154103103','张童','男',19,'1997/9/18','满族','计算机科学与技术')
```

8.5.2 修改数据

1. 使用图形化界面修改数据

使用图形化界面修改数据的具体步骤如下。

(1) 在 SSMS 中右击要修改数据的数据表，在弹出的快捷菜单中，选择“编辑前 200 行”命令。

(2) 出现表数据编辑界面，可以修改数据。

2. 使用 T-SQL 语句修改数据

使用 T-SQL 语句修改数据的语法格式如下。

```
UPDATE table_name SET { column_name = { expression }} [ ,…n ]
[WHERE{condition_expression}]
```

各参数说明如下。

(1) table_name：需要更新的表的名称。

(2) SET：指定要更新的列或变量名称的列表。

(3) column_name：含有要更改数据的列的名称。

(4) {expression}：列值表达式。

(5) {condition_expression}：条件表达式。对条件的个数没有限制。

(6) 如果没有 WHERE 子句，则 UPDATE 会修改表中的每行数据。

【例 8-26】 将 student 表中 id 值是 20154103101 的学生的性别改为“女”。

```
USE jsjxy
GO
UPDATE student SET sex='女' WHERE id='20154103101'
```

8.5.3 删除数据

1. 使用图形化界面删除数据

使用图形化界面删除数据的具体步骤如下。

(1) 在 SSMS 中右击要删除数据的数据表，在弹出的快捷菜单中，选择“编辑前 200 行”命令。

(2) 出现表数据编辑界面，可以删除数据。

2. 使用 T-SQL 语句删除数据

使用 T-SQL 语句删除数据的语法格式如下。

```
DELETE  table_name  [WHERE {condition_expression}]
```

各参数说明如下。

(1) table_name：要从其中删除行的表的名称。

(2) WHERE：指定用于限制删除行数的条件。如果没有提供 WHERE 子句，则 DELETE 删除表中的所有行。

(3) condition_expression：指定删除行的限定条件。对条件的个数没有限制。

【例 8-27】 在 student 表中删除学号为 20154103101 的学生记录。

```
USE jsjxy
Go
DELETE FROM student WHERE id='20154103101'
```

3. 用 TRUNCATE TABLE 清空表格数据

用 TRUNCATE TABLE 清空表格数据的语法格式如下。

```
TRUNCATE TABLE table_name
```

其中,table_name 是要从其中删除行的表的名称。

TRUNCATE TABLE 与没有条件约束的 DELETE 语句的功能是相同的,但是,TRUNCATE TABLE 速度更快,并且使用更少的系统资源和事务日志资源。

【例 8-28】 清空 student 数据表中的数据。

```
USE jsjxy
GO
TRUNCATE TABLE student
```

8.6 表中数据的导出/导入

通过导出/导入功能可以在 SQL Server 与其他不同的数据源之间进行数据的移动。

8.6.1 导出数据

导出数据是将 SQL Server 数据表中的数据导出到其他类型的文件中。

【例 8-29】 将 jsjxy 数据库 student 表中的数据导出到外部的 Excel 文件中。

具体步骤如下。

(1) 在 SSMS 中右击要导出数据的数据库,在弹出的快捷菜单中选择"任务"→"导出数据"命令,如图 8-8 所示。

(2) 选择"导出数据"后,出现"SQL Server 导入和导出向导"界面,如图 8-9 所示。

(3) 单击 Next 按钮,出现"选择数据源"对话框,如图 8-10 所示。"数据源"选择 SQL Server Native Client 11.0。

(4) 单击 Next 按钮,出现"选择目标"对话框,如图 8-11 所示。目标选择 Microsoft Excel,单击"浏览"按钮,选择已经创建好的 Excel 文件,Excel 版本需要选择对应的版本,默认勾选"首行包含列名称"复选框。

(5) 单击 Next 按钮,出现"指定表复制或查询"对话框,可以选择复制整张表或表中部分数据,如图 8-12 所示。

(6) 单击 Next 按钮,出现"选择源表和源视图"对话框,如图 8-13 所示。选择要导出数据的表,单击"编辑映射"按钮,出现"列映射"对话框,如图 8-14 所示。

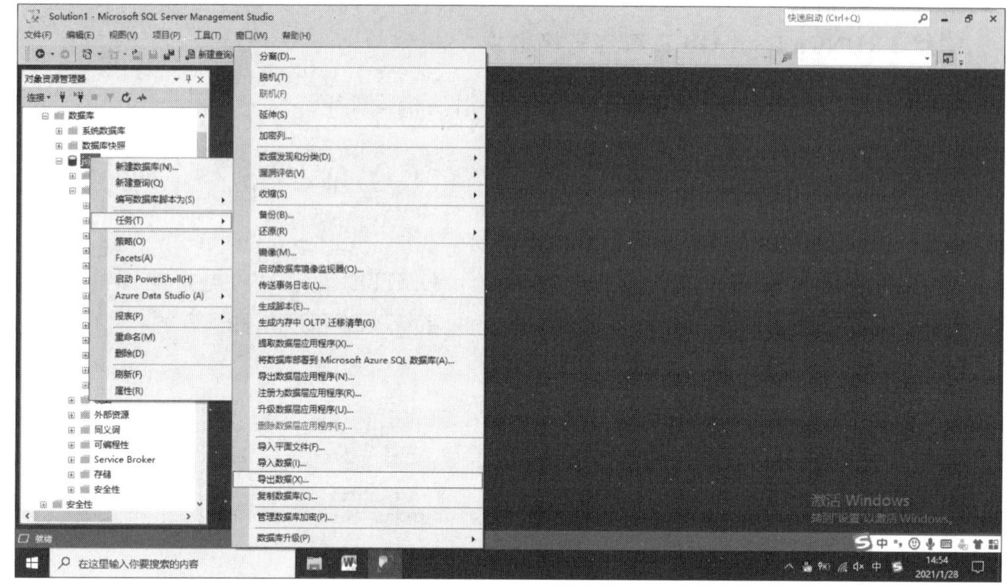

图 8-8 导出数据

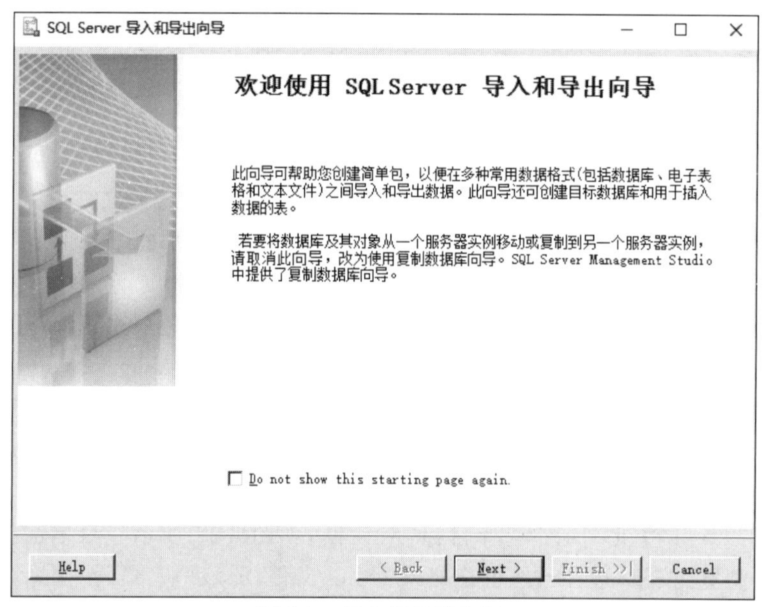

图 8-9 导入和导出向导

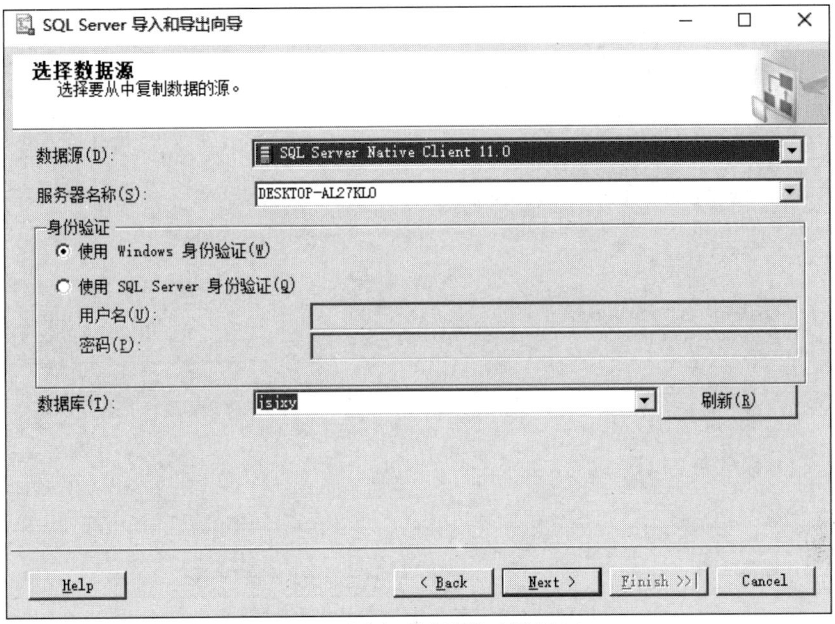

SQL Server 导入和导出向导

选择数据源

选择要从中复制数据的源。

数据源(D): SQL Server Native Client 11.0

服务器名称(S): DESKTOP-AL27KLO

身份验证

使用 Windows 身份验证(W)

使用 SQL Server 身份验证(Q)

用户名(U):

密码(P):

数据库(T): jsjxy 刷新(R)

Help < Back Next > Finish >>| Cancel

图 8-10 “选择数据源”对话框(1)

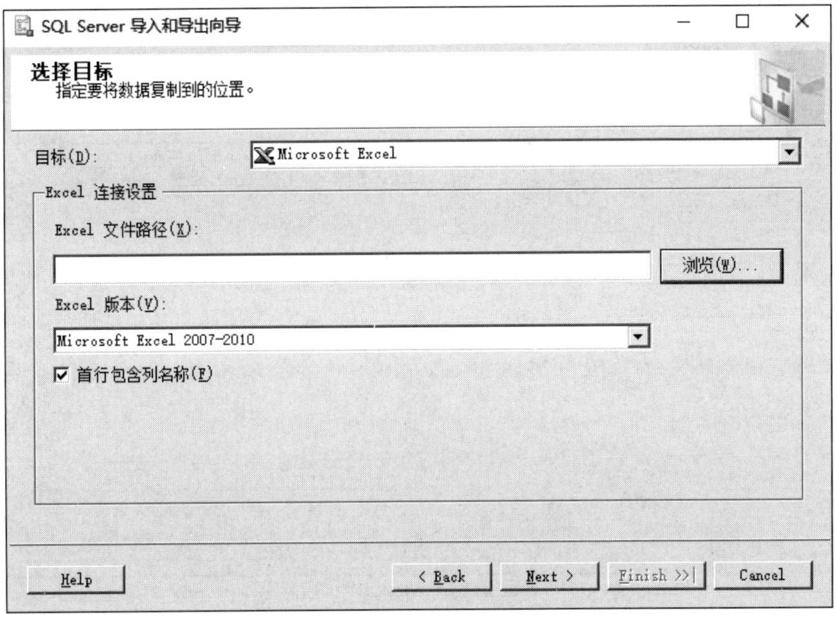

SQL Server 导入和导出向导

选择目标

指定要将数据复制到的位置。

目标(D): Microsoft Excel

Excel 连接设置

Excel 文件路径(X):

浏览(W)...

Excel 版本(V):

Microsoft Excel 2007-2010

首行包含列名称(F)

Help < Back Next > Finish >>| Cancel

图 8-11 “选择目标”对话框(1)

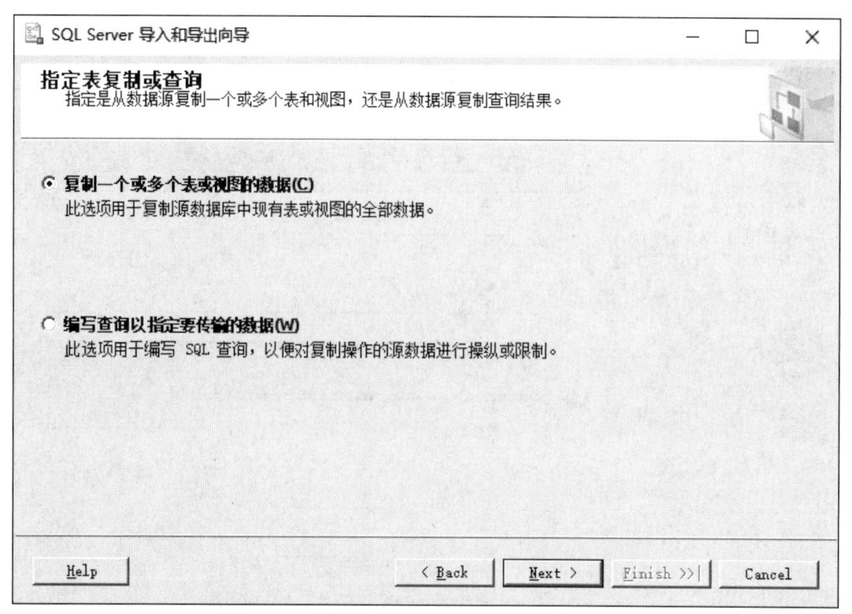

图 8-12 “指定表复制或查询”对话框(1)

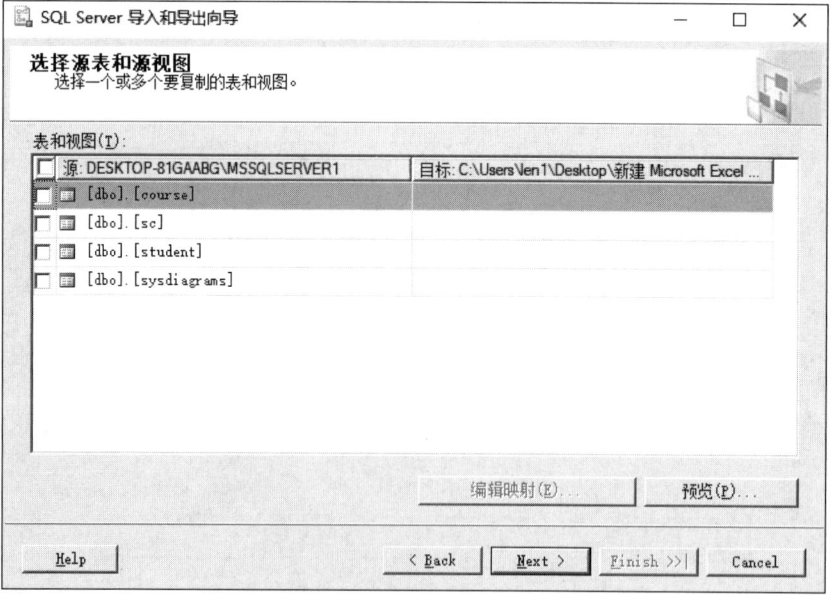

图 8-13 “选择源表和源视图”对话框(1)

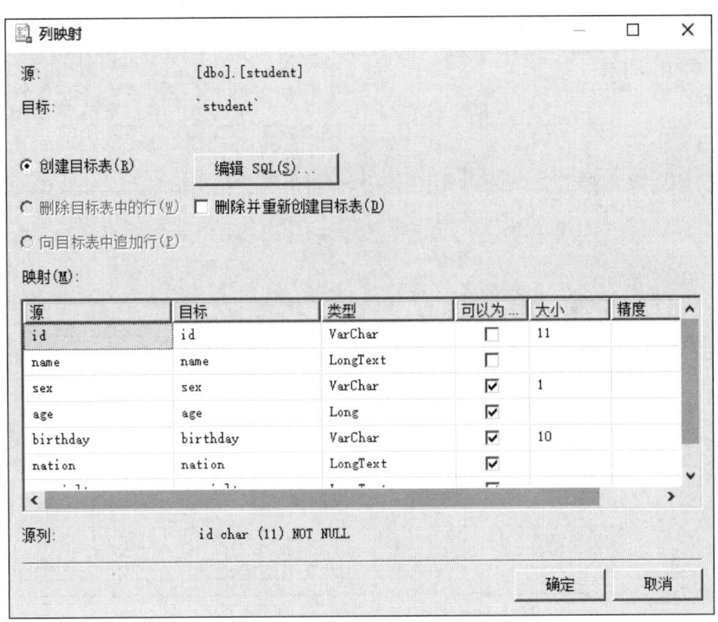

图 8-14 “列映射”对话框

（7）单击“确定”按钮，回到“选择源表和源视图”对话框，单击 Next 按钮，出现“查看数据类型映射”对话框，如图 8-15 所示。

图 8-15 “查看数据类型映射”对话框

（8）单击 Next 按钮，出现“保存并运行包”对话框，如图 8-16 所示。

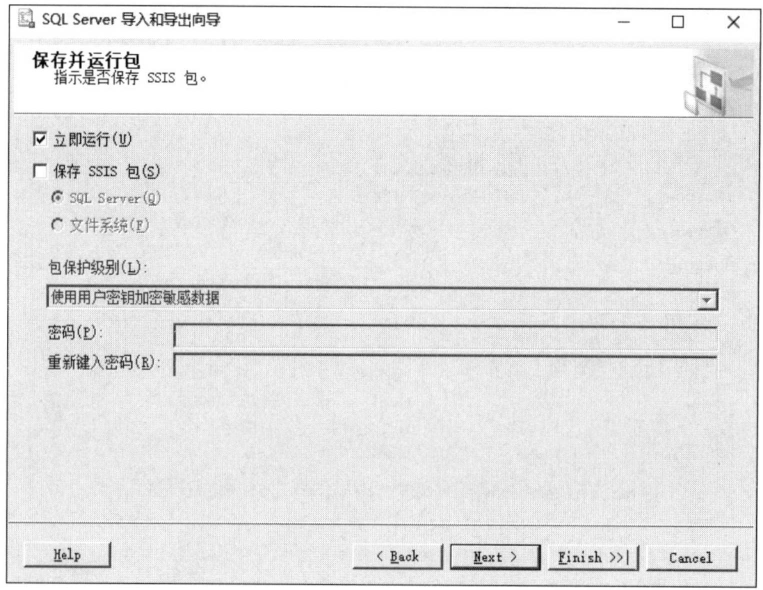

图 8-16 “保存并运行包”对话框(1)

(9) 单击 Finish 按钮,出现“执行成功”对话框,如图 8-17 所示。单击 Close 按钮,关闭对话框。

图 8-17 “执行成功”对话框(1)

8.6.2 导入数据

导入数据是将其他格式的数据导入 SQL Server 数据库中。

【例 8-30】 将 Test.xls 中的数据导入 jsjxy 数据库中。

具体步骤如下。

(1) 在 SSMS 中右击要导入数据的数据库，在弹出的快捷菜单中选择“任务”→“导入数据”命令。

(2) 选择“导入数据”后，出现“SQL Server 导入和导出向导”界面。

(3) 单击 Next 按钮，出现“选择数据源”对话框，如图 8-18 所示。数据源选择 Microsoft Excel，单击“浏览”按钮，选择已经创建好的 Excel 文件，Excel 版本需要选择对应的版本，默认勾选“首行包含列名称”。

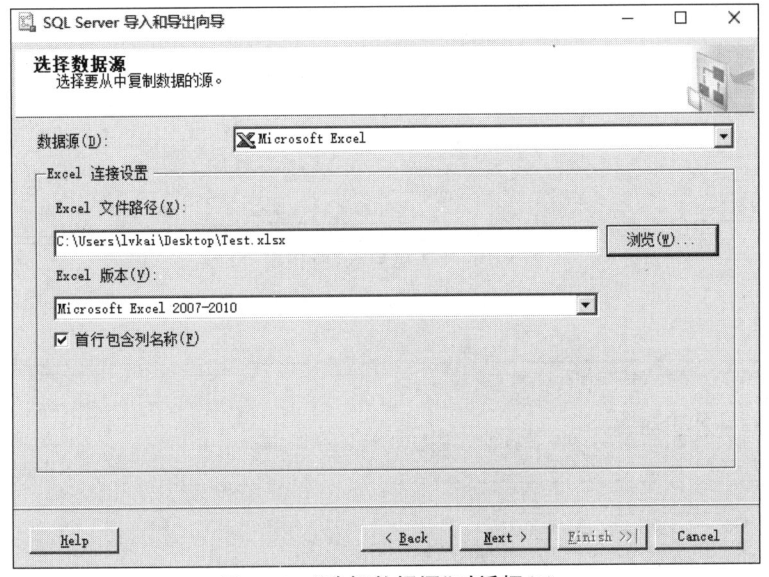

图 8-18 “选择数据源”对话框(2)

(4) 单击 Next 按钮，出现“选择目标”对话框，如图 8-19 所示。目标选择 SQL Server Native Client 11.0。

(5) 单击 Next 按钮，出现“指定表复制或查询”对话框，可以选择复制整张表或表中部分数据，如图 8-20 所示。

(6) 单击 Next 按钮，出现“选择源表和源视图”对话框，如图 8-21 所示。

(7) 单击 Next 按钮，出现“保存并运行包”对话框，如图 8-22 所示。

(8) 单击 Finish 按钮，出现“执行成功”对话框，如图 8-23 所示。单击 Close 按钮，关闭对话框。

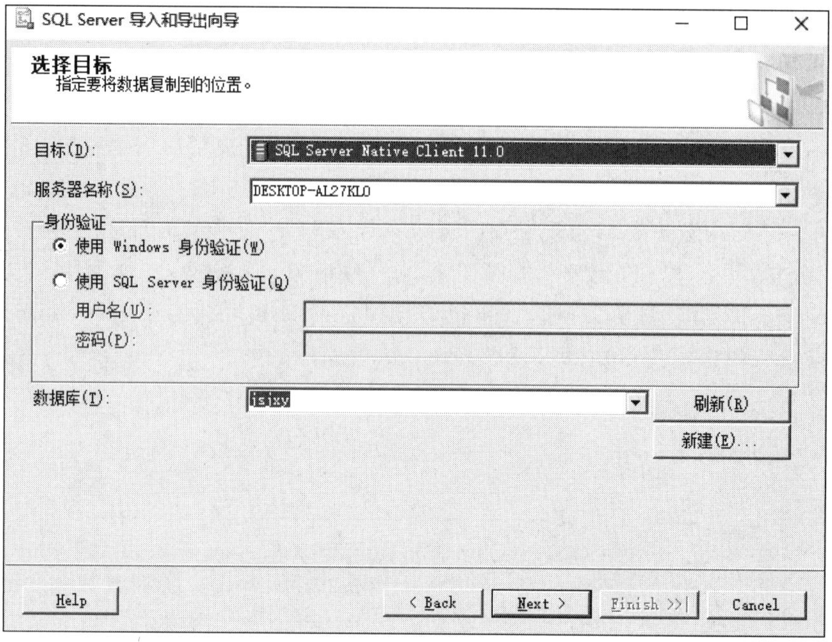

SQL Server 导入和导出向导
选择目标
指定要将数据复制到的位置。
目标(D):
SQL Server Native Client 11.0
服务器名称(S):
DESKTOP-AL27KL0
身份验证
使用 Windows 身份验证(W)
使用 SQL Server 身份验证(Q)
用户名(U):
密码(P):
数据库(T):
jsjxy
刷新(R)
新建(E)...
Help
< Back
Next >
Finish >>|
Cancel

图 8-19 “选择目标”对话框(2)

SQL Server 导入和导出向导
指定表复制或查询
指定是从数据源复制一个或多个表和视图，还是从数据源复制查询结果。
复制一个或多个表或视图的数据(C)
此选项用于复制源数据库中现有表或视图的全部数据。
编写查询以指定要传输的数据(W)
此选项用于编写 SQL 查询，以便对复制操作的源数据进行操纵或限制。
Help
< Back
Next >
Finish >>|
Cancel

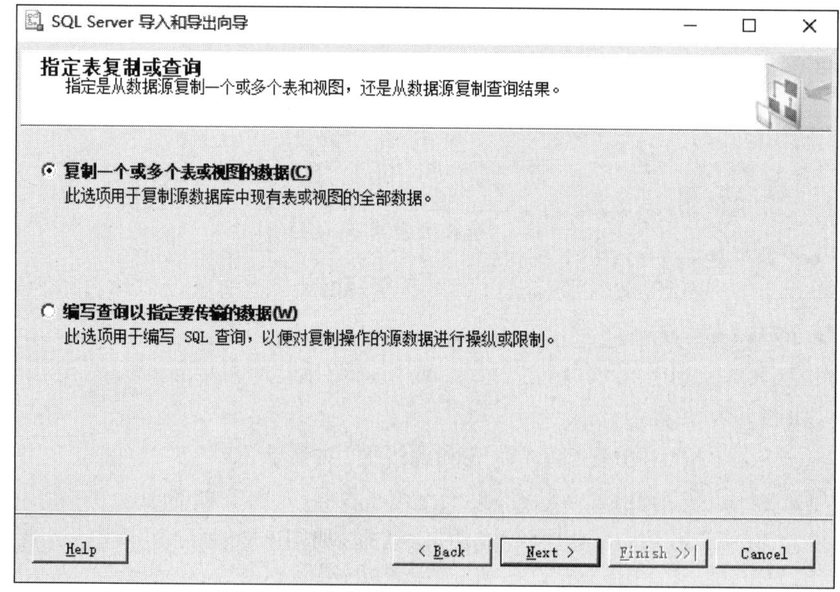

图 8-20 “指定表复制或查询”对话框(2)

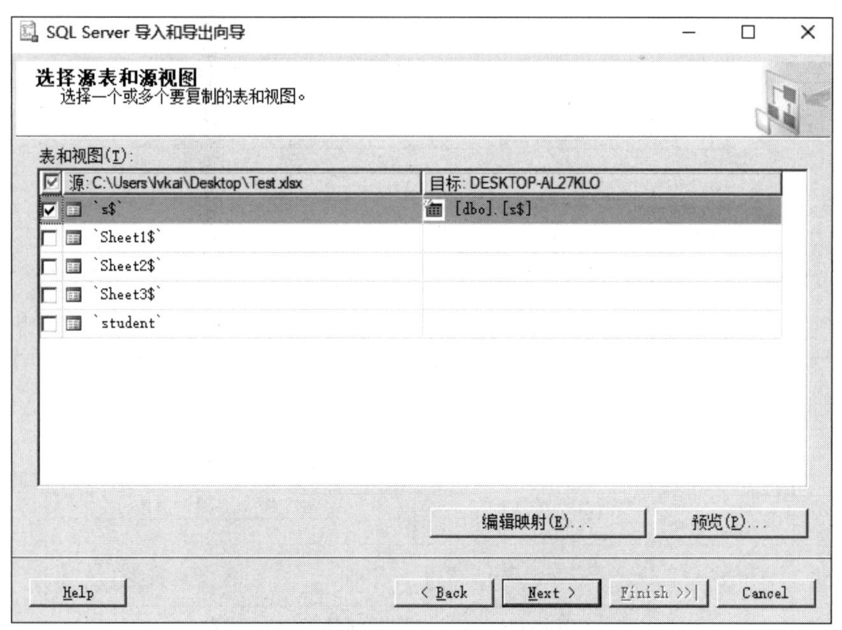

图 8-21 “选择源表和源视图”对话框(2)

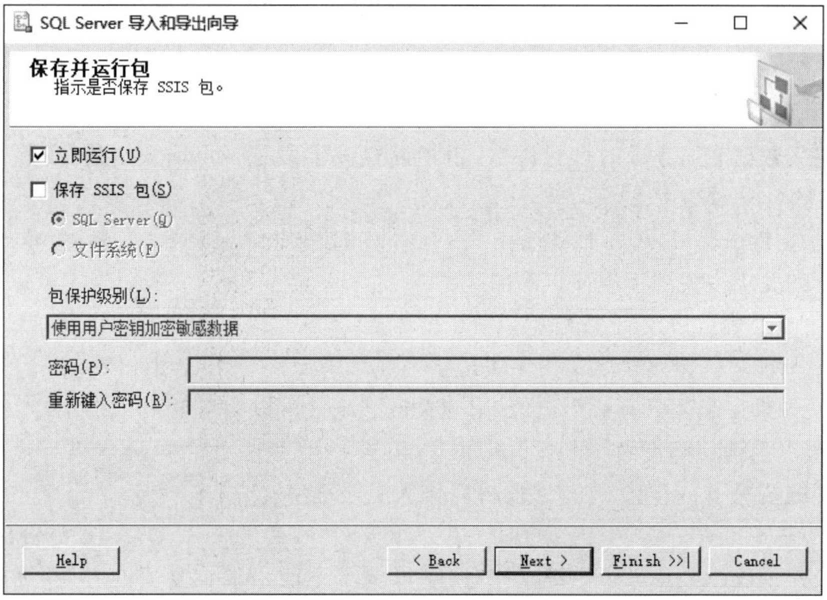

SQL Server 导入和导出向导

保存并运行包

指示是否保存 SSIS 包。

☑ 立即运行(U)

☐ 保存 SSIS 包(S)

◉ SQL Server(Q)

○ 文件系统(F)

包保护级别(L):

使用用户密钥加密敏感数据

密码(P):

重新键入密码(R):

Help　< Back　Next >　Finish >>|　Cancel

图 8-22 “保存并运行包”对话框(2)

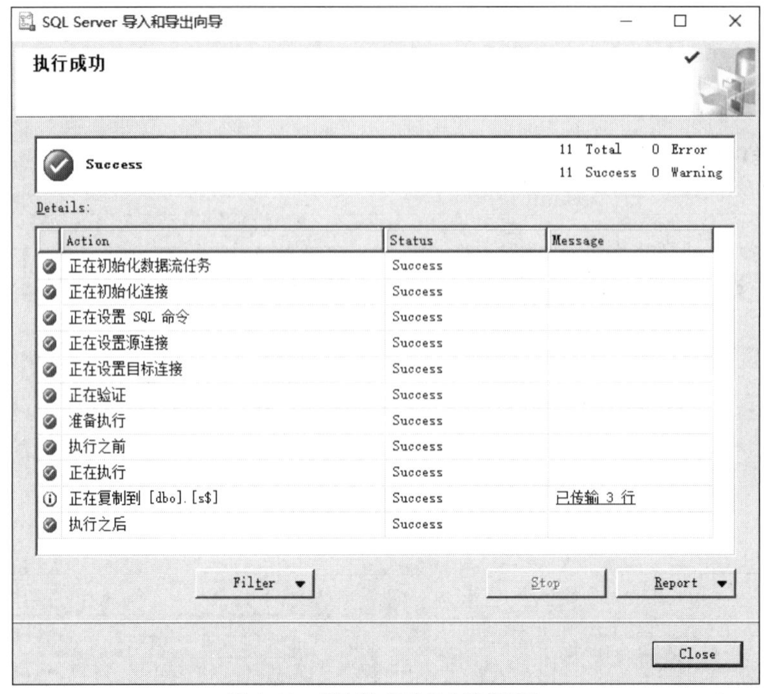

图 8-23 “执行成功”对话框(2)

习 题

一、选择题

1. 定义数据表的字段时,“允许空”用于设置该字段是否可输入空值,实际上就是创建该字段的( )约束。

A. 主键　　B. 外键　　C. 非空　　D. 检查

2. 下列关于主关键字叙述正确的是( )。

A. 一个表可以没有主关键字

B. 只能将一个字段定义为主关键字

C. 如果一个表只有一个记录,则主关键字字段可以为空值

D. 以上选项都正确

3. 一般情况下,下列( )字段可以作为主关键字。

A. 基本工资　　B. 职称　　C. 姓名　　D. 身份证号

4. 当一个表已经定义了主键,另一个字段要求不能出现重复值的时候,可以在这个字段上建立( )。

A. FOREIGN KEY　　B. UNIQUE

C. DEFAULT　　D. CHECK

5. 利用 T-SQL 语句向表中插入数据用到的命令为( )。

A. INSERT　　B. ADD　　C. ADD INTO　　D. ALTER

6. 在 T-SQL 语句中,创建表的命令是(　　)。

A. CREATE INDEX　　B. CREATE DATABASE

C. CREATE TABLE　　D. CREATE VIEW

7. 在 T-SQL 语句中,修改表结构时,应使用的命令是(　　)。

A. MODIFY TABLE　　B. ALTER TABLE

C. UPDATE TABLE　　D. INSERT TABLE

8. 在建立表的约束时,如要对约束命名,可以使用(　　)关键字。

A. CONSTRAINT　　B. ADD　　C. DROP　　D. SELECT

二、填空题

1. 整型 int 类型的取值范围是(　　)。

2. (　　)可以清空表中的数据,与没有条件约束的 DELETE 语句的功能是相同的。

3. (　　)约束能建立和加强两个表之间的关联,通过将表的主键列添加到另一个表中,可创建两个表之间的连接。

4. 在创建表的过程中,关键字(　　)用来定义默认值。

5. (　　)约束用来限制用户输入某一列的数据,即在该列中只能输入指定范围的数据。

6. 用来存储“性别”字段的最合理的数据类型应该是(　　)。

第9章 chapter 9

编程基础

本章学习重点：

- T-SQL的基本语法。

SQL的含义为结构化查询语言，即Structured Query Language，是在关系数据库系统中被广泛采用的一种语言形式。SQL语言能够针对数据库完成定义、查询、操纵和控制功能，是关系数据库领域中的标准化查询语言。微软公司在SQL语言的基础上对其进行了大幅扩充，并将其应用于SQL Server服务器技术中，从而将SQL Server所采用的SQL语言称为Transact-SQL(T-SQL)语言。

T-SQL是对按照国际标准化组织(ISO)和美国国家标准协会(ANSI)发布的SQL标准定义的语言的扩展，是用于应用程序和SQL Server之间通信的主要语言。对用户来说，T-SQL是可以与SQL Server数据库管理系统进行交互的唯一语言。

9.1 T-SQL的分类

在SQL Server数据库中，T-SQL主要由数据定义语言、数据操纵语言、数据控制语言和数据查询语言组成。

1. 数据定义语言

数据定义语言(Data Definition Language，DDL)用于执行数据库的任务，对数据库及数据库中的各种对象进行创建、修改和删除等操作。

(1) CREATE：创建数据库或数据库对象。

(2) ALTER：修改数据库或数据库对象。

(3) DROP：删除数据库或数据库对象。

2. 数据操纵语言

数据操纵语言(Data Manipulation Language，DML)用于操纵数据库中的数据，包括插入、修改和删除操作。

(1) INSERT：插入一行或多行数据到表或视图中。

(2) UPDATE：修改表或视图中的一行数据，也可以修改全部数据。

(3) DELETE：根据条件删除表或视图中的数据。

3. 数据控制语言

数据控制语言(Data Control Language，DCL)用于安全管理，确定哪些用户可以查看或修改数据库中的数据。

(1) GRANT：把语句许可或对象许可的权限授予其他用户或角色。

(2) REVOKE：与 GRANT 功能相反，用于撤销权限。

4. 数据查询语言

数据查询语言(Data Query Language，DQL)对数据库中的数据进行查询操作。

SELECT：从表或视图中根据条件检索需要的数据。

9.2 基本语法

T-SQL 是使用 SQL Server 的核心，与 SQL Server 实例通信的所有应用程序都是通过将 T-SQL 语句发送到服务器运行来实现的。

9.2.1 T-SQL 语法约定

T-SQL 语法使用的约定如表 9-1 所示。

表 9-1 T-SQL 语法约定

语法约定	说明
大写/小写	T-SQL 的保留字(关键字)通常为一个完整的英文单词或缩写
斜体或小写	T-SQL 语法中用户提供的参数
粗体	数据库名、表名、列名、索引名、存储过程、实用工具、数据类型名以及必须按所显示的原样输入的文本
<语法要素项>	子句或用户自定义的语法成分
{ }(大括号)	表示必选语法项，实际应用时大括号不能真正出现
[ ](方括号)	表示可选语法项，实际应用时方括号不能真正出现
|(竖线)	分隔大括号或方括号中的多个语法项，表示多项中只能选择其中任意一项
[,…n]	指示前面的语法项可以重复出现多次，相邻两项之间由逗号分隔
[…n]	指示前面的语法项可以重复出现多次，相邻两项之间由空格分隔
[;]	可选的 T-SQL 语句终止符，实际应用时方括号不能真正出现
<子句>：：=	子句的语法定义

9.2.2 数据库对象引用规则

在 SQL Server 中，数据库对象的引用可以由 4 部分组成，格式如下。

```
[server_name.[database_name].[schema_name]
|database_name.[schema_name]
|schema_name.].object_name
```

各部分说明如下。

server_name：连接的服务器名称或远程服务器名称。

database_name：SQL Server 数据库的名称。

schema_name：指定包含对象的架构的名称。

object_name：对象的名称。

当引用某个特定对象时，不必总是为 SQL Server 指定标识该对象的服务器、数据库和构架，可以省略中间级节点，而使用句点表示这些位置。对象名的有效格式如表 9-2 所示。

表 9-2 对象名的有效格式

对象引用格式	说　　明
server.database.schema.object	4 部分的名称
server.database..object	省略架构名称
server..schema.object	省略数据库名称
server..object	省略数据库和架构名称
database.schema.object	省略服务器名称
database..object	省略服务器和架构名称
schema.object	省略服务器和数据库名称
object	省略服务器、数据库和架构名称

9.2.3 标识符

标识符用于标识数据库对象的名称，这些对象包括服务器、数据库及相关对象（如表、视图、列、索引、触发器、过程、约束、规则等）。

标识符可划分为常规标识符与分隔标识符两类。

1. 常规标识符

常规标识符的命名规则如下。

（1）常规标识符必须以汉字、英文字母（包括从 a 到 z 和从 A 到 Z 的拉丁字符以及其他语言的字母字符）、下画线（_）、@或＃开头，后续字符可以是汉字、英文字母、基本拉丁字符或其他国家地区字符中的十进制数字、下画线、@、＃。

(2) 在定义标识符时，不能占用 T-SQL 的保留字，如不能将 TABLE、VIEW、INDEX 等定义为一个标识符。

(3) 在标识符中不能含有空格或其他的特殊字符，并且标识符中的字符数量不能超过 128 个。

2. 分隔标识符

如果定义的标识符不符合上述规则时，即被称为分隔标识符，需要使用双引号("")或中括号([])对其进行分隔。例如，SELECT * FROM [my table]或 SELECT * FROM "my table"。

下列情况下，需要使用分隔标识符。

(1) 使用保留关键字作为对象名或对象名的一部分。

(2) 标识符的命名不符合常规标识符格式的规则。

9.2.4 变量

变量是在程序运行过程中，值可以发生变化的量，通常用于保存程序运行过程中的录入数据、中间结果和最终结果。在 SQL Server 2019 系统中，存在两种类型的变量：一种是系统定义和维护的全局变量，另一种是用户定义以保存中间结果的局部变量。

1. 全局变量

全局变量是由系统定义，用户只能使用的变量。全局变量通常存储一些 SQL Server 的配置设置值和性能统计数据，用户可在程序中用全局变量来测试系统的设定值或 T-SQL 命令执行后的状态值。以@@开始的标识符表示全局变量。部分常用的全局变量如表 9-3 所示。

表 9-3 部分常用的全局变量

全局变量	含义
@@VERSION	返回当前 SQL Server 安装的版本、处理器体系结构、生成日期和操作系统
@@LANGUAGE	返回当前所用语言的名称
@@ROWCOUNT	返回受上一条 T-SQL 语句影响的行数
@@ERROR	返回执行的上一个 T-SQL 语句的错误号

2. 局部变量

用户自己定义的变量称为局部变量。局部变量是用于保存特定类型的单个数据值的变量。在 T-SQL 中，局部变量必须先定义，然后再使用。

1) 局部变量的定义

T-SQL 中的变量在定义和引用时要在其名称前加上@，而且必须先用 DECLARE 命令定义才能使用，语法规则如下。

```
DECLARE{@local_variable data_type}[,…n]
```

各参数说明如下。

(1) @local_variable：用于指定变量的名称，变量名必须以@开头，变量名需符合 SQL Server 的命名规则。

(2) data_type：用于设置变量的数据类型和大小。

2）局部变量的赋值

使用 DECLARE 声明变量后，系统会将其初始值设为 NULL，可以用 SET 或 SELECT 语句为局部变量赋值，语法格式如下。

```
SET 局部变量名=表达式
SELECT 局部变量名=表达式 [,…n]
```

其中，SET 命令只能一次给一个变量赋值，而 SELECT 命令一次可以给多个变量赋值。

3）局部变量的作用域

一个局部变量的作用域是可以引用该变量的 T-SQL 语句范围。局部变量的作用域从声明它们的地方开始到声明它们的批处理或存储过程的结尾。也就是说，局部变量只能在声明它们的批处理或存储过程中使用，一旦这些批处理或存储过程结束，局部变量将自行清除。

【例 9-1】 创建一个局部变量@t，为其赋值后输出。

(1) 在 SSMS 中，单击工具栏上的“新建查询”按钮，打开一个新的查询编辑器窗口。

(2) 在查询编辑器窗口中输入以下 T-SQL 语句。

```
DECLARE @t CHAR(50)
SET @t='计算机学院'
SELECT @t
```

(3) 单击工具栏上的“执行”按钮，执行上述语句。

(4) 在“结果”窗口中显示局部变量，如图 9-1 所示。

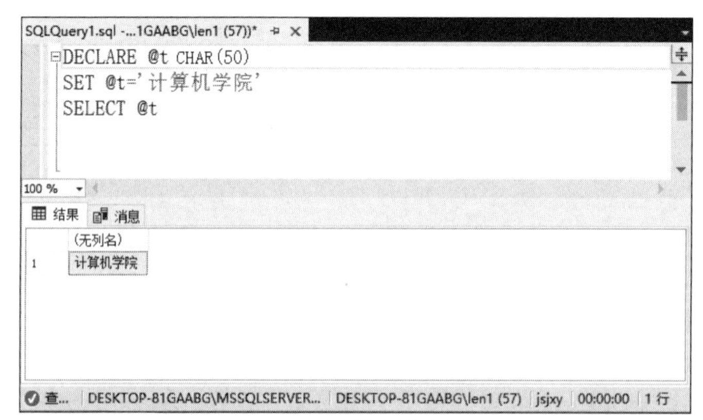

图 9-1 局部变量举例

9.2.5 运算符

运算符是在表达式中执行各项操作的一种符号。SQL Server 2019 的运算符主要包含以下 7 类。

1. 算术运算符

算术运算符用于两个表达式执行数学运算，这两个表达式可以是数值数据类型类别中的任何一种。算术运算符如表 9-4 所示。

表 9-4 算术运算符

运算符	含 义
+	加
-	减
*	乘
/	除
%	取模，返回一个除法运算的整数余数。例如，12 % 5 = 2，这是因为 12 除以 5，余数为 2

对于取模运算符，要求进行运算的数据的数据类型为 int、smallint、tinyint。

【例 9-2】 取模运算。

```
DECLARE @result int
SET @result=52%25
SELECT @result AS '取模结果'
```

2. 赋值运算符

等号(=)是唯一的 T-SQL 赋值运算符。

【例 9-3】 赋值运算符。

```
DECLARE @result int
SET @result=2
SELECT @result
```

3. 位运算符

位运算符用于在两个表达式之间执行位操作，这两个表达式可以为整数数据类型中的任何一种。位运算符如表 9-5 所示。

表 9-5　位运算符

运　算　符	含　　义
&(按位与)	两位都是 1 时,结果为 1,否则为 0
|(按位或)	只有一位是 1 时,结果为 1,否则为 0
^(按位异或)	两位值不同时,结果为 1,否则为 0

【例 9-4】 定义两个变量@a 和@b,给变量赋值后求与、或、异或的结果。

```
DECLARE @a int,@b int
SET @a=7
SET @b=2
SELECT @a&@b AS '按位与',@a|@b AS '按位或',@a^@b AS '按位异或'
```

4. 比较运算符

比较运算符用于测试两个表达式是否相同。除了 text、ntext 和 image 数据类型的表达式外,比较运算符可以用于所有的表达式。比较运算的结果有 3 个值:TRUE(真)、FALSE(假)和 UNKNOWN(未知)。比较运算符如表 9-6 所示。

表 9-6　比较运算符

运　算　符	含　　义	运　算　符	含　　义
=	等于	<=	小于或等于
>	大于	<>、!=	不等于
<	小于	!<	不小于
>=	大于或等于	!>	不大于

【例 9-5】 比较运算符。

```
DECLARE @a int,@b int
SET @a=7
SET @b=2
IF @a>@b
SELECT 'a是大的数据'
```

5. 逻辑运算符

逻辑运算符对某些条件进行测试,以获得其真实情况。逻辑运算符和比较运算符一样,返回带有 TRUE、FALSE 或 UNKNOWN 值的 BOOLEAN 数据类型。逻辑运算符如表 9-7 所示。

表 9-7 逻辑运算符

运 算 符	含 义
ALL	如果所有比较都为 TRUE,就为 TRUE
AND	如果两个布尔表达式都为 TRUE,就为 TRUE
ANY	如果所有比较中任何一个为 TRUE,就为 TRUE
BETWEEN	如果操作数在某个范围之内,就为 TRUE
EXISTS	如果子查询包含一些行,就为 TRUE
IN	如果操作数等于表达式列表中的一个,就为 TRUE
LIKE	如果操作数与一种模式相匹配,就为 TRUE
NOT	对任何其他布尔运算符的值取反
OR	如果两个布尔表达式中的一个为 TRUE,就为 TRUE
SOME	如果在一组比较中有些为 TRUE,就为 TRUE

6. 字符串连接运算符

加号(+)是字符串连接运算符,将字符串连接起来。字符串运算符的操作数据类型有 char、varchar、nchar、nvarchar、text、ntext 等。

【例 9-6】 使用字符串连接运算符连接内容。

```
DECLARE @result char(50)
SET @result='软件工程'+'张丽'
SELECT @result
```

7. 一元运算符

一元运算符只对一个表达式执行操作,该表达式可以是数值数据类型中的任何一种。一元运算符如表 9-8 所示。

表 9-8 一元运算符

运 算 符	含 义
+	正号,数值为正
−	负号,数值为负
~	位非,返回数字的非

8. 运算符优先级

当一个复杂的表达式有多个运算符时,由运算符优先级决定运算的先后顺序。在较低级别的运算符之前先对较高级别的运算符进行求值。运算符的优先级如表 9-9 所示。

表 9-9 运算符优先级

<table>
<tr><th>级别</th><th>运 算 符</th></tr>
<tr><td>1</td><td>~(位非)</td></tr>
<tr><td>2</td><td>*(乘)、/(除)、%(取模)</td></tr>
<tr><td>3</td><td>+(正)、-(负)、+(加)、+(连接运算符)、-(减)、&(位与)、^(位异或)、|(位或)</td></tr>
<tr><td>4</td><td>=、>、<、>=、<=、<>、!=、!>、!<(比较运算符)</td></tr>
<tr><td>5</td><td>NOT</td></tr>
<tr><td>6</td><td>AND</td></tr>
<tr><td>7</td><td>ALL、ANY、BETWEEN、IN、LIKE、OR、SOME</td></tr>
<tr><td>8</td><td>=(赋值)</td></tr>
</table>

当一个表达式中的两个运算符有相同的运算符优先级别时，将按照它们在表达式中的位置对其从左到右进行求值。在表达式中可以使用括号改变所定义的运算符的优先级。首先对括号中的内容进行求值，从而产生一个值，然后括号外的运算符才可以使用这个值。

9.2.6 注释

注释是写在程序代码中的说明性内容，它们对程序的结构及功能进行文字性说明。注释内容不会被系统编译，也不会被程序执行。

在 T-SQL 中可使用两类注释符。

(1) ANSI 标准的注释符“--…-”用于单行注释。

(2) 多行注释用/*…*/。/*用于程序注释开头，*/用于程序注释结尾，可以在程序中将多行文字标记为注释。

9.2.7 批处理

批处理是同时从应用程序发送到 SQL Server 并得以执行的一组单条或多条 T-SQL 语句。SQL Server 将批处理的语句编译为单个可执行单元，称为执行计划。执行计划中的语句每次执行一条。

如果批处理中的某条语句发生编译错误(如语法错误)，则导致批处理中的所有语句都无法执行。

如果批处理通过编译，但是在运行时发生错误(如算术溢出或约束冲突)，一般将停止执行批处理中当前语句和它之后的语句，只有在少数情况下，如违反约束时，仅停止执行当前语句，而继续执行批处理中其他所有语句。在遇到运行时错误的语句之前执行的语句不受影响(批处理位于事务中并且错误导致事务回滚的情况例外)。

9.3 流程控制语句

流程控制语句采用了与程序设计语言相似的机制，使其能够产生控制程序执行及流程分支的作用。通过使用流程控制语句，用户可以完成功能较为复杂的操作，并且使得程序获得更好的逻辑性和结构性。下面逐个介绍 T-SQL 语言提供的流程控制语句。

9.3.1 SET 语句

声明一个局部变量后，该变量被初始化为 NULL。使用 SET 语句可以将一个值赋给声明的变量，当为多个变量赋值时，需要为每个变量单独使用 SET 语句。语法格式如下。

```
SET @local_variable=expression
```

【例 9-7】 声明变量，并用 SET 给变量赋值。

```
DECLARE @t int
SET @t=1
SELECT @t
```

9.3.2 BEGIN…END 语句

BEGIN…END 语句用于将多个 T-SQL 语句组合为一个逻辑块，相当于一个单一语句，达到一起执行的目的。语法格式如下。

```
BEGIN
    {
    block
    }
END
```

在 T-SQL 中允许嵌套使用 BEGIN…END 语句。

9.3.3 IF…ELSE 语句

在程序中如果对给定的条件进行判定，当条件为真或假时分别执行不同的 T-SQL 语句，可用 IF…ELSE 语句实现。语法格式如下。

```
IF Boolean_expression
    {block1}
[ELSE
    {block2}]
```

其中,语句块可以是单个语句或语句组。

IF…ELSE 语句的执行过程：如果逻辑表达式的值为 TRUE,执行 block1;如果有 ELSE 语句,逻辑表达式的值为 FALSE,则执行 block2。其中,ELSE 子句是可选的。在 T-SQL 中允许嵌套使用 IF…ELSE 语句。

【例 9-8】 在 jsjxy 数据库的 student 表中,查询软件工程专业是否有男生。如果有,则显示男生的人数;否则,提示该班级没有男生。

```
USE jsjxy
GO
IF (SELECT count(*) FROM student WHERE specialty='软件工程' AND sex='男')>0
BEGIN
SELECT count(*) FROM student WHERE specialty='软件工程' AND sex='男'
END
ELSE
BEGIN
print '软件工程没有男生'
END
```

9.3.4 CASE 语句

CASE 语句用于计算多个条件并为每个条件返回单个值,以简化 SQL 语句格式。CASE 语句有两种格式：简单 CASE 语句和搜索 CASE 语句。

1. 简单 CASE 语句

(1) 简单 CASE 语句的语法格式如下。

```
CASE input_expression
WHEN when_expression THEN result_expression
[…n]
[ELSE else_result_expression]
END
```

(2) 各参数说明如下。

① input_expression：是使用简单 CASE 语句时所计算的表达式。input_expression 是任何有效的 SQL Server 表达式。

② WHEN when_expression：使用简单 CASE 语句时 input_expression 所比较的简单表达式。when_expression 是任意有效的 SQL Server 表达式。input_expression 和每个 when_expression 的数据类型必须相同,或是隐形转换。

③ THEN result_expression：当 input_expression = when_expression 取值为 TRUE,或者 boolean_expression 取值为 TRUE 时返回的表达式。result expression 是有效的 SQL Server 表达式。

④ ELSE else_result_expression：当比较运算取值不为 TRUE 时返回的表达式。如

果省略此参数并且比较运算取值不为 TRUE，CASE 将返回 NULL 值。else_result_expression 是任意有效的 SQL Server 表达式。else_result_expression 和所有 result_expression 的数据类型必须相同，或者可以隐形转换。

（3）简单 CASE 格式的运行过程如下。

① 计算 input_expression，然后按指定顺序对每个 WHEN 子句的 input_expression＝when_expression 进行计算。

② 返回第一个取值为 TRUE 的 input_expression＝when_expression 的 result_expression。

③ 如果没有取值为 TRUE 的 input_expression＝when_expression，则当指定 ELSE 子句时 SQL Server 将返回 else_result_expression；若没有指定 ELSE 子句，则返回 NULL 值。

2. 搜索 CASE 语句

（1）搜索 CASE 语句的语法格式如下。

```
CASE
WHEN Boolean_expression THEN result_expression
[…n]
[ELSE else_result_expression]
END
```

（2）各参数说明如下。

WHEN Boolean_expression：使用 CASE 搜索格式时所计算的布尔表达式。Boolean_expression 是任意有效的布尔表达式。

（3）搜索 CASE 格式的运行过程如下。

① 按指定顺序为每个 WHEN 子句的 Boolean_expression 求值。

② 返回第一个取值为 TRUE 的 Boolean_expression 的 result_expression。

③ 如果没有取值为 TRUE 的 Boolean_expression，则当指定 ELSE 子句时 SQL Server 将返回 else_result_expression；若没有指定 ELSE 子句，则返回 NULL 值。

【例 9-9】 通过简单 CASE 格式查询学生的专业情况。

```
USE jsjxy
GO
SELECT name,
CASE specialty
WHEN '软件工程' THEN 'software engineering'
WHEN '大数据' THEN 'big data'
WHEN '计算机科学与技术' THEN 'computer science and technology'
END AS specialty
FROM student
```

【例 9-10】 通过搜索 CASE 格式查询学生的考试等级。

```
USE jsjxy
GO
SELECT id,
CASE
WHEN score>=90 THEN 'a'
WHEN score>=80 THEN 'b'
WHEN score>=70 THEN 'c'
WHEN score>=60 THEN 'd'
WHEN score<60 THEN 'e'
END AS score
FROM sc
```

9.3.5 WHILE 语句

若需要重复一段相同的语句，可以使用 WHILE 循环语句来实现。WHILE 语句通过布尔表达式来设定一个条件，当这个条件为 TRUE 时，重复执行这段语句。可以使用 BREAK 或 CONTINUE 关键字来结束循环体。

语法格式如下。

```
WHILE Boolean_expression
Block
[BREAK][CONTINUE]
```

其中，BREAK 表示无条件地退出 WHILE 循环。CONTINUE 表示结束本次循环，进入下次循环，忽略 CONTINUE 后面的任何语句。通常情况下，CONTINUE 和 BREAK 是放在 IF…ELSE 语句中进行判定而执行的。

【例 9-11】 求 1～100 的偶数和。

```
DECLARE @i int,@sum int
SET @i=1
SET @sum=0
WHILE @i<=100
BEGIN
IF @i%2=0
SET @sum=@sum+@i
SET @i=@i+1
END
SELECT @sum
```

【例 9-12】 求 1～100 的累加和，当和超过 500 时停止累加，显示累加和和累加到的位置。

```
DECLARE @i int,@sum int
SET @i=1
SET @sum=0
```

```
WHILE @i<=100
BEGIN
SET @sum=@sum+@i
IF @sum>500 BREAK
SET @i=@i+1
END
SELECT @sum,@i
```

9.3.6 RETURN 语句

RETURN 语句表示从查询或过程中无条件退出。RETURN 的执行是即时且完全的,可在任何时候用于从过程、批处理或语句块中退出。RETURN 语句之后的语句是不执行的。其语法格式如下。

```
RETURN [整数表达式]
```

9.4 系统内置函数

在 T-SQL 编程语言中提供了丰富的函数。函数可分为系统定义函数和用户定义函数。本节介绍的是系统定义函数中的聚合函数、数学函数、字符串函数、日期和时间函数、数据类型转换函数、元数据函数等最常用的部分。

9.4.1 聚合函数

聚合函数用于对一组数据执行某种计算并返回一个结果。常用聚合函数如表 9-10 所示。

表 9-10 常用聚合函数

函 数 名	功 能
AVG ([ALL|DISTINCT]表达式)	返回一组值的平均值,将忽略空值
COUNT({[[ALL|DISTINCT]表达式]|*})	返回组中的项数,返回值为 int 类型
MAX([ALL|DISTINCT]表达式)	返回表达式中的最大值
MIN([ALL|DISTINCT]表达式)	返回表达式中的最小值
SUM([ALL|DISTINCT]表达式)	返回表达式中所有值的和或仅非重复值的和,SUM 只能用于数字列,空值将被忽略

参数说明如下。

(1) ALL:对所有的值进行聚合函数运算,ALL 是默认值。

(2) DISTINCT:指定只在每个值的唯一实例上执行,而不管该值出现了多少次。

表达式：是精确数值或近似数值数据类别(bit 数据类型除外)的表达式。不允许使用聚合函数和子查询。

【例 9-13】 计算 jsjxy 数据库中 student 表的总人数。

```
USE jsjxy
GO
SELECT COUNT(*) AS '总人数' FROM student
```

【例 9-14】 计算 jsjxy 数据库中课程编号为 20003 的课程总成绩和平均成绩。

```
USE jsjxy
GO
SELECT SUM(score) AS '课程总分',AVG(score) AS '课程平均分' FROM sc
WHERE courseid='20003'
```

【例 9-15】 在成绩表中查询课程编号为 20003 的课程的最高分和最低分。

```
USE jsjxy
GO
SELECT MAX(score) AS '最高分',MIN(score) AS '最低分' FROM sc
WHERE courseid='20003'
```

9.4.2 数学函数

数学函数用于对数字表达式进行数学运算并返回运算结果。使用数学函数可以对 SQL Server 系统提供的数字数据进行运算：decimal、numeric、bigint、int、smallint、tinyint、float、real、money 和 smallmoney。常用的数学函数如表 9-11 所示。

表 9-11 常用的数学函数

类别	函数名	功能
三角函数	SIN(float 表达式)	返回指定角度(以弧度为单位)的三角正弦值
	COS(float 表达式)	返回指定角度(以弧度为单位)的三角余弦值
	TAN(float 表达式)	返回指定角度(以弧度为单位)的三角正切值
	COT(float 表达式)	返回指定角度(以弧度为单位)的三角余切值
反三角函数	ASIN(float 表达式)	返回指定正弦值的三角反正弦值(以弧度为单位)
	ACOS (float 表达式)	返回指定余弦值的三角反余弦值(以弧度为单位)
	ATAN(float 表达式)	返回指定正切值的三角反正切值(以弧度为单位)
	ATN2 (float 表达式 1, float 表达式 2)	返回以弧度表示的角,该角位于正 X 轴和原点至点(y, x)的射线之间,其中 x 和 y 是两个指定的浮点表达式的值

续表

类　别	函　数　名	功　　能
角度弧度转换	DEGREES(数值表达式)	返回弧度值相对应的角度值
	RADINANS(数值表达式)	返回一个角度的弧度值
幂函数	EXP(float 表达式)	返回指定的 float 表达式的指数值
	LOG(float 表达式)	计算以 2 为底的自然对数
	LOG10(float 表达式)	计算以 10 为底的自然对数
	POWER(数值表达式,Y)	幂运算,其中 Y 为数值表达式进行运算的幂值
	SQRT(float 表达式)	返回指定的 float 表达式的平方根
	SQUARE(float 表达式)	返回指定的 float 表达式的平方
	ROUND(float 表达式)	对一个小数进行四舍五入运算,使其具备特定的精度
边界函数	FLOOR(数值表达式)	返回小于或等于一个数的最大整数(也称为地板函数)
	CEILING(数值表达式)	返回大于或等于指定数值表达式的最小整数(也称为天花板函数)
符号函数	ABS(数值表达式)	返回一个数的绝对值
	SIGN(float 表达式)	根据参数是正还是负,返回－1、＋1 和 0
随机函数	RAND([seed])	返回 float 类型的随机数,该数的值在 0～1,seed 为提供种子值的整数表达式
PI 函数	PI()	返回以浮点数表示的圆周率

【例 9-16】 分别输出 2^3、(－1)、2^2、3.14 的整数部分及一个随机数。

```
PRINT POWER(2,3)
PRINT ABS(-1)
PRINT SQUARE(2)
PRINT FLOOR(3.14)
PRINT RAND()
```

9.4.3 字符串函数

字符串函数可以对 char、nchar、varchar、nvchar 等类型的参数执行操作,并返回相应的结果,返回值一般为字符串或数字。常用的字符串函数如表 9-12 所示。

表 9-12　常用的字符串函数

函　数　名	功　　能
ASCII(字符表达式)	返回最左侧字符的 ASCII 码值
CHAR(整型表达式)	将整型 ASCII 码值转换为字符

续表

函　数　名	功　　能
LEFT(字符表达式,整数)	截取从左边开始指定个数的字符串
RIGHT(字符表达式,整数)	截取从右边开始指定个数的字符串
SUBSTRING(字符表达式,起始点,n)	截取从起始点开始的 n 个字符
CHARINDEX(字符表达式 1,字符表达式 2,[开始位置])	从指定开始位置起,搜索字符串表达式 1 在字符串表达式 2 中的位置,省略开始位置表示从字符串表达式 2 的开头开始搜索
LTRIM(字符表达式)	剪去左空格
RTRIM(字符表达式)	剪去右空格
REPLICATE(字符表达式,n)	重复字符串
REVERSE(字符表达式)	倒置字符串
STR(数字表达式)	数值转字符串
LEN(字符表达式)	返回指定字符串表达式的字符数,其中不包含尾随空格

【例 9-17】 给定一个字符串 have a good time,判断字符 g 在整个字符串中的位置。

```
DECLARE @s CHAR(20)
SET @s ='have a good time'
PRINT CHARINDEX('g',@s)
```

9.4.4 日期和时间函数

日期和时间函数可以对日期时间类型的参数进行运算、处理,并返回一个字符串、数字或日期和时间类型的值。常用的日期和时间函数如表 9-13 所示。

表 9-13　常用的日期和时间函数

函　数　名	功　　能
GETDATE()	返回当前系统的日期和时间
DAY(日期)	返回某日期的日部分所代表的整数值
MONTH(日期)	返回某日期的月部分所代表的整数值
YEAR(日期)	返回某日期的年部分所代表的整数值
DATEPART(datepart,日期)	返回表示指定日期的指定 datepart 的整数
DATENAME(datepart,日期)	返回表示指定日期的指定 datepart 的字符串
DATEDIFF(datepart,日期 1,日期 2)	返回两个指定日期在 datepart 方面的不同之处,即日期 2 超过日期 1 的差距值
DATEADD(datepart,数值,日期)	通过将一个时间间隔与指定日期的指定 datepart 相加,返回一个新的 datetime 值

其中，参数 datepart 用于指定要返回新值的日期的组成部分。表 9-14 列出了 T-SQL 可识别的常用日期时间部分及其缩写。

表 9-14 可识别的常用日期、时间部分及其缩写

日期时间部分	缩　写	日期、时间部分	缩　写
year	yy，yyyy	week	wk，ww
quarter	qq，q	weekday	dw，w
month	mm，m	hour	hh
dayofyear	dy，y	minute	mi，n
day	dd，d	second	ss，s

【例 9-18】 获取系统时间信息，在查询编辑器中分别显示系统时间中的年份、月份以及日期。

分析：GETDATE 函数用于返回当前的系统时间，YEAR、MONTH、DAY 函数可以取得时间中的年、月、日的数值，也可以使用 DATEPART 和 DATENAME 函数来获取。

```
DECLARE @xtsj datetime
SET @xtsj = GETDATE()
SELECT YEAR(@xtsj),MONTH(@xtsj),DAY(@xtsj)
SELECT DATEPART(yy,@xtsj),DATEPART(mm,@xtsj),DATEPART(dd,@xtsj)
SELECT DATENAME(yyyy,@xtsj),DATENAME(m,@xtsj),DATENAME(d,@xtsj)
```

【例 9-19】 通过对 student 表中的“出生日期”字段进行计算，查询每位学生的年龄。

分析：利用 GETDATE 函数返回当前的系统时间，再用 DATEDIFF 函数根据学生出生日期的值计算每位学生的年龄。

```
USE jsjxy
GO
SELECT id,name,DATEDIFF(yy,birthday,GETDATE()) AS 'age'
FROM student
```

9.4.5 数据类型转换函数

数据类型转换函数属于系统函数，在不同的数据类型之间进行运算时，需要将其转换为相同的数据类型。在 SQL Server 中，某些数据类型可以由系统自动完成转换，当系统不能够自动执行不同类型表达式的转换时，可以通过 CAST 或 CONVERT 函数对数据进行转换。

CAST 或 CONVERT 函数的语法格式如下。

```
CAST(表达式 AS 目的数据类型)
CONVERT(目标数据类型,表达式,[日期样式])
```

其中,CONVERT 函数的日期样式的常用取值如表 9-15 所示。

表 9-15 日期样式的常用取值

不带世纪位数(yy)	带世纪位数(yyyy)	标准	输入/输出格式
—	0 或 100	默认设置	mon dd yyyy hh:miAM(或 PM)
1	101	美国	mm/dd/yyyy
2	102	ANSI	yy.mm.dd
3	103	英国/法国	dd/mm/yyyy
4	104	德国	dd.mm.yy
5	105	意大利	dd-mm-yy
6	106	—	dd mon yy
7	107	—	mon dd,yy
8	108	—	hh:mi:ss

【例 9-20】 查询每位学生的 id、name、age 信息,将它们通过+运算符进行连接并显示在查询结果中。

分析:由于计算出的学生年龄结果为整数,而学号、姓名均为字符串类型的值,因而在运算之前,需要将年龄的计算结果转换为字符串。

```
USE jsjxy
GO
SELECT id+name+'的年龄为:'+cast(datediff(yy,birthday,GETDATE()) AS CHAR(2))
FROM student
```

【例 9-21】 取得系统当前时间,将其转换为 mm/dd/yyyy 格式的字符串并且显示结果。

```
DECLARE @xtsj datetime
SET @xtsj = GETDATE()
PRINT CONVERT(CHAR(50),@xtsj,101)
```

9.4.6 元数据函数

元数据函数返回有关数据库和数据库对象的信息,所以元数据函数都具有不确定性。常用的元数据函数如表 9-16 所示。

表 9-16 常用的元数据函数

函数名	功能
COL_LENGTH(表名,列名)	返回列的定义长度(以字节为单位)
COL_NAME(表标识号,列标识号)	根据指定的对应表标识号和列标识号返回列的名称
DB_ID([数据库标识号])	返回数据库标识(ID)号
DB_NAME([数据库的名称])	返回数据库名称
OBJECT_ID(对象名,[对象类型])	返回架构范围内对象的数据库对象标识号

【例 9-22】 显示当前数据库的名称和标识号。

分析:利用 DB_NAME 函数得到当前数据库的名称,利用 DB_ID 函数得到标识号。

```
USE jsjxy
GO
SELECT DB_NAME() AS '数据库名',DB_ID() AS '数据库标识号'
```

9.4.7 用户自定义函数

SQL Server 支持用户自定义函数。用户自定义函数是由一个或多个 T-SQL 语句组成的子程序,它由函数名、参数、编程语句和返回值构成。用户自定义函数只能通过返回值获得数据,可以出现在 SELECT 语句中。

SQL Server 用户自定义函数包含两种类型,即标量值函数和表值函数。标量值函数使用 RETURN 语句返回单个数据值,返回类型可以是除 text、ntext、image、cursor 和 timestamp 外的任何数据类型;表值函数返回 table 数据类型。

表值函数又分为内连表函数和多语句表值函数。内连表值函数没有函数主题,返回的表值是单个 SELECT 语句的结果集;多语句表值函数指在 BEGIN…END 之前定义函数主体,其中包含一系列 T-SQL 语句,这些语句可以生产并将其插入返回的表中。

1. 创建标量值函数

使用 CREATE FUNCTION 语句可以创建标量值函数,语法格式如下。

```
CREATE FUNCTION<函数名称>(<形参>AS<数据类型>[,…N])
RETURNS<返回数据类型>
AS
BEGIN
函数体
RETURN 表达式
END
```

【例 9-23】 创建标量函数 getavg(),获取 student 表中指定专业的平均年龄。

```
USE jsjxy
```

```
GO
CREATE FUNCTION getavg(@dept nchar(10))
RETURNS float
AS
BEGIN
DECLARE @avg float
SELECT @avg=AVG(age) FROM student WHERE specialty=@dept
RETURN @avg
END
```

创建成功后,执行下面语句调用 getavg()获取软件工程学生的平均年龄。

```
SELECT dbo.getavg('软件工程')
```

2. 创建内连表值函数

使用 CREATE FUNCTION 语句也可以创建内连表值函数,语法格式如下。

```
CREATE FUNCTION<函数名称>(<形参>AS<数据类型>[,…N])
RETURNS TABLE
AS
RETURN <SELECT 语句>
```

【例 9-24】 创建内连表值函数 depart(),获取 student 表中指定专业的学生的姓名、性别和年龄。

```
USE jsjxy
GO
CREATE FUNCTION depart(@dept nchar(10))
RETURNS TABLE
AS
RETURN
(SELECT name,sex,age FROM student WHERE specialty=@dept)
```

创建成功后,执行下面语句调用 depart()获取软件工程学生的信息。

```
SELECT * FROM dbo.depart('软件工程')
```

3. 创建多语句表值函数

使用 CREATE FUNCTION 语句还可以创建内连表值函数,语法格式如下。

```
CREATE FUNCTION<函数名称>(<形参>AS<数据类型>[,…N])
RETURNS <表变量名> TABLE
AS
BEGIN
<SQL 语句块>
```

```
RETURN
END
```

【例 9-25】 创建多语句表值函数 ufs(),获取 student 表中选修指定课程号的学生信息。

```
USE jsjxy
GO
CREATE FUNCTION uft(@courseid char(5))
RETURNS @reports TABLE
(id char(11) PRIMARY KEY,
name nvarchar(20) NOT NULL,
sex nchar(1)
)
AS
BEGIN
WITH derectreports(name,sex,id) AS
(SELECT name,sex,id FROM student
WHERE id IN(SELECT id FROM sc WHERE courseid=@courseid))
INSERT @reports
SELECT id,name,sex FROM derectreports
RETURN
END
```

上述程序说明如下。

(1) 函数名为 uft,参数@courseid 表示课程号。

(2) 使用 RETURNS 子句定义返回表值量为@reports,并定义了表变量的结构。

(3) 使用 SELECT 语句查询选修了参数是@courseid 所代表的课程的学生的信息。将查询到的记录保存到 derectreports 中。

(4) 使用 INSERT…SELECT 语句将 derectreports 中的记录保存到表变量@reports 中,然后执行 RETURN 语句返回表变量@reports。

创建成功后,执行下面语句调用 ufs()获取课程号为 20001 学生的信息。

```
SELECT * FROM dbo.uft('20001')
```

习　　题

一、选择题

1. 下列不是数据操纵语言的是(　　)。

A. INSERT　　B. UPDATE　　C. DELETE　　D. SELECT

2. 下列选项中用于返回当前 SQL Server 的安装版本、处理器体系结构等信息的全局变量是(　　)。

A. @@version　　B. @@language　　C. @@rowcount　　D. @@error

3. 下列选项中不是 SQL Server 的注释符号的是(　　)。

A. --　　B. //　　C. /*　　D. */

4. SQL Server 中全局变量是以(　　)开头。

A. @　　B. #　　C. @@　　D. ##

5. 数据定义语言的缩写词为(　　)。

A. DCL　　B. DDL　　C. DML　　D. TML

6. 下列不是 SQL Server 的合法标识符的是(　　)。

A. abc3　　B. 3abc　　C. #cat　　D. @abc2

7. 若需要重复一段相同的语句,可以使用(　　)语句来实现。

A. IF…ELSE　　B. BEGIN…END　　C. CASE　　D. WHILE

二、填空题

1. SQL Server 中用于单行文本注释的注释符是(　　)。
2. SQL Server 中局部变量是以(　　)开头。
3. 声明局部变量的方法是使用(　　)命令。
4. 可以用(　　)或 SELECT 语句为局部变量赋值。
5. (　　)语句用于将多个 T-SQL 语句组合为一个逻辑块。
6. (　　)语言对数据库数据进行查询操作。

第10章 chapter 10

数据查询

本章学习重点：

- 分组查询。
- 连接查询。
- 子查询。

在任何一种SQL语言中，查询语句都是使用频率最高的语句，它具有强大的查询功能，有的用户甚至只需要熟练掌握查询语句的一部分，就可以轻松地利用数据库来完成自己的工作。可以说，查询语句是SQL语言的灵魂。查询语句的作用是让数据库服务器根据客户端的要求搜寻出用户所需要的信息资料，并按用户规定的格式进行整理后返回给客户端。用户使用查询语句除了可以查看普通数据库中的表格和视图信息外，还可以查看SQL Sever的系统信息。

10.1 SELECT查询语法

在SQL Server中，可以通过SELECT语句来实现选择查询，即从数据库表中检索所需要的数据。选择查询可以包含要返回的列、要选择的行、放置行的顺序和如何将信息分组的规范。

SELECT语句的基本语法格式如下。

```
SELECT select_list
[INTO new_table]
FROM table_source
[WHERE search_condition]
[GROUP BY group_by_expression]
[HAVING search_condition]
[ORDER BY order_expression[ASC|DESC]]
```

各参数说明如下。

(1) select_list：指明要查询的选择列表。列表可以包括若干列名或表达式，列名或表达式之间用逗号隔开，用于指示应该返回哪些数据。表达式可以是列名、函数或常数的列表。

（2）INTO new_table：指定用查询的结果创建一个新表。new_table 为新表名称。

（3）FROM table_source：指定所查询的表或视图的名称。

（4）WHERE search_condition：指明查询所要满足的条件。

（5）GROUP BY group_by_expression：根据指定列中的值对结果集进行分组。

（6）HAVING search_condition：对用 FROM、WHERE 或 GROUP BY 子句创建的中间结果集进行行的筛选。它通常与 GROUP BY 子句一起使用。

（7）ORDER BY order_expression [ASC|DESC]：对查询结果集中的行重新排序。ASC 和 DESC 关键字分别用于指定按升序或降序排序。如果省略 ASC 或 DESC，则系统默认为升序。

10.2 简单查询

简单查询包括投影查询、选择查询、模糊查询以及利用系统提供的聚合函数对数据进行查询。

10.2.1 投影查询

投影查询是指通过限定返回结果的列组成结果集的查询。

投影查询的查询格式如下：

```
SELECT [ALL|DISTINCT][TOP n [PERCENT] [WITH TIES]] <select_list>
```

各参数说明如下。

（1）ALL：关键字，为默认设置，用于指定查询结果集的所有行，包括重复行。

（2）DISTINCT：用于删除结果集中重复的行。

（3）TOP n[PERCENT]：指定只返回查询结果集中的前 n 行。如果加了 PERCENT，则表示返回查询结果集中的前 n%行。

（4）WITH TIES：用于指定从基本结果集中返回附加的行。

（5）select_list：指明要查询的选择列表。列表可以包括若干列名或表达式，列名或表达式之间用逗号隔开，用来指示应该返回哪些数据。如果使用星号 * 则表示返回 FROM 子句中指定的表或视图中所有列。表达式可以是列名、函数或常数的列表。

1. 投影指定列

【例 10-1】 查询数据库 jsjxy 中 student、course、sc 表中的所有信息。

```
USE jsjxy
GO
SELECT * FROM student
SELECT * FROM course
SELECT * FROM sc
```

查询结果如图 10-1 所示。

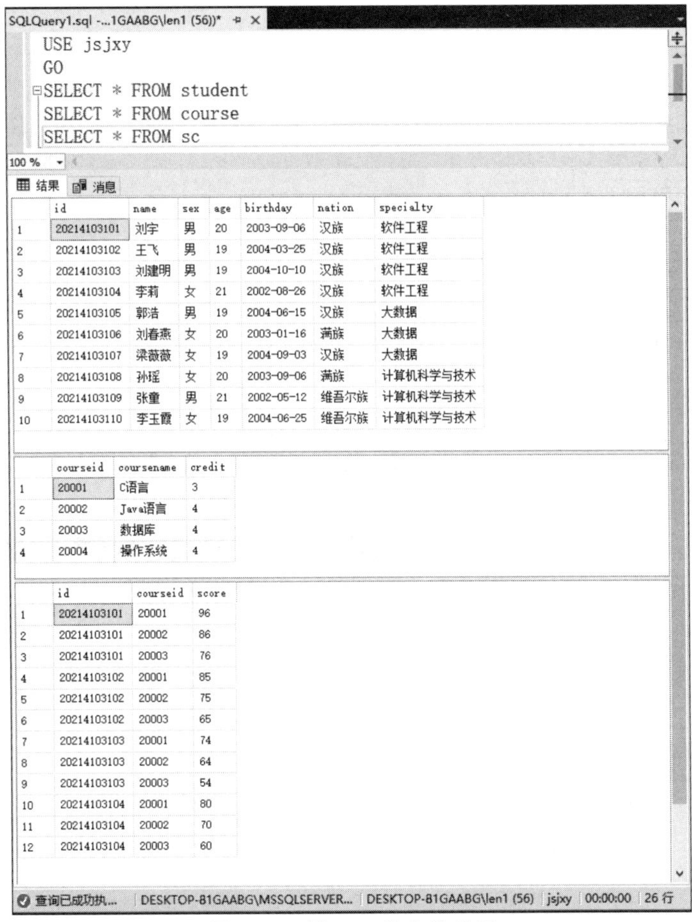

SQLQuery1.sql -...1GAABG\len1 (56))*

```
USE jsjxy
GO
SELECT * FROM student
SELECT * FROM course
SELECT * FROM sc
```

100 %

结果　消息

	id	name	sex	age	birthday	nation	specialty
1	20214103101	刘宇	男	20	2003-09-06	汉族	软件工程
2	20214103102	王飞	男	19	2004-03-25	汉族	软件工程
3	20214103103	刘建明	男	19	2004-10-10	汉族	软件工程
4	20214103104	李莉	女	21	2002-08-26	汉族	软件工程
5	20214103105	郭浩	男	19	2004-06-15	汉族	大数据
6	20214103106	刘春燕	女	20	2003-01-16	满族	大数据
7	20214103107	梁薇薇	女	19	2004-09-03	汉族	大数据
8	20214103108	孙瑶	女	20	2003-09-06	满族	计算机科学与技术
9	20214103109	张童	男	21	2002-05-12	维吾尔族	计算机科学与技术
10	20214103110	李玉霞	女	19	2004-06-25	维吾尔族	计算机科学与技术

	courseid	coursename	credit
1	20001	C语言	3
2	20002	Java语言	4
3	20003	数据库	4
4	20004	操作系统	4

	id	courseid	score
1	20214103101	20001	96
2	20214103101	20002	86
3	20214103101	20003	76
4	20214103102	20001	85
5	20214103102	20002	75
6	20214103102	20003	65
7	20214103103	20001	74
8	20214103103	20002	64
9	20214103103	20003	54
10	20214103104	20001	80
11	20214103104	20002	70
12	20214103104	20003	60

查询已成功执... | DESKTOP-81GAABG\MSSQLSERVER... | DESKTOP-81GAABG\len1 (56) | jsjxy | 00:00:00 | 26 行

图 10-1　例 10-1 的查询结果

用 * 表示表中的所有列。

【例 10-2】　查询数据库 jsjxy 中 student 表中学生的学号、姓名、性别。

```
USE jsjxy
GO
SELECT id,name,sex FROM student
```

查询结果如图 10-2 所示。

【例 10-3】　查询数据库 jsjxy 中 student 表中的专业名称，去掉重复行。

```
USE jsjxy
GO
SELECT distinct specialty FROM student
```

查询结果如图 10-3 所示。

用关键字 DISTINCT 可以去掉查询结果中的重复内容。

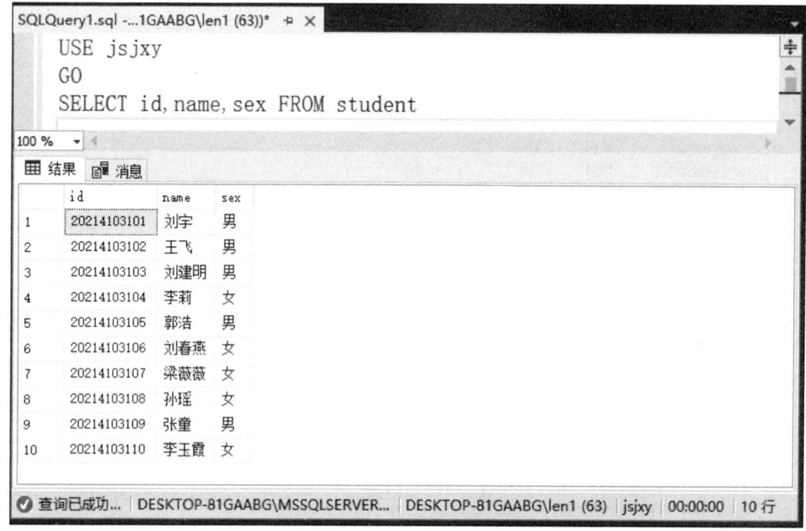

图 10-2　例 10-2 的查询结果

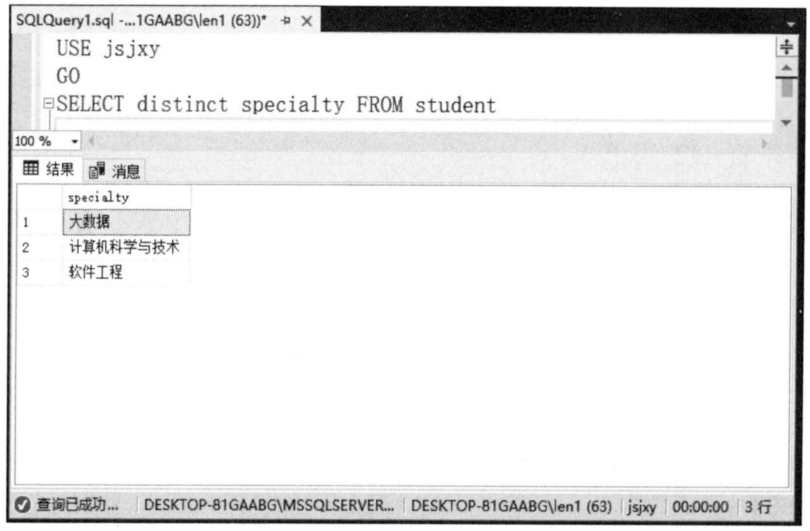

图 10-3　例 10-3 的查询结果

【例 10-4】 查询数据库 jsjxy 中 student 表中前 4 行记录。

```
USE jsjxy
GO
SELECT TOP 4 * FROM student
```

查询结果如图 10-4 所示。

【例 10-5】 查询数据库 jsjxy 中 student 表中前 50%的记录。

```
USE jsjxy
GO
SELECT TOP 50 PERCENT * FROM student
```

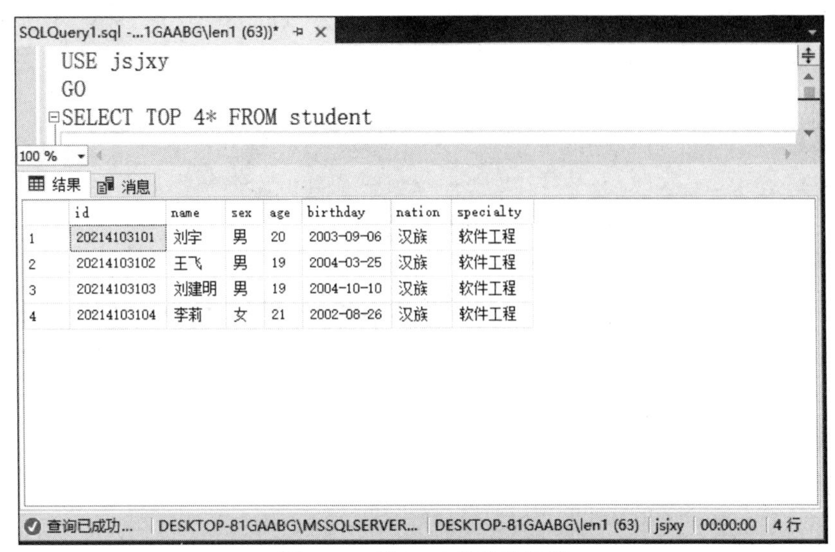

	id	name	sex	age	birthday	nation	specialty
1	20214103101	刘宇	男	20	2003-09-06	汉族	软件工程
2	20214103102	王飞	男	19	2004-03-25	汉族	软件工程
3	20214103103	刘建明	男	19	2004-10-10	汉族	软件工程
4	20214103104	李莉	女	21	2002-08-26	汉族	软件工程

图 10-4　例 10-4 的查询结果

查询结果如图 10-5 所示。

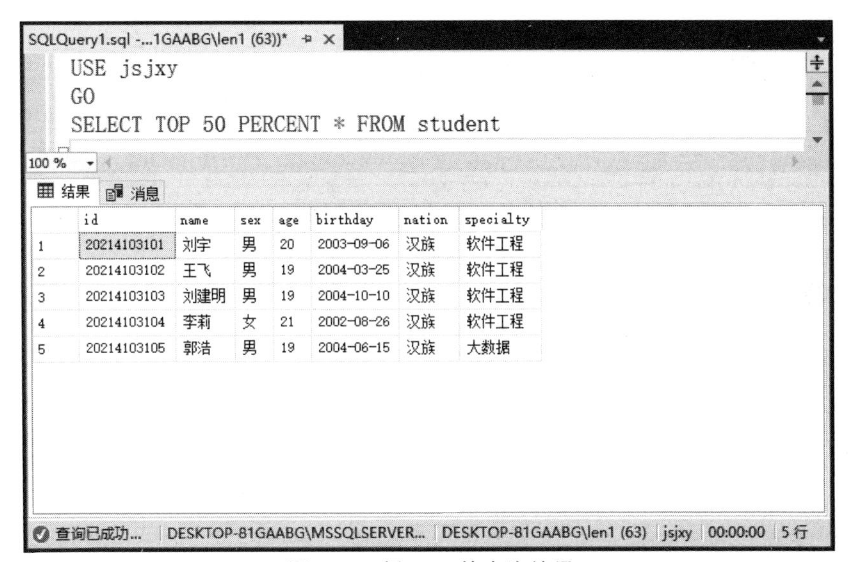

	id	name	sex	age	birthday	nation	specialty
1	20214103101	刘宇	男	20	2003-09-06	汉族	软件工程
2	20214103102	王飞	男	19	2004-03-25	汉族	软件工程
3	20214103103	刘建明	男	19	2004-10-10	汉族	软件工程
4	20214103104	李莉	女	21	2002-08-26	汉族	软件工程
5	20214103105	郭浩	男	19	2004-06-15	汉族	大数据

图 10-5　例 10-5 的查询结果

2. 定义列别名

T-SQL 提供了在 SELECT 语句中操作列名的方法。用户可以根据实际需要对查询数据的列标题进行修改,或者为没有标题的列加上临时的标题。

定义列表名的常用方式如下。

(1) 在列表达式后面给出列名。

(2) 用“=”来连接列表达式。

(3) 用 AS 关键字来连接列表达式和指定的列名。

【例 10-6】 查询数据库 jsjxy 中 student 表中的学生的 id、name、sex，分别指定列标题为学号、姓名、性别。

```
USE jsjxy
GO
SELECT id 学号,name AS 姓名,性别=sex FROM student
```

查询结果如图 10-6 所示。

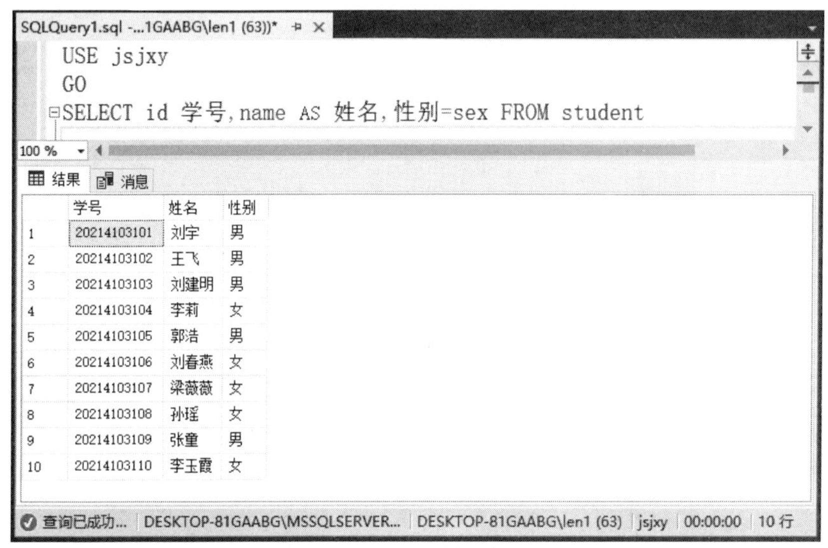

图 10-6 例 10-6 的查询结果

3. 计算列值

在进行数据查询时，经常需要对查询到的数据进行再次计算处理。T-SQL 允许直接在 SELECT 语句中计算列值。计算列值并不存在于表格所存储的数据中，它是通过对某些列的数据进行演算得来的结果。

【例 10-7】 查询数据库 jsjxy 中的 sc 表，按 150 分计算成绩并显示。

```
USE jsjxy
GO
SELECT id,courseid,score150=score * 1.5 FROM sc
```

查询结果如图 10-7 所示。

10.2.2 选择查询

投影查询是从列的角度进行的查询，一般对行不进行任何过滤。但是，一般查询都不是针对全表所有行的查询，只是从整个表中选出满足指定条件的内容，这就要用到 WHERE 子句。

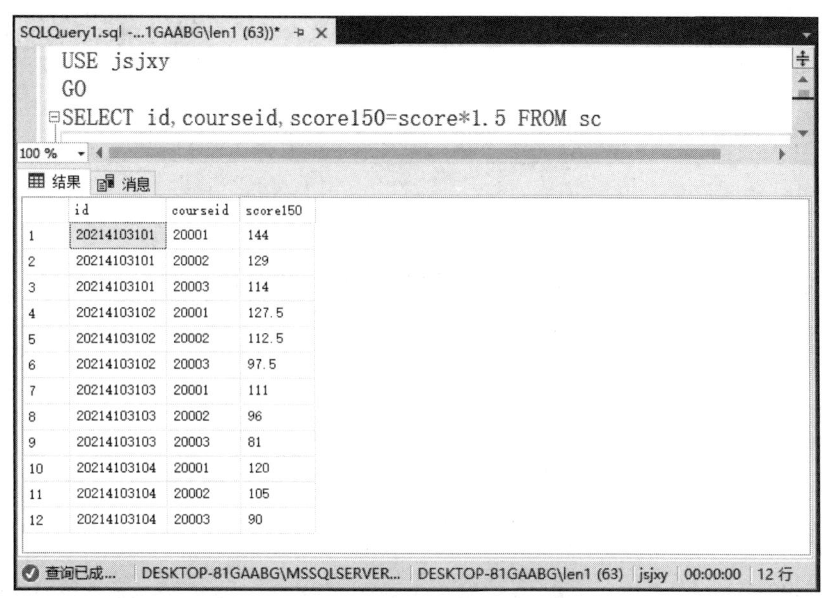

	id	courseid	score150
1	20214103101	20001	144
2	20214103101	20002	129
3	20214103101	20003	114
4	20214103102	20001	127.5
5	20214103102	20002	112.5
6	20214103102	20003	97.5
7	20214103103	20001	111
8	20214103103	20002	96
9	20214103103	20003	81
10	20214103104	20001	120
11	20214103104	20002	105
12	20214103104	20003	90

图 10-7 例 10-7 的查询结果

选择行的基本语法如下。

```
SELECT  select_list
FROM   table_list
WHERE search_conditions
```

其中，search_conditions 为选择查询结果的条件。SQL Server 支持比较、范围、列表、字符串匹配等选择方法。

1. 使用关系表达式

比较运算符用于比较两个表达式的值，共有 9 个，分别是＝(等于)、＜(小于)、＜＝(小于或等于)、＞(大于)、＞＝(大于或等于)、＜＞(不等于)、！＝(不等于)、！＜(不小于)、！＞(不大于)。

【例 10-8】 查询数据库 jsjxy 中 student 表中年龄大于 20 的学生的记录。

```
USE jsjxy
GO
SELECT * FROM student WHERE age>20
```

查询结果如图 10-8 所示。

2. 使用逻辑表达式

NOT：非，对表达式的否定。

AND：与，连接多个条件，所有的条件都成立时为真。

OR：或，连接多个条件，只要有一个条件成立就为真。

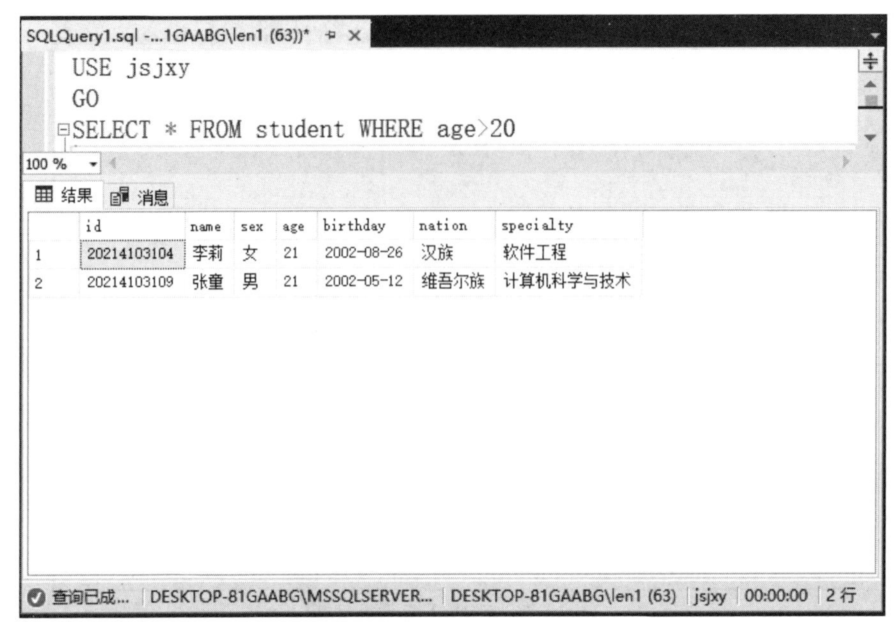

图 10-8　例 10-8 的查询结果

【例 10-9】　查询数据库 jsjxy 中 student 表中专业是软件工程的男学生的记录。

```
USE jsjxy
GO
SELECT * FROM student WHERE sex='男' AND specialty='软件工程'
```

查询结果如图 10-9 所示。

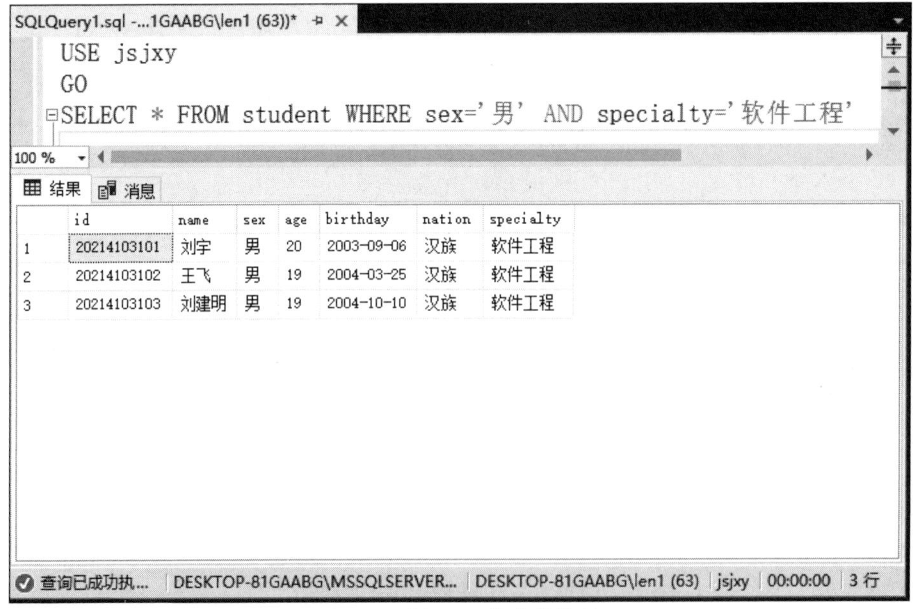

图 10-9　例 10-9 的查询结果

3. 使用 BETWEEN…AND 关键字

使用 BETWEEN…AND 关键字可以查询某个范围内的数据，语法格式如下。

```
表达式 [NOT] BETWEEN  表达式 1 AND 表达式 2
```

使用 BETWEEN…AND 进行查询的效果完全可以用含有>=和<=的逻辑表达式来代替，使用 NOT BETWEEN…AND 进行查询的效果完全可以用含有>和<的逻辑表达式来代替。

【例 10-10】 查询数据库 jsjxy 中 sc 表中成绩在 60～80 分的学生的数据。

```
USE jsjxy
GO
SELECT * FROM sc WHERE score BETWEEN 60 AND 80
```

查询结果如图 10-10 所示。

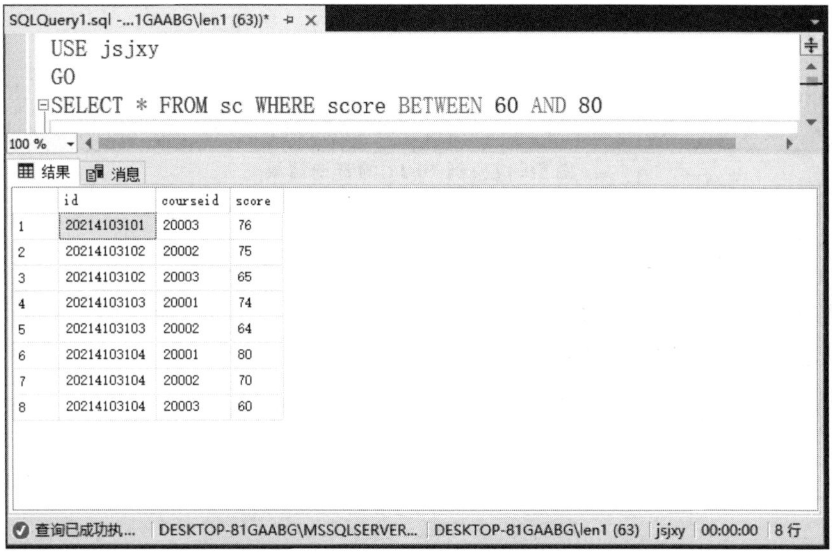

SQLQuery1.sql -...1GAABG\len1 (63))*

```
USE jsjxy
GO
SELECT * FROM sc WHERE score BETWEEN 60 AND 80
```

100 %

结果 消息

	id	courseid	score
1	20214103101	20003	76
2	20214103102	20002	75
3	20214103102	20003	65
4	20214103103	20001	74
5	20214103103	20002	64
6	20214103104	20001	80
7	20214103104	20002	70
8	20214103104	20003	60

查询已成功执... | DESKTOP-81GAABG\MSSQLSERVER... | DESKTOP-81GAABG\len1 (63) | jsjxy | 00:00:00 | 8 行

图 10-10 例 10-10 的查询结果

用“>=和<=”来代替的代码如下。

```
USE jsjxy
GO
SELECT * FROM sc WHERE score>=60 AND score<=80
```

4. 使用 IN 关键字

IN 关键字可以检索限定指定范围内的任何一个值。

【例 10-11】 查询数据库 jsjxy 中 student 表中软件工程或大数据专业学生的记录。

```
USE jsjxy
GO
SELECT * FROM student WHERE specialty in('软件工程','大数据')
```

查询结果如图 10-11 所示。

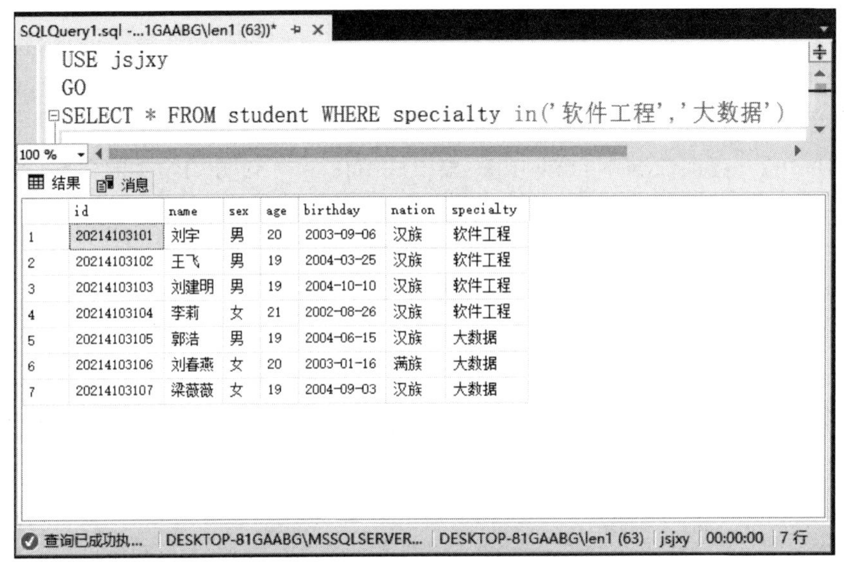

	id	name	sex	age	birthday	nation	specialty
1	20214103101	刘宇	男	20	2003-09-06	汉族	软件工程
2	20214103102	王飞	男	19	2004-03-25	汉族	软件工程
3	20214103103	刘建明	男	19	2004-10-10	汉族	软件工程
4	20214103104	李莉	女	21	2002-08-26	汉族	软件工程
5	20214103105	郭浩	男	19	2004-06-15	汉族	大数据
6	20214103106	刘春燕	女	20	2003-01-16	满族	大数据
7	20214103107	梁薇薇	女	19	2004-09-03	汉族	大数据

图 10-11 例 10-11 的查询结果

5. 空值查询

在 WHERE 子句中不能使用比较运算符对空值进行判断，只能使用空值表达式来判断某个表达式是否为空值。语法格式如下。

```
表达式 IS NULL
```

或

```
表达式 IS NOT NULL
```

【例 10-12】 查询数据库 jsjxy 中 student 表中民族不为空值的学生的信息。

```
USE jsjxy
GO
SELECT * FROM student WHERE nation is NOT NULL
```

查询结果如图 10-12 所示。

10.2.3 模糊查询

在查询数据时，有时候并不知道查询范围或准确的信息，只知道查询的模式或者大

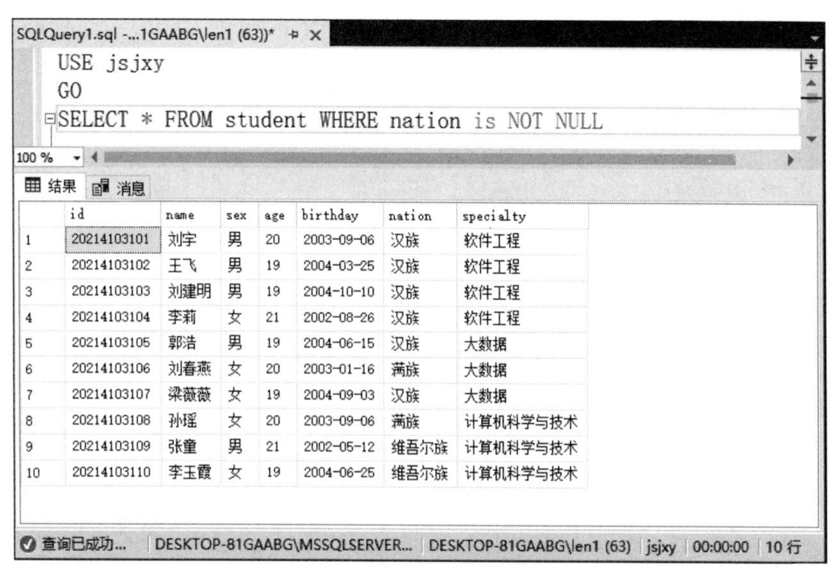

	id	name	sex	age	birthday	nation	specialty
1	20214103101	刘宇	男	20	2003-09-06	汉族	软件工程
2	20214103102	王飞	男	19	2004-03-25	汉族	软件工程
3	20214103103	刘建明	男	19	2004-10-10	汉族	软件工程
4	20214103104	李莉	女	21	2002-08-26	汉族	软件工程
5	20214103105	郭浩	男	19	2004-06-15	汉族	大数据
6	20214103106	刘春燕	女	20	2003-01-16	满族	大数据
7	20214103107	梁薇薇	女	19	2004-09-03	汉族	大数据
8	20214103108	孙瑶	女	20	2003-09-06	满族	计算机科学与技术
9	20214103109	张童	男	21	2002-05-12	维吾尔族	计算机科学与技术
10	20214103110	李玉霞	女	19	2004-06-25	维吾尔族	计算机科学与技术

图 10-12 例 10-12 的查询结果

概的内容。T-SQL 提供了 LIKE 关键字来限定模式匹配查询。LIKE 关键字查询时可以使用表 10-1 中的 4 种通配符。

表 10-1 LIKE 查询的通配符

通配符	含 义
%	包含零个或多个字符的任意字符串
_	任何单个字符
[ ]	代表指定范围内的单个字符，[]中可以是单个字符(如[acef])，也可以是字符范围(如[a~f])
[^]	代表不在指定范围内的单个字符，[^]中可以使任何单个字符(如[^acef])，也可以是字符范围(如[^a~f])

【例 10-13】 查询数据库 jsjxy 中 student 表中姓“刘”的学生的信息。

```
USE jsjxy
GO
SELECT * FROM student WHERE name LIKE '刘%'
```

查询结果如图 10-13 所示。

【例 10-14】 查询数据库 jsjxy 中 student 表中名字中有“春”字的学生的信息。

```
USE jsjxy
GO
SELECT * FROM student WHERE name LIKE '%春%'
```

查询结果如图 10-14 所示。

【例 10-15】 查询数据库 jsjxy 中 student 表中姓刘的名字只有两个字的学生的

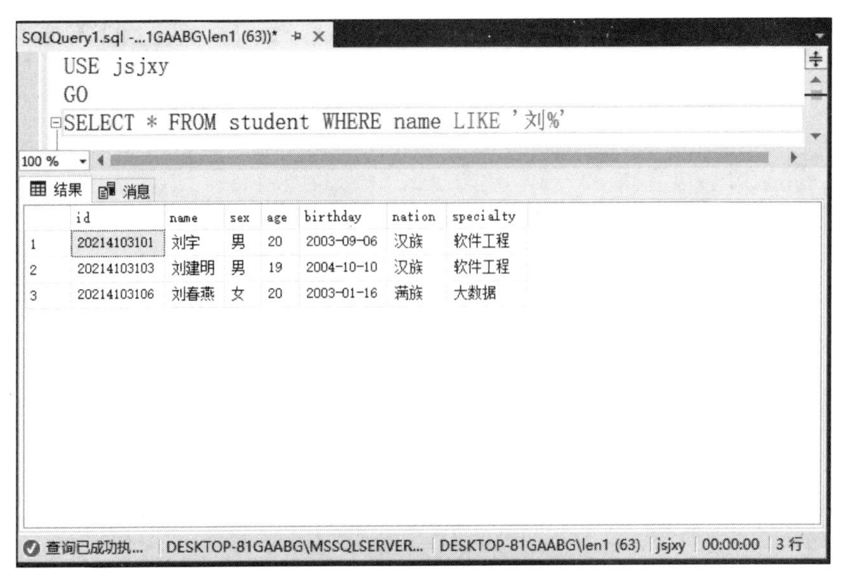

图 10-13　例 10-13 的查询结果

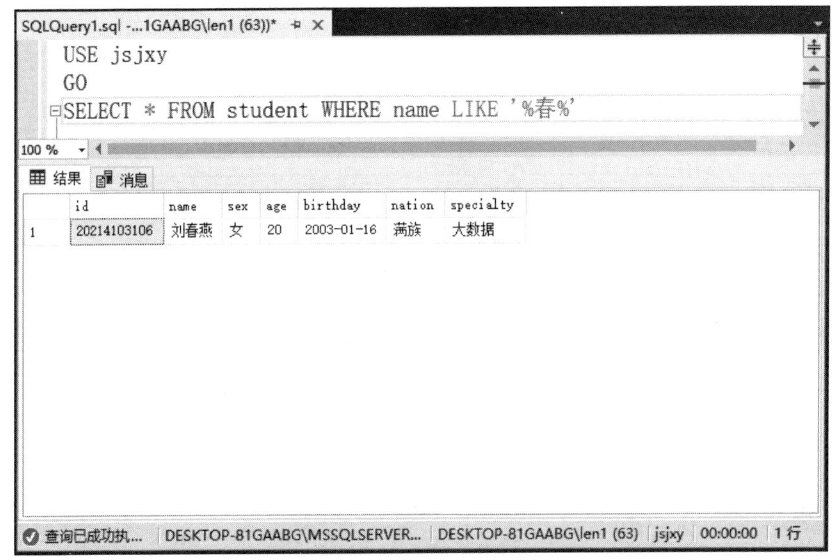

图 10-14　例 10-14 的查询结果

信息。

```
USE jsjxy
GO
SELECT * FROM student WHERE name LIKE '刘_'
```

查询结果如图 10-15 所示。

【例 10-16】 查询数据库 jsjxy 中 student 表中名字的第二个字是“玉”字的学生的信息。

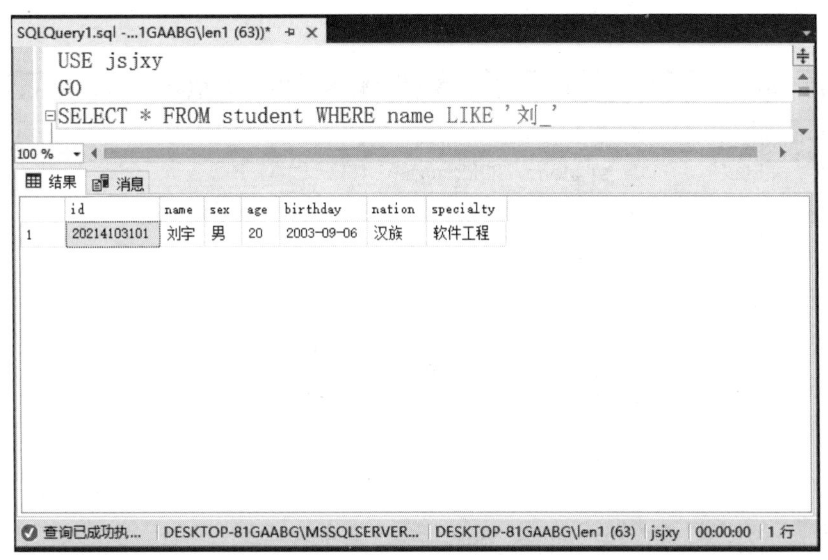

图 10-15　例 10-15 的查询结果

```
USE jsjxy
GO
SELECT * FROM student WHERE name LIKE '_玉%'
```

查询结果如图 10-16 所示。

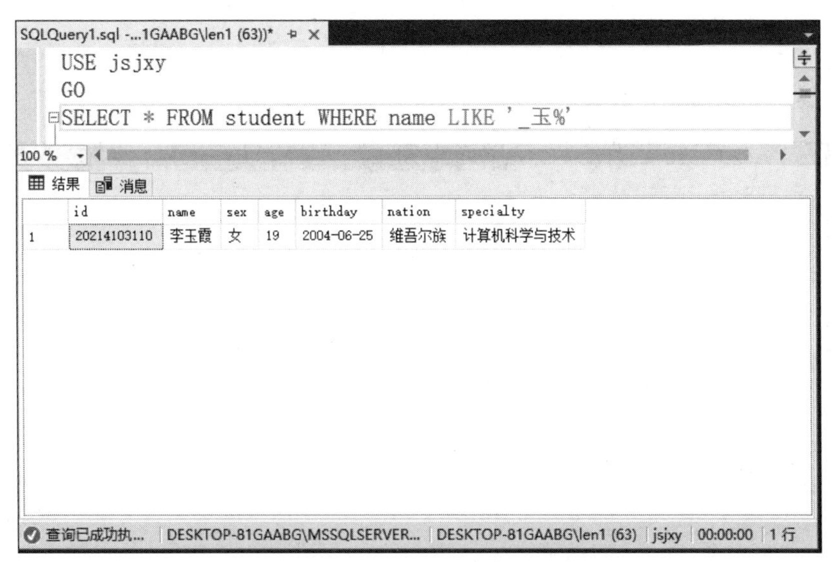

图 10-16　例 10-16 的查询结果

【例 10-17】　查询数据库 jsjxy 中 student 表中姓“刘”和“李”的学生的信息。

```
USE jsjxy
GO
SELECT * FROM student WHERE name LIKE '[刘李]%'
```

查询结果如图 10-17 所示。

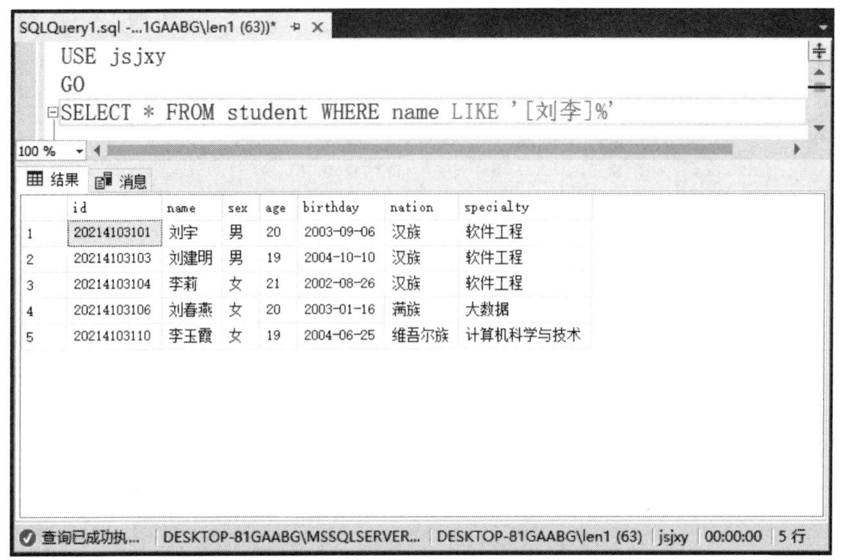

图 10-17 例 10-17 的查询结果

【例 10-18】 查询数据库 jsjxy 中 student 表中不姓“刘”和“李”的学生的信息。

```
USE jsjxy
GO
SELECT * FROM student WHERE name LIKE '[^刘李]%'
```

查询结果如图 10-18 所示。

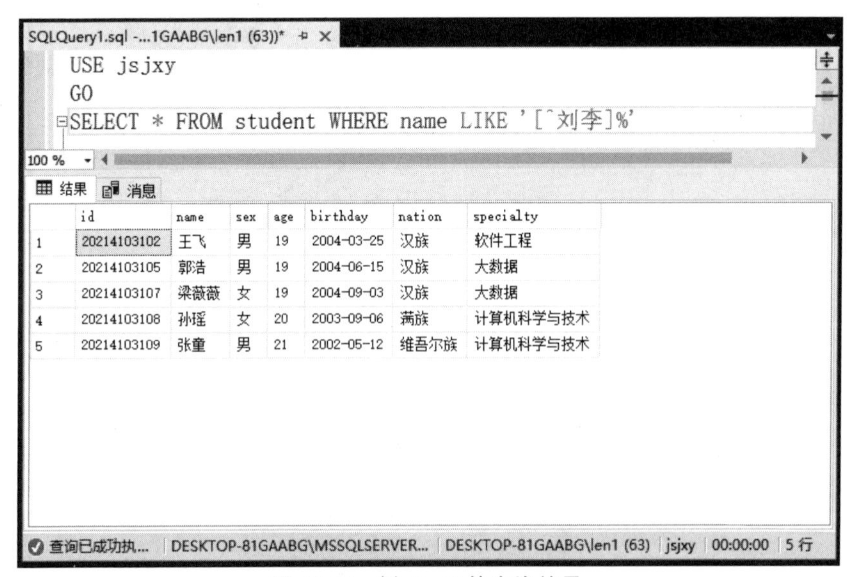

图 10-18 例 10-18 的查询结果

10.2.4 汇总查询

SQL Server 提供了一系列聚合函数。这些函数把存储在数据库中的数据描述为一个整体而不是一行行孤立的记录，通过使用这些函数可以实现数据集合的汇总或是求平均值等各种运算。常用的函数如表 10-2 所示。

表 10-2 常用的函数

函 数 名	功 能
AVG(列名)	返回一个数字列的平均值
COUNT(列名)	返回数字列的项数，返回值为 int 类型
COUNT(*)	返回找到的行数
MAX(列名)	返回列中的最大值
MIN(列名)	返回列中的最小值
SUM(列名)	返回列中所有值的和

【例 10-19】 查询数据库 jsjxy 中 student 表中的总人数。

```
USE jsjxy
GO
SELECT count(id) AS '总人数' FROM student
```

查询结果如图 10-19 所示。

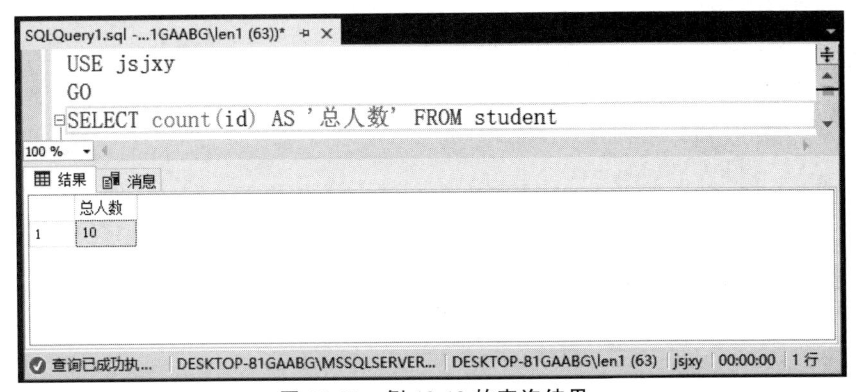

图 10-19 例 10-19 的查询结果

【例 10-20】 查询数据库 jsjxy 中 sc 表中编号为 20003 的课程总分和课程平均分。

```
USE jsjxy
GO
SELECT SUM(score) AS '课程总分',AVG(score) AS '课程平均分'
FROM sc WHERE courseid='20003'
```

查询结果如图 10-20 所示。

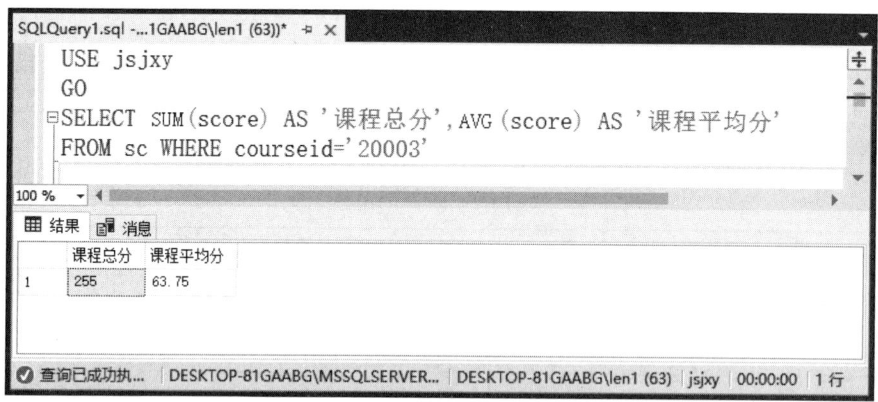

图 10-20　例 10-20 的查询结果

【例 10-21】　查询数据库 jsjxy 中 sc 表中编号为 20003 的课程的最高分和最低分。

```
USE jsjxy
GO
SELECT MAX(score) AS '最高分',MIN(score) AS '最低分'
FROM sc WHERE courseid='20003'
```

查询结果如图 10-21 所示。

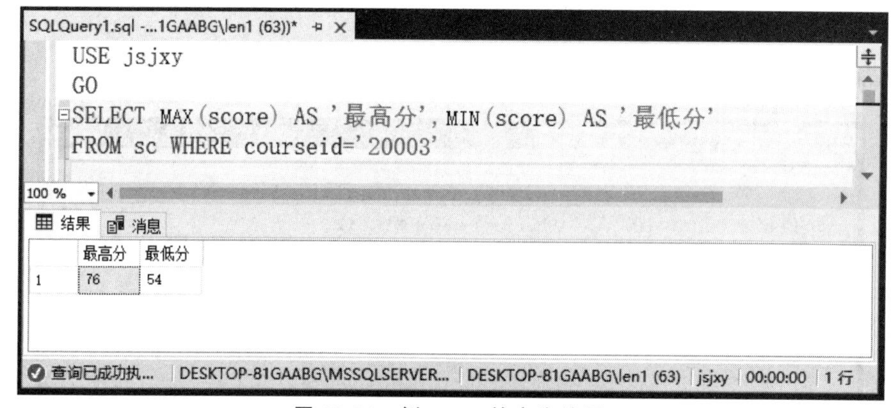

图 10-21　例 10-21 的查询结果

10.3 分组查询

使用聚合函数返回的是所有行数据的统计结果。如果需要按某一列数据的值进行分类，在分类的基础上再进行查询，就要使用 GROUP BY 子句。分组技术是指使用 GROUP BY 子句完成分组操作的技术。

GROUP BY 子句的语法结构如下。

```
[GROUP BY [ALL] group_by_expression [,…n]
[WITH {CUBE|ROLLUP}]]
```

各参数说明如下。

(1) ALL：包含所有的组和结果，甚至包含那些不满足 WHERE 子句指定搜索条件的组和结果。如果指定了 ALL，组中不满足搜索条件的空值也将作为一个组。

(2) group_by_expression：执行分组的表达式，可以是列或引用列的非聚合表达式。

(3) CUBE：除了返回由 GROUP BY 子句指定的列外，还返回按组统计的行，返回的结果先按分组的第一个条件列排序显示，再按第二个条件列排序显示，以此类推，统计行包括了 GROUP BY 子句指定的列的各种组合的数据统计。

(4) ROLLUP：选项只返回最高层的分组列，即第一个分组列的统计数据。

1. 普通分组

【例 10-22】 查询数据库 jsjxy 中 student 表中各专业学生的人数。

```
USE jsjxy
GO
SELECT specialty,COUNT(specialty) AS '人数' FROM student
GROUP BY specialty
```

查询结果如图 10-22 所示。

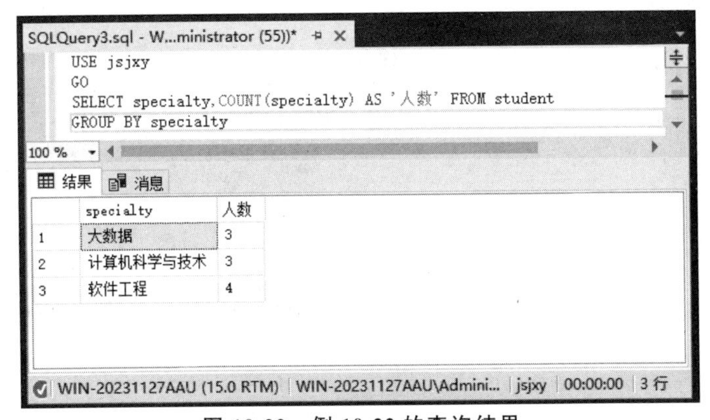

图 10-22　例 10-22 的查询结果

【例 10-23】 查询数据库 jsjxy 中 student 表中各专业男生和女生的人数。

```
USE jsjxy
GO
SELECT specialty,sex,COUNT(specialty) AS '人数' FROM student
GROUP BY specialty,sex
```

查询结果如图 10-23 所示。

使用 GROUP BY 语句时，SELECT 列表中任何非聚合表达式内的所有列都应该包

```
USE jsjxy
GO
SELECT specialty,sex,COUNT(specialty) AS '人数' FROM student
GROUP BY specialty,sex
```

	specialty	sex	人数
1	大数据	男	1
2	计算机科学与技术	男	1
3	软件工程	男	3
4	大数据	女	2
5	计算机科学与技术	女	2
6	软件工程	女	1

图 10-23 例 10-23 的查询结果

含在 GROUP BY 列表中，或者说 GROUP BY 表达式必须与 SELECT 列表表达式完全匹配。

2. 带 HAVING 子句的普通分组查询

完成数据结果的查询和统计后，可以使用 HAVING 关键字来对查询和统计的结果进行进一步筛选。

【例 10-24】 查询数据库 jsjxy 中 sc 表中平均成绩大于 75 的学生的学号和平均成绩。

```
USE jsjxy
GO
SELECT id,AVG(score) AS '平均成绩' FROM sc
GROUP BY id HAVING AVG(score)>=75
```

查询结果如图 10-24 所示。

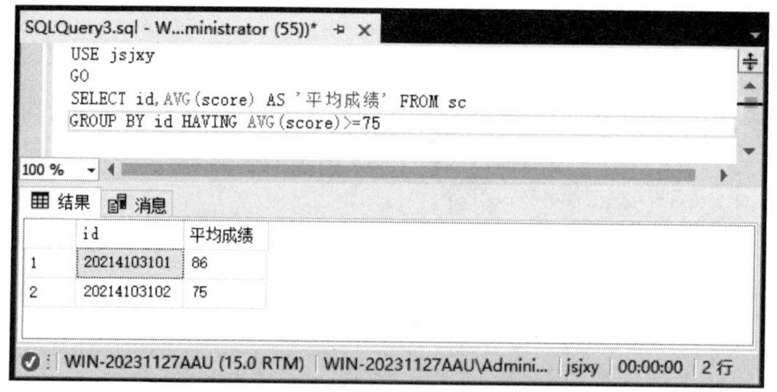

图 10-24 例 10-24 的查询结果

HAVING 与 WHERE 子句的区别是，WHERE 子句对整表中数据筛选满足条件的记录；而 HAVING 子句是对 GROUP BY 分组查询后产生的记录增加条件，筛选出满足条件的记录。HAVING 中条件一般都直接使用聚合函数，WHERE 中条件不能直接使用聚合函数。

3. 带有 CUBE 的分组查询

CUBE 指定在结果集内不仅包含由 GROUP BY 提供的行，还包含汇总行。GROUP BY 汇总行针对每个可能的组和子组组合在结果集内返回。WITH CUBE 汇总行在结果中显示为 NULL，但用来表示所有值。

结果集内的汇总行数取决于 GROUP BY 子句内包含的列数。GROUP BY 子句中的每个操作数(列)绑定在分组 NULL 下，并且分组适用于所有其他操作数(列)。由于 CUBE 返回每个可能的组和子组组合，因此不论在列分组时指定使用什么顺序，行数都相同。

【例 10-25】 查询数据库 jsjxy 中 student 表中各专业男生和女生的人数及学生总人数，标志汇总行。

```
USE jsjxy
GO
SELECT specialty, sex, COUNT(*) AS '人数' FROM student
GROUP BY specialty, sex WITH CUBE
```

查询结果如图 10-25 所示。

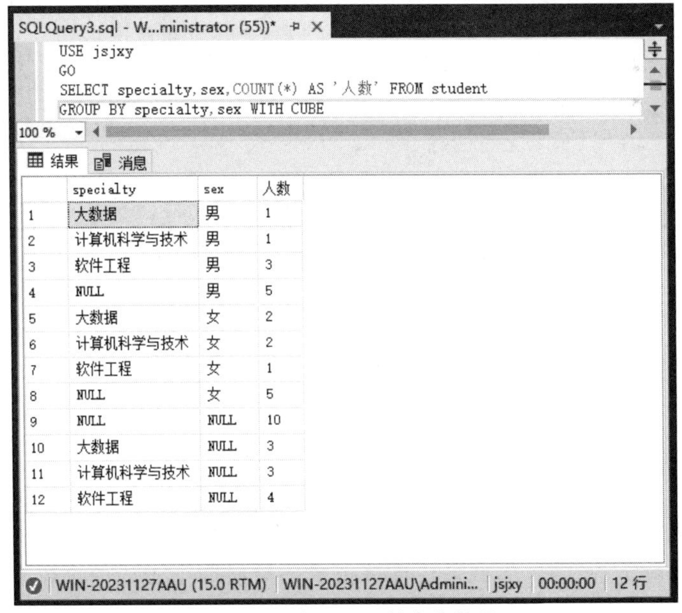

	specialty	sex	人数
1	大数据	男	1
2	计算机科学与技术	男	1
3	软件工程	男	3
4	NULL	男	5
5	大数据	女	2
6	计算机科学与技术	女	2
7	软件工程	女	1
8	NULL	女	5
9	NULL	NULL	10
10	大数据	NULL	3
11	计算机科学与技术	NULL	3
12	软件工程	NULL	4

图 10-25　例 10-25 的查询结果

4. 带有 ROLLUP 的分组查询

ROLLUP 指定在结果集内不仅包含由 GROUP BY 提供的行，还包含汇总行。按层次结构顺序，从组内的最低级别到最高级别汇总组。组的层次结构取决于列分组时指定使用的顺序。更改列分组的顺序会影响在结果集内生成的行数。

使用 CUBE 或 ROLLUP 时，不支持区分聚合，如 AVG(DISTINCT column_name)、COUNT(DISTINCT column_name)和 SUM(DISTINCT column_name)。

【例 10-26】 查询数据库 jsjxy 中 student 表中各专业男生和女生的人数，以及每个专业的总人数和所有学生的总人数。

```
USE jsjxy
GO
SELECT specialty,sex,COUNT(*) AS '人数' FROM student
GROUP BY specialty,sex WITH ROLLUP
```

查询结果如图 10-26 所示。

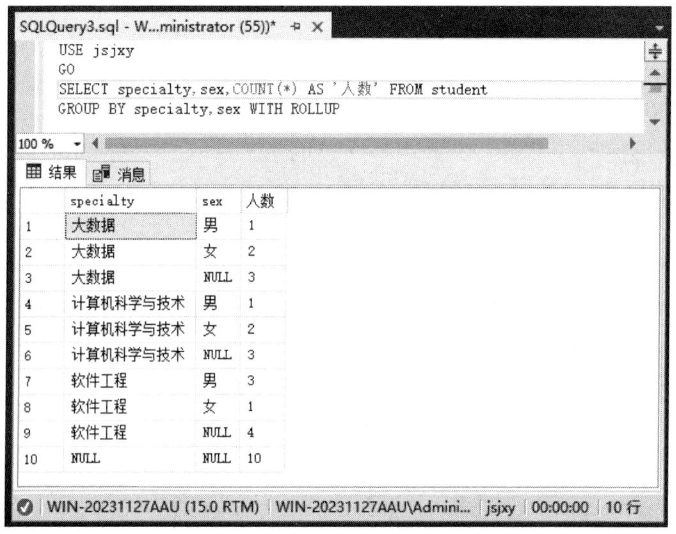

	specialty	sex	人数
1	大数据	男	1
2	大数据	女	2
3	大数据	NULL	3
4	计算机科学与技术	男	1
5	计算机科学与技术	女	2
6	计算机科学与技术	NULL	3
7	软件工程	男	3
8	软件工程	女	1
9	软件工程	NULL	4
10	NULL	NULL	10

图 10-26 例 10-26 的查询结果

10.4 连接查询

前面所做的查询大多是对单个表进行的查询，而在数据库的应用中，经常需要从多个相关的表中查询数据，这就需要使用连接查询。

实现从两个或两个以上表中检索数据且结果集中出现的列来自两个或两个以上表中的检索操作被称为连接技术，或者说连接技术是指对两个表或两个以上表中数据执行乘积运算的技术。

在 SQL Server 2019 系统中，这种连接操作又分为内连接、自连接、外连接和交叉连接。

10.4.1 内连接

内连接(INNER JOIN)是组合两个表的常用方法,它将两个表中的列进行比较,将两个表中满足连接条件的行组合起来生成第3个表,仅包含那些满足连接条件的数据行。在内连接中,使用 INNER JOIN 连接运算符,并且使用 ON 关键字指定连接条件。

内连接是一种常用的连接方式,如果在 JOIN 关键字前面没有明确指定连接类型,那么默认的连接类型是内连接。内连接的语法格式如下。

```
SELECT 列 FROM 表 1 INNER JOIN 表 2
ON 连接条件
```

或

```
SELECT 列 FROM 表 1,表 2
WHERE 连接条件
```

【例 10-27】 查询数据库 jsjxy 中每个学生的姓名、课程名和成绩。

```
USE jsjxy
GO
SELECT name,coursename,score FROM student INNER JOIN sc ON student.id=sc.id
INNER JOIN
course ON course.courseid=sc.courseid
```

也可以利用下面的语法格式来完成。

```
USE jsjxy
GO
SELECT name,coursename,score FROM student,course,sc WHERE student.id=sc.id
AND course.courseid=sc.courseid
```

查询结果如图 10-27 所示。

10.4.2 自连接

自连接就是一个表与它自身的不同行进行连接。因为表名要在 FROM 子句中出现两次,所以需要对表指定两个别名,使之在逻辑上成为两张表。

【例 10-28】 查询数据库 jsjxy 中同名的学生的信息。

把 student 表中学号为 20214103102 的学生的姓名改为和 20214103101 的学生的姓名相同。

```
USE jsjxy
GO
SELECT a.* FROM student a,student b
WHERE a.id<>b.id AND a.name=b.name
```

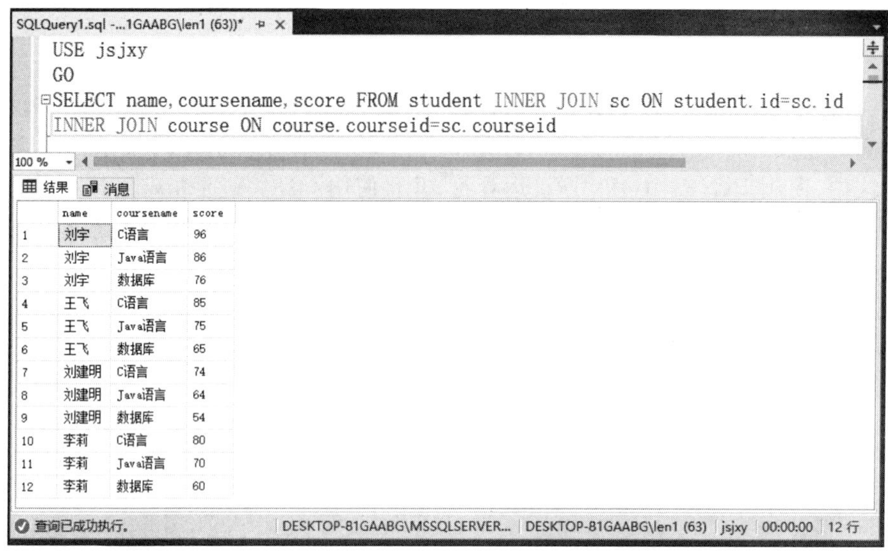

图 10-27　例 10-27 的查询结果

查询结果如图 10-28 所示。

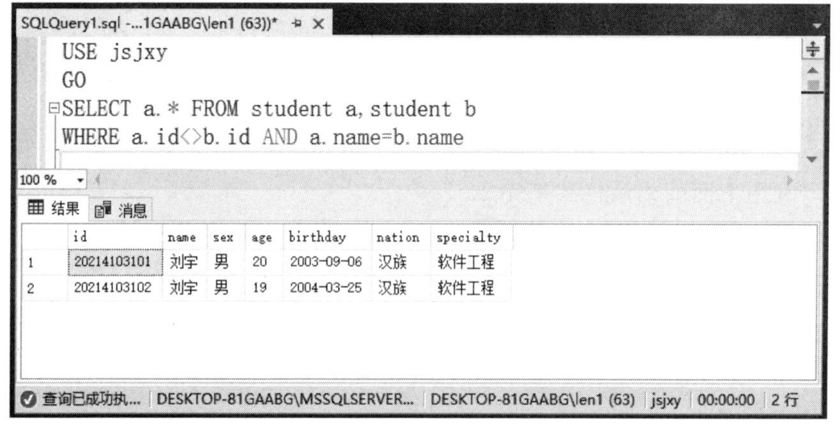

图 10-28　例 10-28 的查询结果

10.4.3 外连接

在内连接中，只有在两个表中匹配的记录才能在结果集中出现。而外连接(OUTER JOIN)只限制一个表，而对另外一个表不加限制(即所有的行都出现在结果集中)。

外连接分为左外连接(LEFT [OUTER] JOIN)、右外连接(RIGHT [OUTER] JOIN)和全外连接(FULL [OUTER] JOIN)。括号中为使用 FROM 子句定义外连接的关键字，使用中可以省略 OUTER。

1. 左外连接

左外连接对左边的表不加限制。左外连接语法格式如下。

```
SELECT 列名 FROM 左表名 LEFT [OUTER] JOIN 右表名 ON 连接条件
```

【例 10-29】 查询数据库 jsjxy 中每个学生及其选修课程的成绩情况（含未选课的学生信息）。

```
USE jsjxy
GO
SELECT student.*, courseid, score FROM student LEFT JOIN sc ON student.id=
sc.id
```

查询结果如图 10-29 所示。

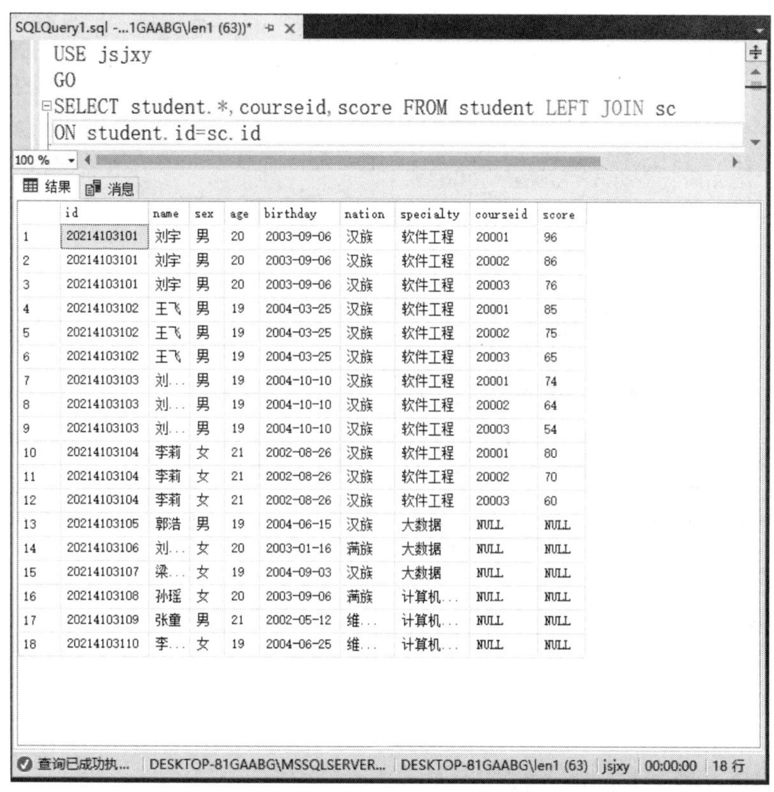

	id	name	sex	age	birthday	nation	specialty	courseid	score
1	20214103101	刘宇	男	20	2003-09-06	汉族	软件工程	20001	96
2	20214103101	刘宇	男	20	2003-09-06	汉族	软件工程	20002	86
3	20214103101	刘宇	男	20	2003-09-06	汉族	软件工程	20003	76
4	20214103102	王飞	男	19	2004-03-25	汉族	软件工程	20001	85
5	20214103102	王飞	男	19	2004-03-25	汉族	软件工程	20002	75
6	20214103102	王飞	男	19	2004-03-25	汉族	软件工程	20003	65
7	20214103103	刘...	男	19	2004-10-10	汉族	软件工程	20001	74
8	20214103103	刘...	男	19	2004-10-10	汉族	软件工程	20002	64
9	20214103103	刘...	男	19	2004-10-10	汉族	软件工程	20003	54
10	20214103104	李莉	女	21	2002-08-26	汉族	软件工程	20001	80
11	20214103104	李莉	女	21	2002-08-26	汉族	软件工程	20002	70
12	20214103104	李莉	女	21	2002-08-26	汉族	软件工程	20003	60
13	20214103105	郭浩	男	19	2004-06-15	汉族	大数据	NULL	NULL
14	20214103106	刘...	女	20	2003-01-16	满族	大数据	NULL	NULL
15	20214103107	梁...	女	19	2004-09-03	汉族	大数据	NULL	NULL
16	20214103108	孙瑶	女	20	2003-09-06	满族	计算机...	NULL	NULL
17	20214103109	张童	男	21	2002-05-12	维...	计算机...	NULL	NULL
18	20214103110	李...	女	19	2004-06-25	维...	计算机...	NULL	NULL

图 10-29　例 10-29 的查询结果

2. 右外连接

右外连接对右边的表不加限制。右外连接语法格式如下。

```
SELECT 列名 FROM 左表名 RIGHT [OUTER] JOIN 右表名 ON 连接条件
```

【例 10-30】 查询数据库 jsjxy 中每门课的课程号、课程名以及选修这门课的学号（包括未被选修的课程信息）。

```
USE jsjxy
GO
SELECT id,sc.courseid,coursename FROM sc RIGHT JOIN course ON
sc.courseid=course.courseid
```

查询结果如图 10-30 所示。

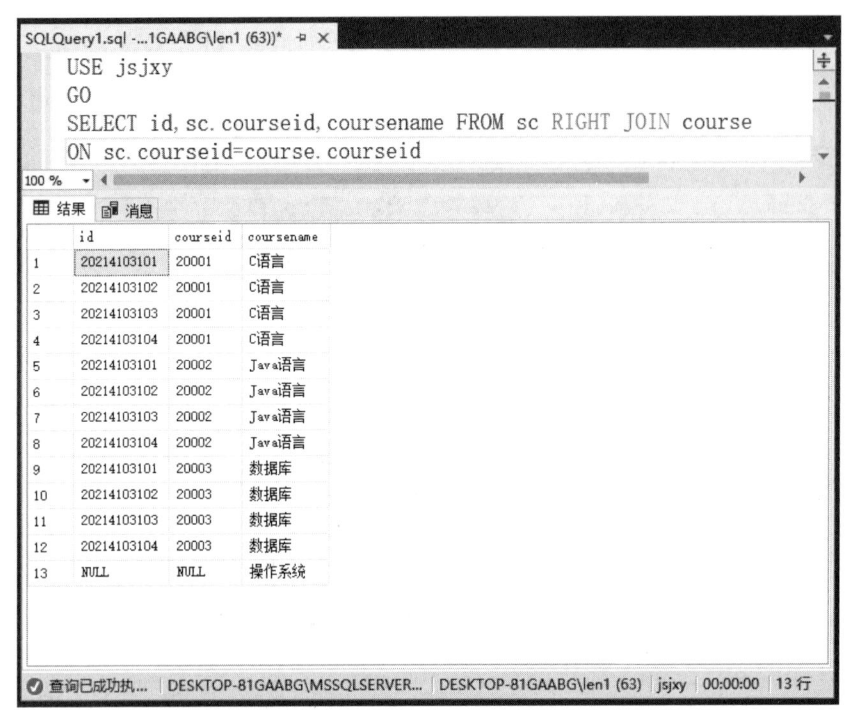

	id	courseid	coursename
1	20214103101	20001	C语言
2	20214103102	20001	C语言
3	20214103103	20001	C语言
4	20214103104	20001	C语言
5	20214103101	20002	Java语言
6	20214103102	20002	Java语言
7	20214103103	20002	Java语言
8	20214103104	20002	Java语言
9	20214103101	20003	数据库
10	20214103102	20003	数据库
11	20214103103	20003	数据库
12	20214103104	20003	数据库
13	NULL	NULL	操作系统

图 10-30　例 10-30 的查询结果

3. 全外连接

全外连接对两个表都不加限制,即两个表中所有的行都会出现在结果集中。全外连接语法格式如下。

```
SELECT 列名 FROM 左表名 FULL [OUTER] JOIN 右表名 ON 连接条件
```

【例 10-31】 查询数据库 jsjxy 中每个学生及其选修课程的情况(含未选课的学生信息及未被选修的课程信息)。

```
USE jsjxy
GO
SELECT student.id,name,course.*,score FROM student FULL JOIN sc ON
student.id=sc.id
FULL JOIN course ON course.courseid=sc.courseid
```

查询结果如图 10-31 所示。

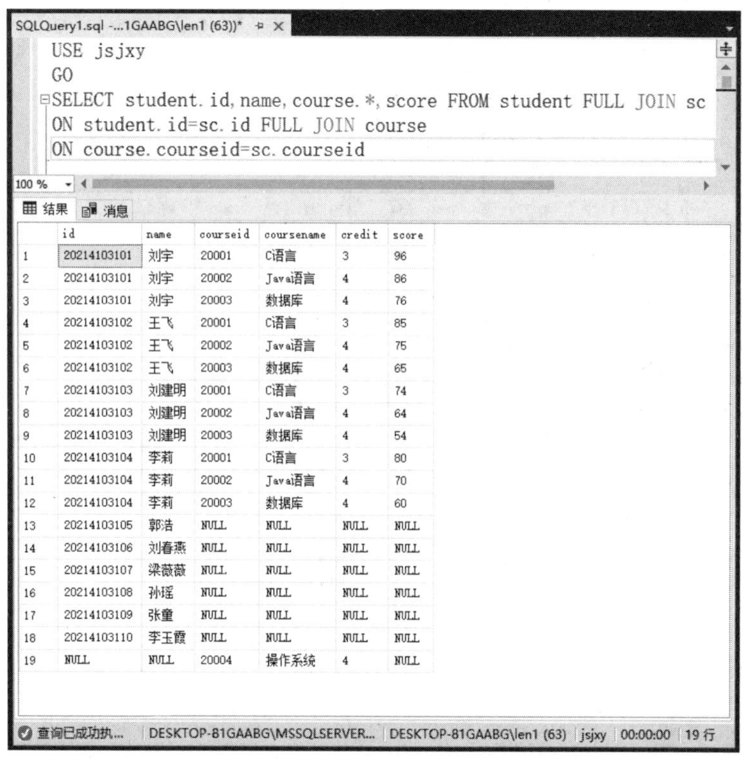

	id	name	courseid	coursename	credit	score
1	20214103101	刘宇	20001	C语言	3	96
2	20214103101	刘宇	20002	Java语言	4	86
3	20214103101	刘宇	20003	数据库	4	76
4	20214103102	王飞	20001	C语言	3	85
5	20214103102	王飞	20002	Java语言	4	75
6	20214103102	王飞	20003	数据库	4	65
7	20214103103	刘建明	20001	C语言	3	74
8	20214103103	刘建明	20002	Java语言	4	64
9	20214103103	刘建明	20003	数据库	4	54
10	20214103104	李莉	20001	C语言	3	80
11	20214103104	李莉	20002	Java语言	4	70
12	20214103104	李莉	20003	数据库	4	60
13	20214103105	郭浩	NULL	NULL	NULL	NULL
14	20214103106	刘春燕	NULL	NULL	NULL	NULL
15	20214103107	梁薇薇	NULL	NULL	NULL	NULL
16	20214103108	孙瑶	NULL	NULL	NULL	NULL
17	20214103109	张童	NULL	NULL	NULL	NULL
18	20214103110	李玉霞	NULL	NULL	NULL	NULL
19	NULL	NULL	20004	操作系统	4	NULL

图 10-31　例 10-31 的查询结果

10.4.4　交叉连接

交叉连接(CROSS JOIN)又称为非限制连接,它将两个表不加任何约束地组合起来。在数学上,就是两个表的笛卡儿积。交叉连接后得到的结果集的行数是两个被连接表的行数的乘积。交叉连接只用于测试一个数据库的执行效率,在实际应用中是无意义的。

语法格式如下。

```
SELECT 列名 FROM 表 1 CROSS JOIN 表 2
```

【例 10-32】　查询数据库 jsjxy 中学生表和课程表的所有组合。

```
USE jsjxy
GO
SELECT * FROM student CROSS JOIN course
```

查询结果如图 10-32 所示。

SQLQuery1.sql -...1GAABG\len1 (63))*

```
USE jsjxy
GO
SELECT * FROM student CROSS JOIN course
```

100 %

结果 消息

	id	name	sex	age	birthday	nation	specialty	courseid	coursename	credit
1	20214103101	刘宇	男	20	2003-09-06	汉族	软件工程	20001	C语言	3
2	20214103102	王飞	男	19	2004-03-25	汉族	软件工程	20001	C语言	3
3	20214103103	刘建明	男	19	2004-10-10	汉族	软件工程	20001	C语言	3
4	20214103104	李莉	女	21	2002-08-26	汉族	软件工程	20001	C语言	3
5	20214103105	郭浩	男	19	2004-06-15	汉族	大数据	20001	C语言	3
6	20214103106	刘春燕	女	20	2003-01-16	满族	大数据	20001	C语言	3
7	20214103107	梁薇薇	女	19	2004-09-03	汉族	大数据	20001	C语言	3
8	20214103108	孙瑶	女	20	2003-09-06	满族	计算机科学与技术	20001	C语言	3
9	20214103109	张童	男	21	2002-05-12	维吾尔族	计算机科学与技术	20001	C语言	3
10	20214103110	李玉霞	女	19	2004-06-25	维吾尔族	计算机科学与技术	20001	C语言	3
11	20214103101	刘宇	男	20	2003-09-06	汉族	软件工程	20002	Java语言	4
12	20214103102	王飞	男	19	2004-03-25	汉族	软件工程	20002	Java语言	4
13	20214103103	刘建明	男	19	2004-10-10	汉族	软件工程	20002	Java语言	4
14	20214103104	李莉	女	21	2002-08-26	汉族	软件工程	20002	Java语言	4
15	20214103105	郭浩	男	19	2004-06-15	汉族	大数据	20002	Java语言	4
16	20214103106	刘春燕	女	20	2003-01-16	满族	大数据	20002	Java语言	4
17	20214103107	梁薇薇	女	19	2004-09-03	汉族	大数据	20002	Java语言	4
18	20214103108	孙瑶	女	20	2003-09-06	满族	计算机科学与技术	20002	Java语言	4
19	20214103109	张童	男	21	2002-05-12	维吾尔族	计算机科学与技术	20002	Java语言	4
20	20214103110	李玉霞	女	19	2004-06-25	维吾尔族	计算机科学与技术	20002	Java语言	4
21	20214103101	刘宇	男	20	2003-09-06	汉族	软件工程	20003	数据库	4
22	20214103102	王飞	男	19	2004-03-25	汉族	软件工程	20003	数据库	4
23	20214103103	刘建明	男	19	2004-10-10	汉族	软件工程	20003	数据库	4

查询已成功执行。 | DESKTOP-81GAABG\MSSQLSERVER... | DESKTOP-81GAABG\len1 (63) | jsjxy | 00:00:00 | 40 行

图 10-32 例 10-32 的查询结果

10.5 子 查 询

在实际应用中，经常有一些 SELECT 语句需要使用其他 SELECT 语句的查询结果，此时需要子查询。

子查询就是嵌套在另一个查询语句的查询语句，因此，子查询也称为嵌套查询。外部的 SELECT 语句称为父查询，内部的 SELECT 语句称为子查询。子查询的结果将作为父查询的参数，这种关系就好像是函数调用嵌套，将嵌套函数的返回值作为调用函数的参数。

虽然子查询和连接可能都要查询多个表，但子查询和连接不同。子查询是一个更为复杂的查询，因为子查询的父查询可以是多种 T-SQL 语句，而且实现子查询有多种途径。使用子查询获得的结果完全可以使用多个 T-SQL 语句分开执行。可以将多个简单的查询语句连接在一起，构成一个复杂的查询。

10.5.1 无关子查询

无关子查询指的是在父查询之前执行，然后返回数据供父查询使用，它和父查询的联系仅此而已。无关子查询中不包括父查询的任何引用。

1. 使用比较运算符的子查询

使用子查询进行比较测试时，一般会用到等于（=）、不等于（<>）、小于（<）、大于（>）、小于或等于（<=）、大于或等于（>=）等比较运算符，将一个表达式的值与子查询返回的单值比较，如果比较运算的结果为 TRUE，则比较测试也返回 TRUE。

【例 10-33】 查询数据库 jsjxy 中与刘宇相同年龄的学生的信息。

```
USE jsjxy
GO
SELECT * FROM student
WHERE age= (SELECT age FROM student WHERE name='刘宇')
```

查询结果如图 10-33 所示。

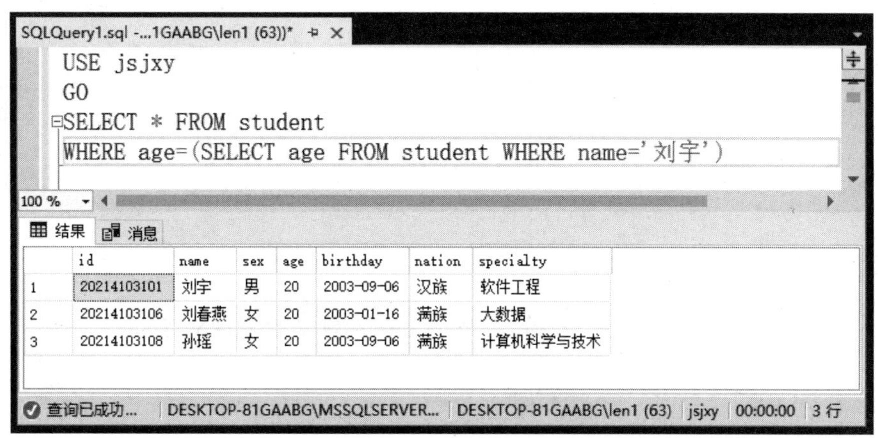

图 10-33 例 10-33 的查询结果

2. 使用 IN、SOME、ANY、ALL 等关键字的子查询

ANY 或 ALL 关键字必须与比较运算符联合使用。它们测试比较值是否与子查询所返回的全部或一部分值匹配。例如，如果比较值小于或等于子查询返回的每个值，<=ALL将是 TRUE；只要比较值小于或等于子查询所返回的任何一个值，<=ANY 将是 TRUE。SOME 和 ANY 是同义的。IN 和"=ANY"，NOT IN 和"<>ANY"是同义的。

【例 10-34】 查询数据库 jsjxy 中选修了 20001 课程的学生的学号和姓名。

```
USE jsjxy
GO
SELECT id,name FROM student
WHERE id IN (SELECT id FROM sc WHERE courseid='20001')
```

查询结果如图 10-34 所示。

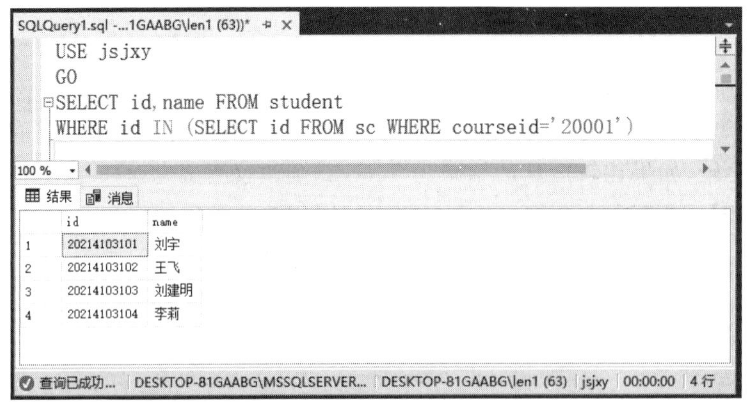

图 10-34 例 10-34 的查询结果

【例 10-35】 查询数据库 jsjxy 中与软件工程专业学生同民族的学生的信息。

```
USE jsjxy
GO
SELECT * FROM student WHERE nation=ANY
(SELECT nation FROM student WHERE specialty='软件工程') AND specialty<>'软件工
程'
```

查询结果如图 10-35 所示。

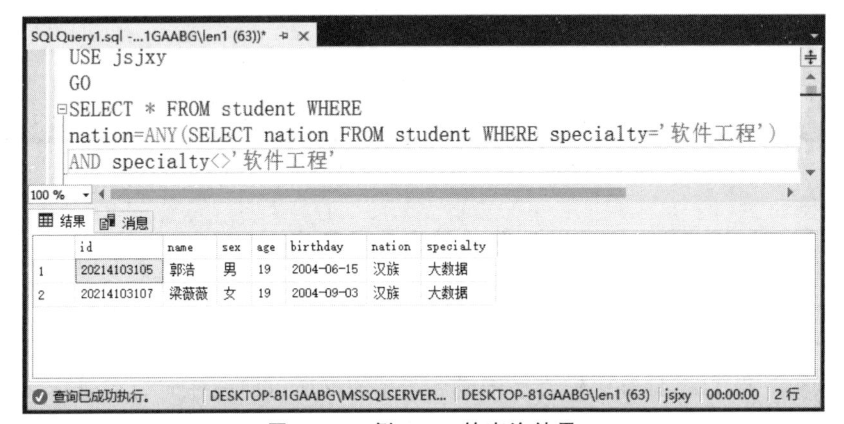

图 10-35 例 10-35 的查询结果

【例 10-36】 查询数据库 jsjxy 中软件工程专业年龄最大的学生的信息。

```
USE jsjxy
GO
SELECT * FROM student
WHERE age>=ALL(SELECT age FROM student WHERE specialty='软件工程')
AND specialty='软件工程'
```

查询结果如图 10-36 所示。

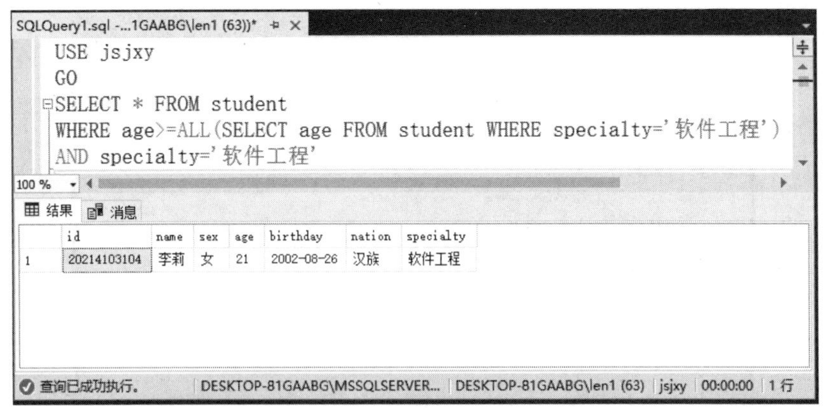

图 10-36 例 10-36 的查询结果

10.5.2 相关子查询

在相关子查询中，子查询的执行依赖于外部查询，多数情况下是子查询的 WHERE 子句中引用了外部查询的表。

相关子查询的执行过程与嵌套子查询完全不同，嵌套子查询中子查询只执行一次，而相关子查询中的子查询需要重复地执行

相关子查询的执行过程如下。

(1) 子查询为外部查询的每一行执行一次，外部查询将子查询引用的列的值传给子查询。

(2) 如果子查询的任何行与其匹配，外部查询就返回结果行。

(3) 再回到第(1)步，直到处理完外部表的每一行。

1. 使用比较运算符的子查询

【例 10-37】 查询数据库 jsjxy 中成绩比该课的平均成绩低的学生的学号、课程号、成绩。

```
USE jsjxy
GO
SELECT id,courseid,score FROM sc a
WHERE score<(SELECT AVG(score) FROM sc b WHERE a.courseid=b.courseid)
```

查询结果如图 10-37 所示。

2. 带有 EXISTS 的子查询

使用子查询进行存在性测试时，通过逻辑运算符 EXISTS 或 NOT EXISTS，检查子查询所返回的结果集是否有行存在。使用逻辑运算符 EXISTS 时，如果在子查询的结果集内包含有一行或多行，则存在性测试返回 TRUE；如果该结果集内不包含任何行，则存在性测试返回 FALSE。在 EXISTS 前面加上 NOT 时，将对存在性测试结果取反。

```
USE jsjxy
GO
SELECT id,courseid,score FROM sc a
WHERE score<(SELECT AVG(score) FROM sc b WHERE a.courseid=b.courseid)
```

	id	courseid	score
1	20214103103	20001	74
2	20214103104	20001	80
3	20214103104	20002	70
4	20214103103	20002	64
5	20214103103	20003	54
6	20214103104	20003	60

图 10-37 例 10-37 的查询结果

带有 EXISTS 的子查询不返回任何数据，只产生逻辑真值 TRUE 或逻辑假值 FALSE。

【例 10-38】 查询数据库 jsjxy 中所有选修了 20001 课程的学生姓名。

```
USE jsjxy
GO
SELECT name FROM student
WHERE EXISTS(SELECT * FROM sc WHERE id=student.id AND courseid='20001')
```

查询结果如图 10-38 所示。

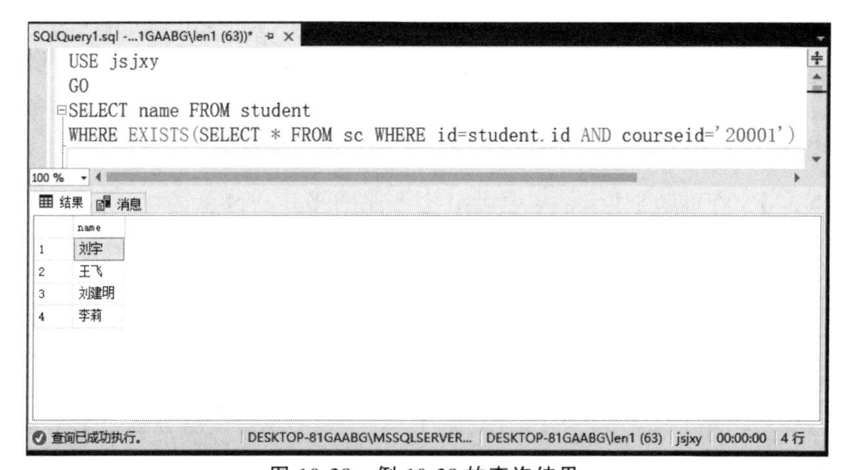

图 10-38 例 10-38 的查询结果

【例 10-39】 查询数据库 jsjxy 中哪些学生没有选课，列出学生姓名。

```
USE jsjxy
GO
SELECT name FROM student
WHERE NOT EXISTS(SELECT * FROM sc WHERE id=student.id)
```

查询结果如图 10-39 所示。

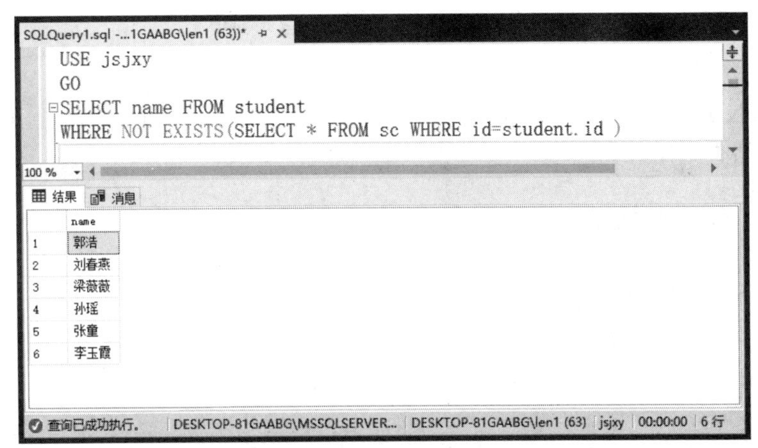

图 10-39 例 10-39 的查询结果

【例 10-40】 查询数据库 jsjxy 中哪些课程没有学生选修,列出课程名、课程号。

```
USE jsjxy
GO
SELECT courseid,coursename FROM course
WHERE NOT EXISTS(SELECT * FROM sc WHERE courseid=course.courseid)
```

查询结果如图 10-40 所示。

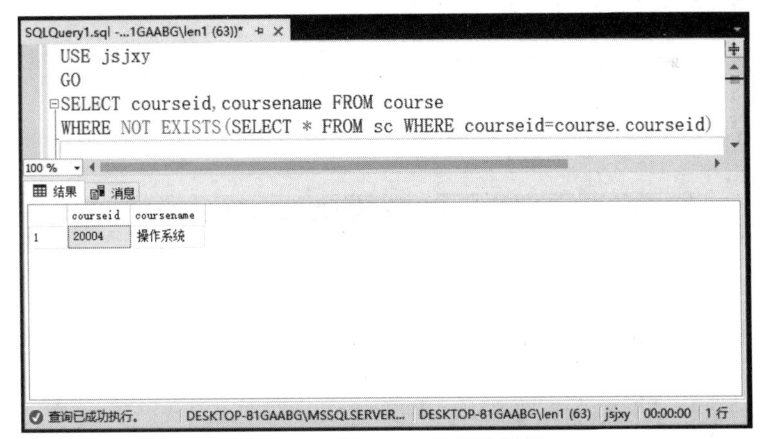

图 10-40 例 10-40 的查询结果

由 EXISTS 引出的子查询,其目标属性列表达式一般用 * 表示,因为带 EXISTS 的子查询只返回真值或假值,给出列名无实际意义。若内层子查询结果非空,则外层的 WHERE 子句条件为真(TRUE),否则为假(FALSE)。

10.6 其他查询

查询中还有一些其他关键字，本节介绍对查询结果进行排序，对查询结果进行集合操作以及存储查询结果。

10.6.1 查询结果排序

在使用 SELECT 语句时，排序是一种常见的操作。

排序是指按照指定的列或其他表达式对结果集进行排列顺序的方式。SELECT 语句中的 ORDER BY 子句负责完成排序操作，其语法格式如下。

```
[ORDER BY {order_by_expression[ASC|DESC]}[,…n ]]
```

各参数说明如下。

(1) order_by_expression：指定要排序的列，可以指定多个列。在 ORDER BY 子句中不能使用 ntext、text 和 image 列。

(2) ASC 表示升序，DESC 表示降序，默认情况下是升序。

【例 10-41】 查询数据库 jsjxy 中 sc 表中学生的学号和成绩，并按照成绩的降序和学号的升序排序。

```
USE jsjxy
GO
SELECT id,score FROM sc ORDER BY score DESC,id ASC
```

查询结果如图 10-41 所示。

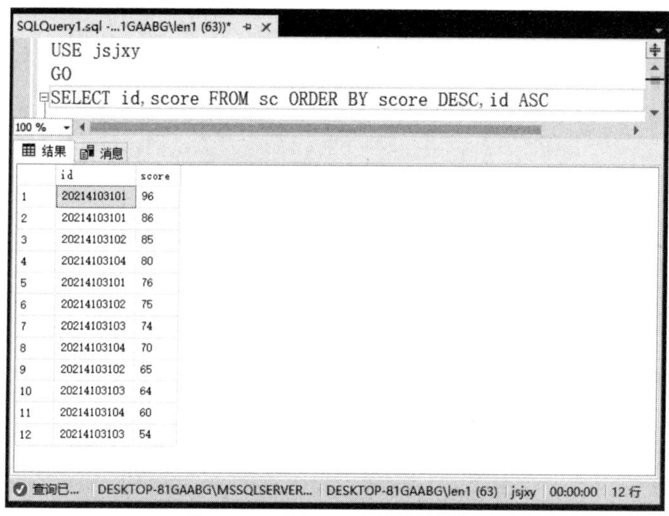

图 10-41 例 10-41 的查询结果

【例 10-42】 查询数据库 jsjxy 中年龄最大的两个学生的信息。

```
USE jsjxy
GO
SELECT TOP 2 * FROM student ORDER BY age DESC
```

查询结果如图 10-42 所示。

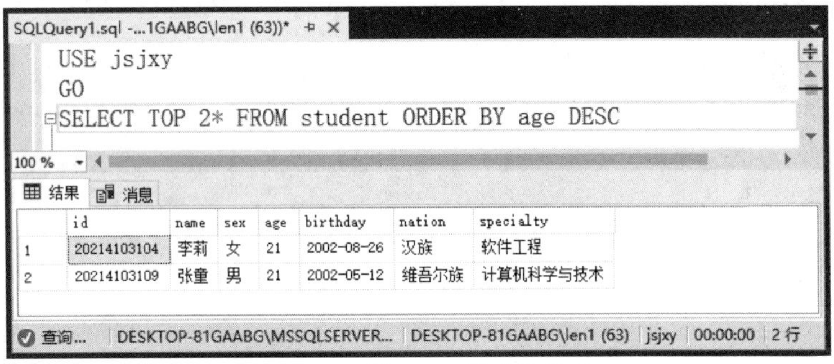

图 10-42　例 10-42 的查询结果

10.6.2 集合操作

SELECT 查询操作的对象是集合,结果也是集合。T-SQL 提供了 UNION、EXCEPT 和 INTERSECT 三种集合操作。

1. UNION 集合操作

UNION 将两个或更多查询的结果合并为单个结果集,该结果集包含联合查询中的所有查询的数据。UNION 运算不同于连接查询,UNION 合并两个查询结果集的基本规则如下。

(1) 所有查询中的列数和列的顺序必须相同。

(2) 数据类型必须兼容。

语法格式如下。

```
{<query specification>|(<query expression>)}
UNION [ALL] <query specification|(<query expression>)
[UNION [ALL] <query specification|(<query expression>) [ …n ]]
```

各参数说明如下。

(1) <query specification>|(<query expression>):参与查询的 SELECT 语句。

(2) ALL:在结果中包含所有的行,包括重复行。如果没有指定,则删除重复行。

UNION 集合合并是将多个 SELECT 查询结果合并,参数 ALL 将全部行并入结果中,其中包含重复行。如果未指定,则删除重复行。

【例 10-43】 查询数据库 jsjxy 中选修了课程 20001 或者课程 20002 的学生的姓名。

```
USE jsjxy
GO
SELECT name FROM student,sc WHERE student.id=sc.id AND courseid='20001' UNION
SELECT name FROM student,sc WHERE student.id=sc.id AND courseid='20002'
```

查询结果如图 10-43 所示。

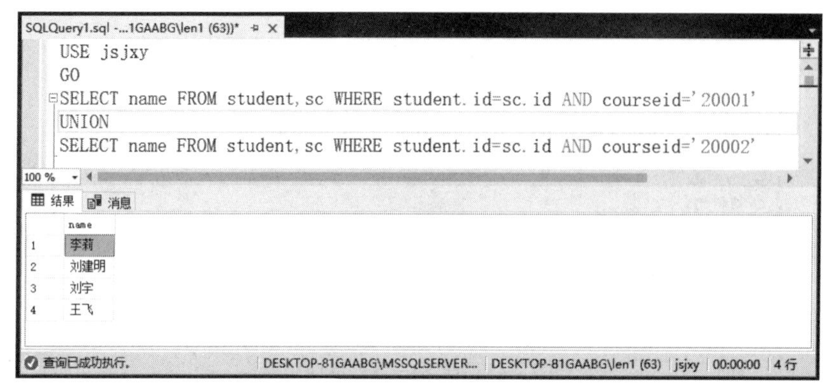

图 10-43 例 10-43 的查询结果

2. EXCEPT 和 INTERSECT 集合操作

EXCEPT 和 INTERSECT 比较两个查询的结果，返回非重复值。EXCEPT 从左查询中返回右查询没有找到的所有非重复值。INTERSECT 返回 INTERSECT 操作数左右两边的两个查询都返回的所有非重复值。EXCEPT 和 INTERSECT 的两个查询的结果集基本规则如下。

(1) 所有查询中的列数和顺序必须相同。

(2) 数据类型必须兼容。

语法格式如下。

```
{<query specification>|(<query expression>)}
{EXCEPT|INTERSECT}
{<query specification>|(<query expression>)}
```

【例 10-44】 查询数据库 jsjxy 中大数据专业没有选修 Java 语言课程的学生的学号和姓名。

```
USE jsjxy
GO
SELECT id,name FROM student WHERE specialty='大数据'
EXCEPT
SELECT student.id,name FROM student,sc WHERE student.id=sc.id
AND specialty='大数据'
AND courseid=(SELECT courseid FROM course WHERE coursename='Java 语言')
```

查询结果如图 10-44 所示。

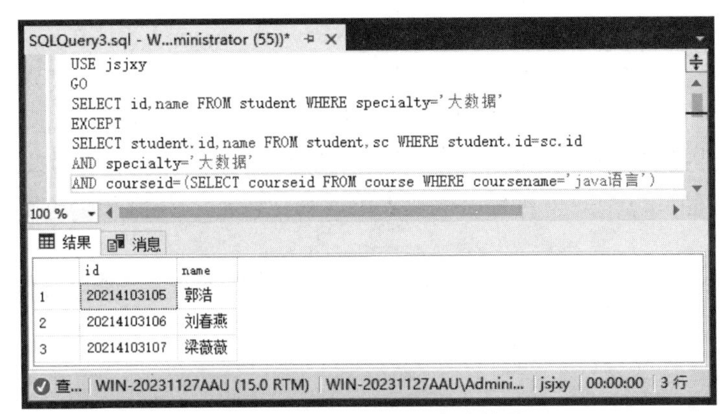

图 10-44　例 10-44 的查询结果

【例 10-45】　查询数据库 jsjxy 中既选修了 20001 又选修了 20002 课程的学生的学号。

```
USE jsjxy
GO
SELECT id FROM sc WHERE courseid='20001'
INTERSECT
SELECT id FROM sc WHERE courseid='20002'
```

查询结果如图 10-45 所示。

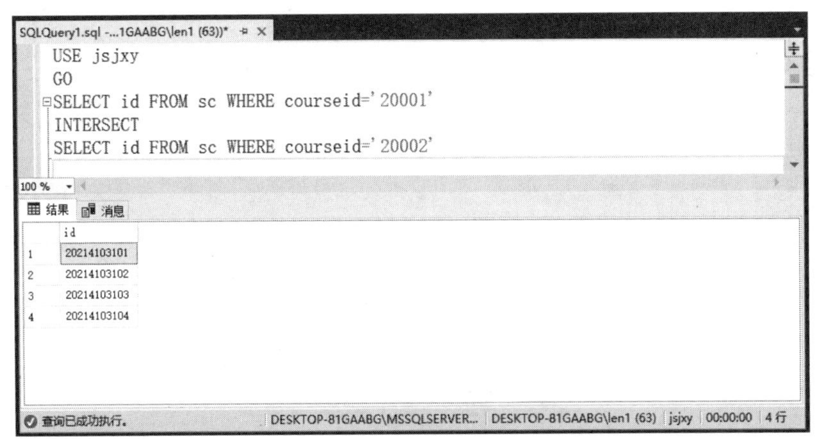

图 10-45　例 10-45 的查询结果

10.6.3　存储查询结果

一般情况下，SELECT 查询结果只是输出结果集，并不将数据添加到表中。但 T-SQL 提供了 INTO 关键字，可以将查询结果添加到新表中存储。

语法格式如下。

```
SELECT select_list INTO new_table
FROM table_sourse
[WHERE search_condition]
```

根据选择列表中的列和 WHERE 子句选择的行，指定要创建的新表名。new_table 的格式通过对选择列表中的表达式进行取值来确定。new_table 中的列按选择列表指定顺序创建。new_table 中的每列与选择列表中的相应表达式具有相同的名称、数据类型和值。

【例 10-46】 查询数据库 jsjxy 中学生的学号、姓名、课程号、课程名和成绩，然后插入新表 s 中。

```
USE jsjxy
GO
SELECT student.id,name,course.courseid,coursename,score
INTO s
FROM student,course,sc
WHERE student.id=sc.id AND course.courseid=sc.courseid
```

查询结果如图 10-46 所示。

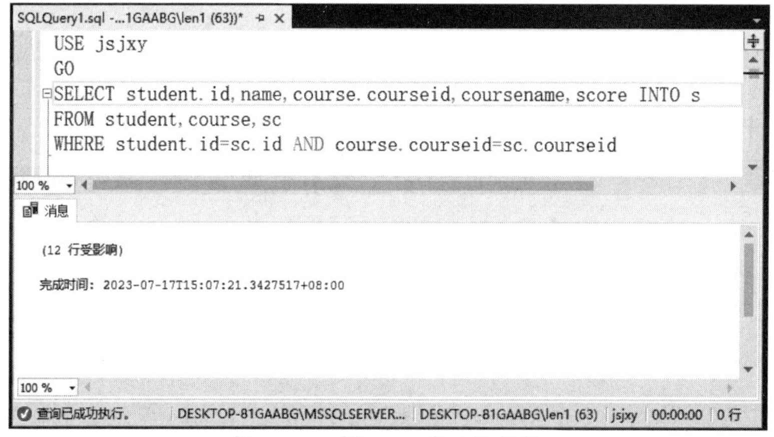

图 10-46　例 10-46 的查询结果

习　题

一、选择题

1. 在 SQL Server 中，对于某语句的条件 WHERE name LIKE '[王张李]小%'，将筛选出的值是(　　)。

A. 李晓霞　　B. 王丽丽　　C. 张小名　　D. 王大民

2. 如果要查询比某个子集中最小值都大的所有记录，在 WHERE 子句中应使用(　　)

运算符。

A. ＞ANY　　B. ＞ALL　　C. ＜ANY　　D. ＜ALL

3. 对结果集的记录进行排序，升序排列用到的关键字是(　　)。

A. ASC　　B. ACS　　C. DESC　　D. DSEC

4. 在 T-SQL 语句中，可以匹配任何单个字符的通配符是(　　)。

A. _　　B. %　　C. ?　　D. ^

5. 对数据进行统计时，求最小值的函数是(　　)。

A. MAX　　B. COUNT　　C. MIN　　D. SUM

6. 交叉连接用到的关键字是(　　)。

A. CROSS JOIN　　B. INNER JOIN

C. LEFT JOIN　　D. OUTTER JOIN

7. 查询表中前 50%的数据，下列语法结果正确的是(　　)。

A. SELECT TOP 50 PERCENT * FROM 课程

B. SELECT TOP 50 PERCENT FROM 课程

C. SELECT TOP 50 * FROM 课程

D. SELECT TOP 50 * PERCENT FROM 课程

二、填空题

1. 若要把查询结果存放到一个新建的表中，可使用(　　)子句。

2. 可以使用关键字(　　)查询某个范围内的数据，它的效果可以由＞＝和＜＝来代替。

3. 在 SELECT 语句中，限制查询结果中不能出现重复数据的关键字为(　　)。

4. 在 SELECT 语句中，用于指定查询结果中返回前 n 行用到的关键字为(　　)。

5. 子查询的条件依赖于父查询，这类查询称为(　　)。

6. 在 SQL 语句中，对输出结果排序的语句是(　　)。

7. 分组查询时，结果集中不仅包含有 GROUP BY 提供的行，还要包含“最高层”的分组条件返回的汇总行使用的关键字为(　　)。

第11章 chapter 11

视图和索引

本章学习重点：

- 视图的操作。
- 索引的操作。

视图是指计算机数据库中的视图，是一个虚表，其内容由查询定义，同真实的表一样，视图包含一系列带有名称的列和行数据。但是，视图并不在数据库中以存储的数据值及形式而存在。行和列数据来自定义视图的源表，并且在引用视图时动态生成。

在关系数据库中，索引是一种单独的、物理的对数据库表中一列或多列的值进行排序的存储结构，它是某个表中一列或若干列值的集合和相应的指向表中物理标识这些值的数据页的逻辑指针清单。索引的作用相当于图书的目录，可以根据目录中的页码快速找到相应的内容。

索引提供指向存储在表的指定列中的数据值的指针，然后根据指定的排序顺序对这些指针排序。数据库使用索引以找到特定值，然后根据指针找到包含这个值的数据行。这样可以使对应于表的SQL语句的执行速度更快。

在数据库的三级模式结构中，索引对应的是内模式部分，基本表对应的是模式部分，而视图对应的是外模式部分。

11.1 视　　图

视图(VIEW)是关系数据库系统提供给用户以多种角度观察数据库中数据的重要机制，视图是一个虚拟表，并不表示任何物理数据，只是用来查看数据的窗口而已，视图是从一个或几个表导出来的表，它实际上是一个查询结果，视图的名字和视图对表的查询存储在数据字典中。在用户看来，视图是通过不同路径去看一个实际表，就像一个窗口，通过窗口去看外面的高楼，可以看到高楼的不同部分，而透过视图可以看到数据库中自己感兴趣的内容。

11.1.1 视图概述

视图作为一种数据库对象，为用户提供了一个可以检索数据表中的数据的方式。视图是一个虚表，可以视为另一种形式的表，是从一个或多个表中使用 SELECT 语句导出的虚拟表，那些用来导出视图的表称为基本表。同基本表一样，视图包含一系列带有名称的列和行数据，其内容由查询所定义。

用户通过视图来浏览数据表中感兴趣的部分或全部数据，而数据的物理存储位置仍然在基本表中。所以视图并不是以一组数据的形式存储在数据库中，数据库中只存储视图的定义，而不存储视图对应的数据，这些数据仍存储在导出视图的基本表中。当基本表中的数据发生变化时，从视图中查询出来的数据也随之改变。

视图中的数据行和列都来自基本表，是在视图被引用时动态生成的。使用视图可以集中、简化和制定用户的数据库显示，用户可以通过视图来访问数据，而不必直接访问该视图的基本表。

1. 视图的类型

SQL Server 2019 中，根据视图工作机制的不同，通常将视图分为标准视图、索引视图与分区视图 3 种类型。

(1) 标准视图是一种虚拟表，数据库中不保存视图数据集，只保存视图定义，其数据来源于一个或多个基本表的 SELECT 查询，建立的目的是简化数据的操作。标准视图是最常见的形式，一般情况下建立的视图都是标准视图。本书主要介绍标准视图。

(2) 索引视图是为了提高聚合多行数据的视图性能而建立的一种带有索引的视图类型，索引视图数据集被物理存储在数据库中。该类视图建立的目的是显著地提高检索的性能。对于内容经常变更的基本表，不适合为其建立索引视图。

(3) 分区视图是一种特殊的视图，也称为分布式视图，其数据来自一台或多台服务器中的分区数据。分区视图屏蔽了不同物理数据源的差异性，使得视图中的数据仿佛来自同一个数据表。当分区视图的分区数据来自同一台服务器时，分区视图就成为本地分区视图。

2. 视图的作用

视图一经定义以后，就可以像基本表一样被查询、修改、删除。视图为查看和存取数据提供了另外一种途径。对于查询完成的大多数操作，使用视图一样可以完成；使用视图还可以简化数据操作；当通过视图修改数据时，相应的基本表的数据也会发生变化；同时，若基本表的数据发生变化，则这种变化也可以自动地反映到视图中。视图具有的作用如下。

(1) 以透明的方式操作数据库。

视图屏蔽了数据库原有的复杂结构，隐藏了表与表之间的依赖与连接关系，用户不必关心物理记录繁杂的内容与结构，只需关注视图这一虚拟表所包含的简单而清晰的数据关系，便于用户以简化手段实现复杂的查询操作。视图能自动保持与数据表的同步更新，无须用户过问，从而大大简化了用户对数据的操作。

(2) 集中而灵活地管理多源数据。

当用户所需操作的数据并不是集中保存在一个表内，而是分散存放在多个不同的表中时，可以通过定义视图将所需数据集中到一起，简化用户的查询与处理。对于同一组数据表，不同的用户可根据自己的需求，以不同的角度看待它们，并分别构造出满足自己需求的、能够解决实际问题的不同视图。当不同用户使用同一组数据表时，这种灵活性至关重要。

（3）提高数据的安全性。

在设计数据库应用系统时，通过对不同用户定义不同的视图，或授予使用视图的不同权限，来控制不同类型用户使用数据的范围，从而避免为用户指定数据表的使用权限及字段列的访问权限，实现更为简单的数据安全机制。视图机制能够提供对机密数据的安全保护功能，将数据库中部分不允许用户访问的重要数据或敏感数据从视图中排除，从而定义了一种可以控制的操作环境。

（4）提高数据的共享性。

借助于视图机制，每个用户从共享数据库的数据中定义对自己有用的数据子集，而不必分别定义和存储自己所需的数据，从而避免同样的数据多次存储。不同用户还可以共享相同的视图定义。

（5）重新组织数据，实现异源数据共享。

对于多个数据表，可以基于连接建立查询，将一些能够被其他软件所识别的数据组织到特定的视图中，以便输出给应用程序进行转换或利用。如将部分字符类型与数值类型的数据组织到视图中，并通过应用程序转换为 Excel 的电子表格。

11.1.2 创建视图

视图在数据库中是作为一个对象来存储的。创建视图前，要保证创建视图的用户已被数据库所有者授权使用 CREATE VIEW 语句，并且有权操作视图所涉及的表或其他视图。在 SQL Server 2019 中，创建视图可以在 SSMS 中进行，也可以使用 CREATE VIEW 语句来实现。

创建视图需要注意的事项如下。

（1）只能在当前数据库中创建视图。

（2）视图的名称必须遵循标识符的规则，且对每个用户必须是唯一的。此外，该名称不得与该用户拥有的任何表的名称相同。

（3）如果视图引用的基本表或者视图被删除，则该视图不能再被使用，直到创建新的基本表或者视图。

（4）如果视图中某一列是函数、数学表达式、常量或者与该视图中其他列是来自多个表的同名列，则必须为列定义名称。

（5）不能在视图上创建全文索引，不能在规则、默认值、触发器的定义中引用视图。

（6）视图可以嵌套定义，即视图的创建是基于其他的源视图。多层嵌套定义视图时，不能超过 32 层。

创建视图的方式主要有两种，分别是使用图形化界面和使用 T-SQL 语句。

1. 使用图形化界面创建视图

在 SSMS 中使用图形化界面创建视图，是最快捷的创建方式，其步骤如下。

（1）在“对象资源管理器”中展开要创建视图的数据库 jsjxy，展开“视图”选项，可以看到视图列表中系统自动为数据库创建的系统视图。右击“视图”选项，在弹出的快捷菜单中选择“新建视图”命令，打开“添加表”对话框，在此对话框中，可以选择表、视图、函数等，然后选择要用到的表，单击“添加”按钮，如图 11-1 所示。

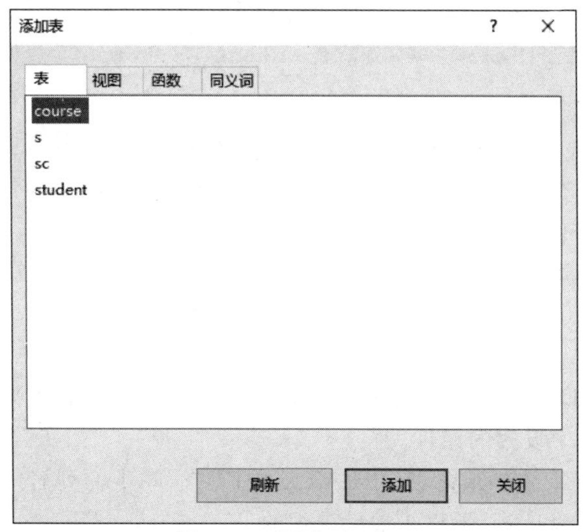

图 11-1 “添加表”窗口

（2）以创建课程表中信息的视图为例，选择 course 表后，在对话框的上半部分，可以看到 course 表的“所有列”，勾选所有列后，在对话框中间的网格窗口部分，可以看到上半部分复选框中选中的列，同时，在对话框的下半部分，可以看到系统自动生产的 T-SQL 语句，如图 11-2 所示。然后，单击“保存”按钮为视图取名即可。

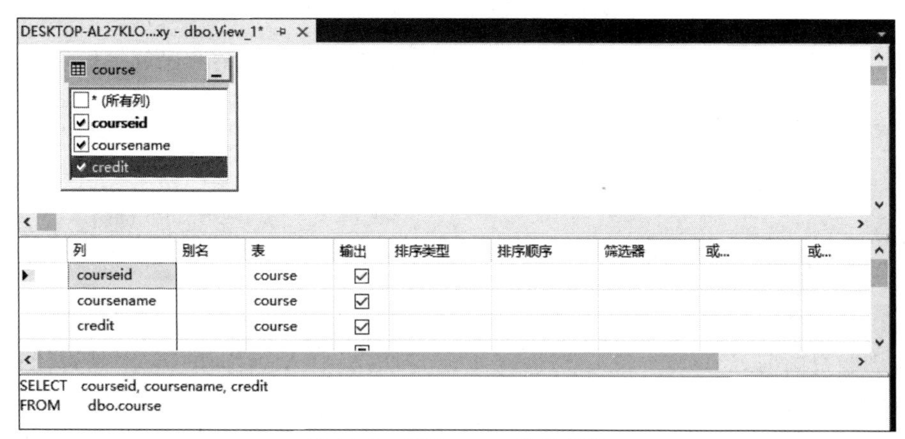

图 11-2 创建 course 表的视图

2. 使用 T-SQL 语句创建视图

创建视图只能在当前数据库中进行。创建视图时，SQL Server 会自动检验视图定义中引用的对象是否存在。使用 CREATE VIEW 语句创建视图的语法格式如下。

```
CREATE VIEW view_name[(column [ ,…n ])]
[WITH ENCRYPTION]
AS
select_statement
[WITH CHECK OPTION]
```

各参数说明如下。

(1) view_name：视图的名称。视图名称必须符合有关标识符的规则。

(2) column：表示视图中的列名。如果未指定列名，则视图列将获得与 SELECT 语句中的列相同的名称。

(3) WITH ENCRYPTION：对 CREATE VIEW 语句的定义文本进行加密。

(4) select_statement：定义视图的 SELECT 语句。该语句可以使用多个表和其他视图。

(5) WITH CHECK OPTION：强制针对视图执行的所有数据修改语句都必须符合在 select_statement 中设置的条件。

只有在下列情况下才必须命名 CREATE VIEW 子句中的列名。

(1) 列是从算术表达式、函数或常量派生的。

(2) 两个或更多的列可能会具有相同的名称(因为连接表的需要)，视图中的某列被赋予了不同于派生来源列的名称，也可以在 SELECT 语句中指定列名。

对于定义视图的 SELECT 语句，有以下若干限制。

(1) 定义视图的 SELECT 语句中不允许包含 ORDER BY、INTO 子句及 OPTION 子句。

(2) 不能在临时表或表变量上定义视图。

【例 11-1】 创建 V_StuInfo 视图，包括学号、姓名、性别、年龄和民族等信息。

```
USE jsjxy
GO
CREATE VIEW V_StuInfo
AS
SELECT id,name,sex,age,nation FROM student
```

运行结果如图 11-3 所示。

在创建视图前，建议首先测试 SELECT 语句(语法中 AS 后面的部分)是否能正确执行，测试成功后，再创建视图。

【例 11-2】 使用 V_StuInfo 视图查看学生信息。

```
USE jsjxy
```

```
GO
SELECT * FROM V_StuInfo
```

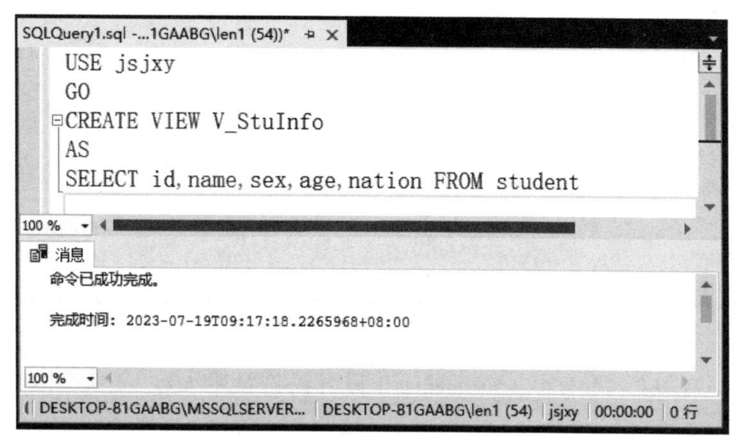

图 11-3　例 11-1 的运行结果

运行结果如图 11-4 所示。

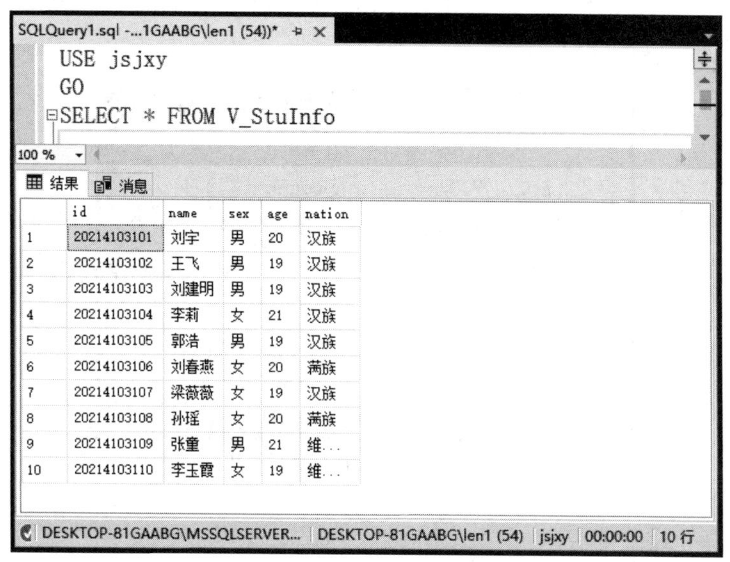

	id	name	sex	age	nation
1	20214103101	刘宇	男	20	汉族
2	20214103102	王飞	男	19	汉族
3	20214103103	刘建明	男	19	汉族
4	20214103104	李莉	女	21	汉族
5	20214103105	郭浩	男	19	汉族
6	20214103106	刘春燕	女	20	满族
7	20214103107	梁薇薇	女	19	汉族
8	20214103108	孙瑶	女	20	满族
9	20214103109	张童	男	21	维...
10	20214103110	李玉霞	女	19	维...

图 11-4　例 11-2 的运行结果

【例 11-3】 创建一个统计各民族学生人数的视图,包括民族和学生人数信息。

```
USE jsjxy
GO
CREATE VIEW v_nation_count
AS
SELECT nation, count(id) AS '民族' FROM student GROUP BY nation
```

运行结果如图 11-5 所示。

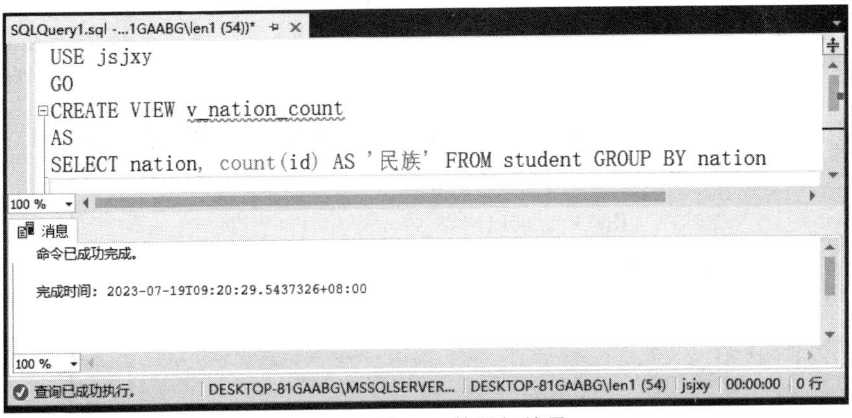

图 11-5　例 11-3 的运行结果

【例 11-4】　使用 v_nation_count 视图查看各民族学生人数。

```
USE jsjxy
GO
SELECT * FROM v_nation_count
```

运行结果如图 11-6 所示。

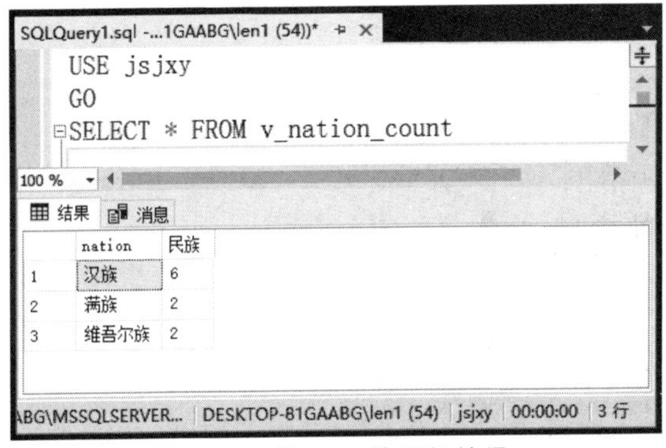

图 11-6　例 11-4 的运行结果

11.1.3　修改视图

修改视图主要有两种方式，分别是使用图形化界面和使用 T-SQL 语句。

1. 使用图形化界面修改视图

使用图形化界面进行视图的修改，操作步骤如下。

(1) 利用 SSMS 展开“视图”选项，右击要修改的视图，如 V_StuInfo，在弹出的快捷菜单中选择“设计”命令，在打开的对话框中可以对视图进行修改，如图 11-7 所示。

(2) 打开视图的设计界面后，修改的过程和创建视图的过程是一致的。

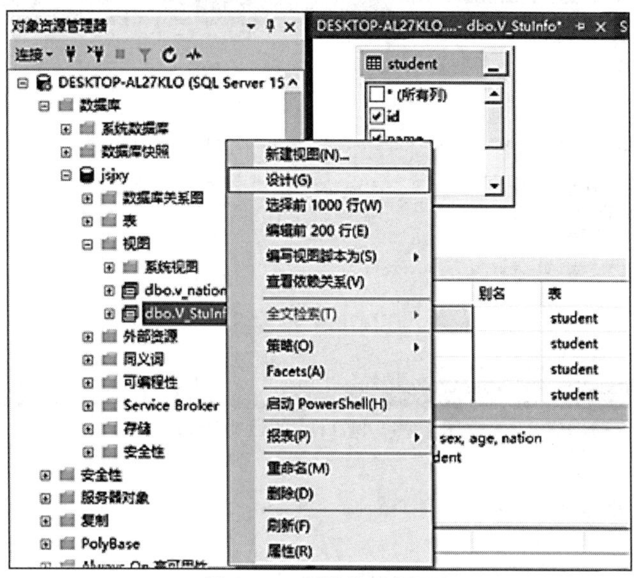

图 11-7 视图修改界面

2. 使用 T-SQL 语句修改视图

使用 T-SQL 语句修改视图的语法格式如下。

```
ALTER VIEW view_name[(column [ ,…n ])]
[WITH ENCRYPTION]
AS
select_statement
[WITH CHECK OPTION]
```

其中,各参数的含义同 CREATE VIEW 语句。

【例 11-5】 修改视图 V_StuInfo,使其只显示男同学的学号、姓名、性别、年龄、民族信息。

```
USE jsjxy
GO
ALTER view V_StuInfo
AS
SELECT id, name, sex, age, nation FROM student WHERE sex='男'
```

运行结果如图 11-8 所示。

11.1.4 查看视图

SQL Server 允许用户查看视图的一些信息,如视图的基本信息、定义信息、与其他对象间的依赖关系等。这些信息可以通过相应的存储过程来查看。

SQLQuery1.sql -...1GAABG\len1 (54))*

```
USE jsjxy
GO
ALTER view V_StuInfo
AS
SELECT id, name, sex, age, nation FROM student WHERE sex='男'
```

消息

命令已成功完成。

完成时间：2023-07-19T09:22:58.5868054+08:00

查询已成功执… | DESKTOP-81GAABG\MSSQLSERVER... | DESKTOP-81GAABG\len1 (54) | jsjxy | 00:00:00 | 0 行

图 11-8　例 11-5 的运行结果

1. 查看视图的基本信息

可以使用系统存储过程 sp_help 来显示视图的名称、所有者、创建日期、列信息、参数等。其语法格式如下。

```
[EXECUTE] sp_help view_name
```

其中，EXECUTE 可以简写为 EXEC 或省略。

【例 11-6】　查看视图 V_StuInfo 的基本信息。

```
USE jsjxy
GO
EXECUTE sp_help V_StuInfo
```

运行结果如图 11-9 所示。

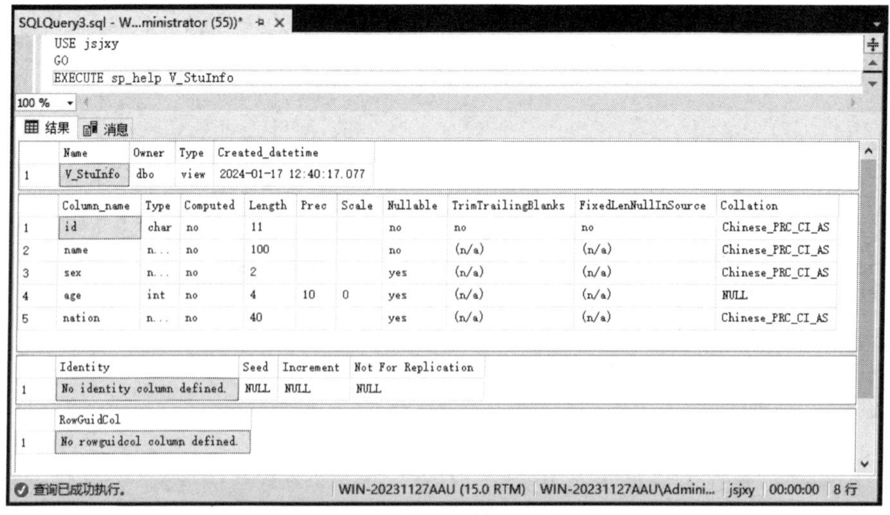

图 11-9　例 11-6 的运行结果

2. 查看视图的定义信息

如果视图在创建时没有加密，即创建视图没有选择 WITH ENCRYPTION，则可以使用系统存储过程 sp_helptext 显示视图的定义信息。其语法格式如下。

```
[EXECUTE] sp_helptext view_name
```

【例 11-7】 查看视图 V_Nation_Count 的定义文本。

```
USE jsjxy
GO
EXECUTE sp_helptext V_Nation_Count
```

运行结果如图 11-10 所示。

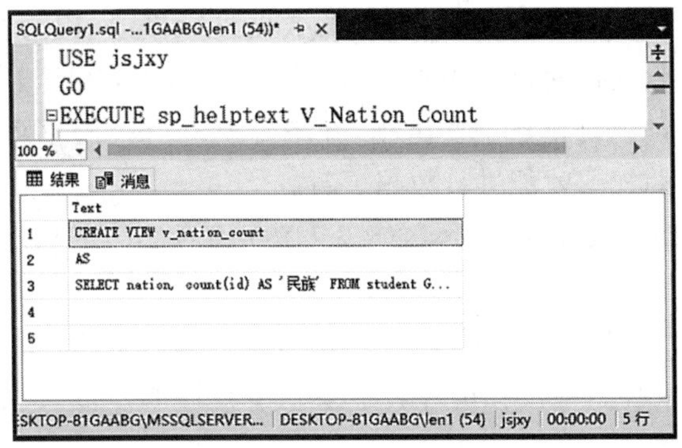

图 11-10 例 11-7 的运行结果

3. 查看视图与其他对象间的依赖关系

使用系统存储过程 sp_depends 查看视图与其他对象间的依赖关系，如视图中引用了哪些表中的哪些字段等。其语法格式如下。

```
[EXECUTE] sp_depends view_name
```

【例 11-8】 查看视图 V_Nation_Count 所依赖的对象。

```
USE jsjxy
GO
EXECUTE sp_depends V_Nation_Count
```

运行结果如图 11-11 所示。

11.1.5 使用视图

视图创建完毕，就可以像查询基本表一样通过视图查询所需要的数据，而且有些查

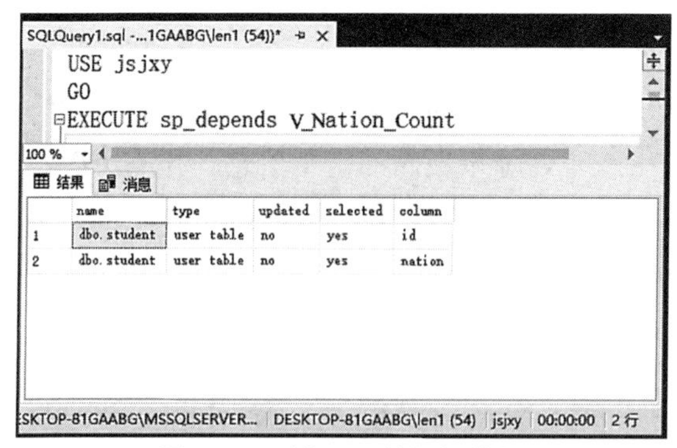

图 11-11　例 11-8 的运行结果

询需要的数据直接从视图中获取比从基本表中获取数据要简单，也可以通过视图修改基本表中的数据。

修改视图的数据，其实就是对基本表中的数据进行修改，因为真正存储数据的地方是基本表，而不是视图，同样通过 INSERT、UPDATE、DELETE 语句来完成。但是在利用视图更新数据的时候也要注意一些事项，并不是所有的视图都可以进行数据更新，只有对满足可更新条件的视图才能进行数据更新。

（1）任何通过视图的数据更新（INSERT、UPDATE、DELETE）都只能引用一个基本表中的列。

① 如果视图中数据为一个表的行、列子集，则此视图可执行 INSERT、UPDATE、DELETE 语句；但如果视图中没有包含表中某个不允许取空值又没有默认值约束的列，则不能利用视图插入数据。

② 如果视图所依赖的基本表有多个时，不能向视图添加（INSERT）数据。

③ 如果视图所依赖的基本表有多个时，那么一次修改只能修改（UPDATE）一个基本表中的数据。

④ 如果视图所依赖的基本表有多个时，那么不能通过视图删除（DELETE）数据。

⑤ 通常有可能插入并不满足视图查询的 WHERE 子句条件的一行。为了限制此操作，可以在创建视图时使用 WITH CHECK OPTION 选项。

（2）视图中被修改的列必须直接引用表列中的基础数据，不能是通过任何其他方式对表中的列进行派生而来的数据，如聚合函数、计算等。

（3）被修改的列不应在创建视图时受 GROUP BY、HAVING、DISTINCT 或 TOP 子句影响。

【例 11-9】 利用视图 V_StuInfo 添加一条学号为“20214103111”，姓名叫“张娜”，性别“男”，年龄为“21”的学生记录。

```
USE jsjxy
GO
INSERT INTO V_StuInfo(id,name,sex,age)
VALUES('20214103111','张娜','男',21)
```

运行结果如图 11-12 所示。

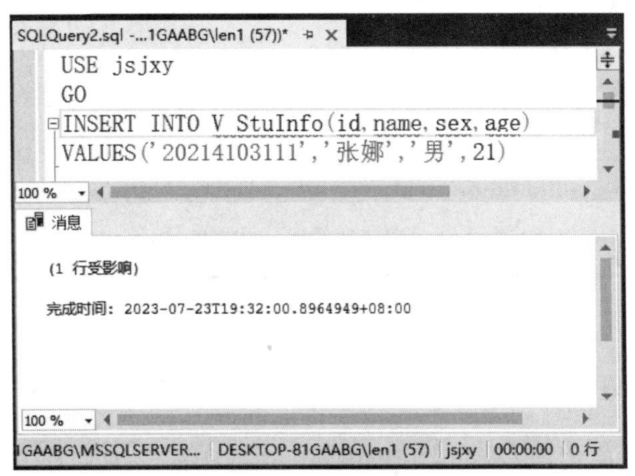

图 11-12 例 11-9 的运行结果

【例 11-10】 利用视图 V_StuInfo 把“张娜”同学的性别改为“女”。

```
USE jsjxy
GO
UPDATE V_StuInfo set sex='女' WHERE name='张娜'
```

运行结果如图 11-13 所示。

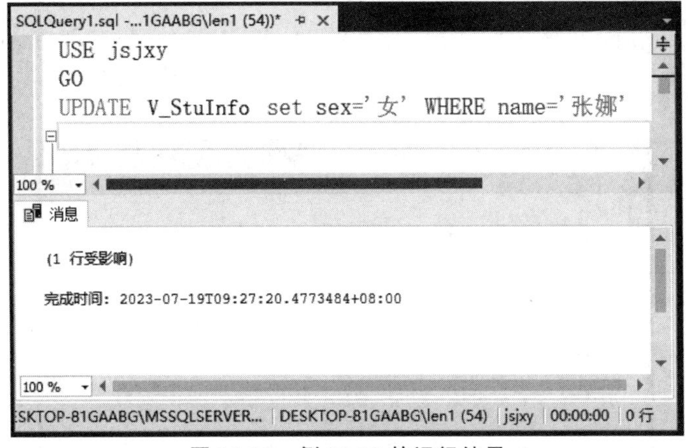

图 11-13 例 11-10 的运行结果

【例 11-11】 利用视图 V_Nation_Count 删除民族为“汉族”的记录。

```
USE jsjxy
GO
DELETE FROM V_Nation_Count WHERE nation='汉族'
```

执行结果如图 11-14 所示。

SQLQuery1.sql -...1GAABG\len1 (54))*

```
USE jsjxy
GO
DELETE FROM V_Nation_Count WHERE nation='汉族'
```

消息 4403，级别 16，状态 1，第 3 行
因为视图或函数 'v_nation_count' 包含聚合、DISTINCT 或 GROUP BY 子句或者 PIVOT 或 UNPIVOT 运算符，所以无法进行更新。

完成时间：2023-07-19T09:28:01.8614443+08:00

查询已完成，但有错误。 DESKTOP-81GAABG\MSSQLSERVER... DESKTOP-81GAABG\len1 (54) jsjxy 00:00:00 0 行

图 11-14　例 11-11 的运行结果

11.1.6　删除视图

可以使用 DROP VIEW 语句完成删除视图的功能，语法格式如下。

```
DROP VIEW view_name [,…n]
```

其中，DROP VIEW 语句一次能够删除一个或多个视图，只需在要删除的视图名称之间用逗号隔开即可。

【例 11-12】 删除 V_StuInfo 视图对象。

```
USE jsjxy
GO
DROP VIEW V_StuInfo
```

运行结果如图 11-15 所示。

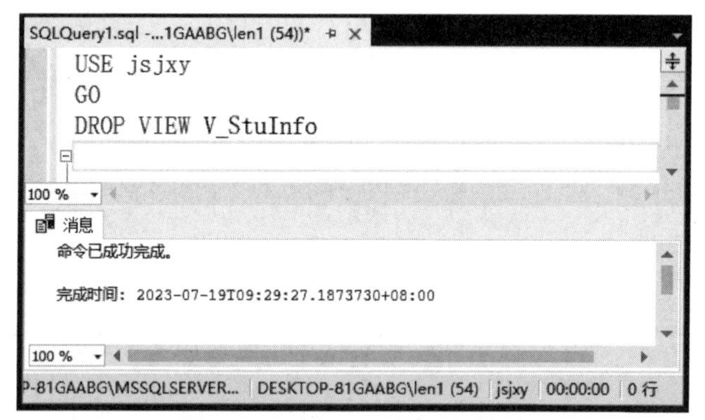

图 11-15　例 11-12 的运行结果

11.2　索　　引

索引(INDEX)是对数据库表中一个或多个列的值进行排序的结构，其主要目的是提高 SQL Server 系统的性能，加快数据的查询速度和减少系统的响应时间。因此，索引就

是加快检索表中数据的方法。

11.2.1 索引概述

如果要在一本书中快速地查找所需的信息，可以利用目录中给出的章节页码快速地查找到其对应的内容，而不是一页一页地查找。数据库中的索引与书籍中的目录类似，也允许数据库应用程序利用索引迅速找到表中特定的数据，而不必扫描整个数据库。在图书中，目录是内容和相应页码的列表清单。在数据库中，索引就是表中数据和相应存储位置的列表。

索引是以表的字段列为基础而建立的一种数据库对象，是一种实现数据快速定位与加快数据访问速度的技术手段。索引通过存储排序的索引关键字与表记录的物理空间位置，建立索引数据与物理数据间的映射关系，从而实现表记录的逻辑排序。

索引的优点如下。

(1) 大大加快数据的检索速度，这是创建索引最主要的原因。

(2) 创建唯一性索引，保证表中每一行数据的唯一性。

(3) 加速表和表之间的连接。

(4) 在使用分组和排序子句进行数据检索时，同样可以显著减少查询中分组和排序的时间。

(5) 查询优化器可以提高系统的性能，但它是依靠索引起作用的。

另外，每个索引都会占用一定的物理空间，如果占用的物理空间过多，就会影响到整个 SQL Server 系统的性能。

11.2.2 索引类型

SQL Server 支持在表中任何列(包括计算列)上定义索引。索引可以是唯一的，即索引列不会有两行记录相同，这样的索引称为唯一索引。例如，如果在表中的“姓名”列上创建了唯一索引，则以后输入的姓名将不能同名。索引也可以是不唯一的，即索引列上可以有多行记录相同。如果索引是根据单列创建的，这样的索引称为单列索引，根据多列组合创建的索引则称为复合索引。

根据索引组织方式的不同，可以分为聚集索引和非聚集索引。

1. 聚集索引

聚集索引会对表和视图进行物理排序，所以这种索引对查询非常有效，在表和视图中只能有一个聚集索引。当建立主键约束时，如果表中没有聚集索引，SQL Server 会用主键列作为聚集索引键。可以在表的任何列或列的组合上建立索引，实际应用中一般定义成主键约束的列建立聚集索引。

汉语字典的正文就是一个聚集索引的顺序结构。例如，要查“大”字，就可以翻开字典的前几页，因为“大”的拼音是“da”，而按拼音排序字典是以字母 a 开头以 z 结尾的，那么“大”字就自然地排在字典的前部。如果翻完了所有 da 读音的部分仍然找不到这个字，那么就说明字典中没有这个字。同样，如果查“赵”字，可以将字典翻到最后部分，因为“赵”的拼音是 zhao。也就是说，字典的正文内容本身就是按照音序排列的，而“汉语拼音音节索引”就可以称为“聚集索引”。

2. 非聚集索引

非聚集索引不会对表和视图进行物理排序。如果表中不存在聚集索引，则表是未排序的。在表或视图中，最多可以建立 250 个非聚集索引，或者 249 个非聚集索引和 1 个聚集索引。

查字典时，不认识的字，就不能按照上面的方法来查找。

可以根据“偏旁部首”来查。如查“张”字，在查部首之后的检字表中“张”的页码是 622 页，检字表中“张”的上面是“弛”字，但页码却是 60 页，“张”的下面是“弟”字，页码是 95 页，正文中这些字并不是真正的分别位于“张”字的上、下方。

所以，现在看到的连续的“弛、张、弟”三字实际上就是它们在非聚集索引中的排序，是字典正文中的字在非聚集索引中的映射。以这种方式来找到所需要的字要两个过程，先找到目录中的结果，然后再翻到所需要的页码。

这种目录纯粹是目录，正文纯粹是正文的排序方式就称为“非聚集索引”。

聚集索引和非聚集索引都可以是唯一的索引。因此，只要列中数据是唯一的，就可在同一个表上创建一个唯一的聚集索引。如果必须实施唯一性以确保数据的完整性，则应在列上创建唯一性或主键约束，而不要创建唯一索引。

创建主键或唯一性约束会在表中指定的列上自动创建唯一索引。创建唯一性约束与手动创建唯一索引没有明显的区别，进行数据查询时，查询方式相同，而且查询优化器不区分唯一索引是由约束创建还是手动创建的。如果存在重复的键值，则无法创建唯一索引和主键或唯一性约束。如果是复合的唯一索引，则该索引可以确保索引列中每个组合都是唯一的，创建复合唯一索引可为查询优化器提供附加信息，因此，对多列创建复合索引时最好是唯一索引。

11.2.3 创建索引

创建索引的方式主要有 3 种，分别是使用图形界面创建、使用 T-SQL 语句创建和间接创建。

1. 使用图形界面创建索引

（1）在 SSMS 中选择要创建索引的表的树状结构，找到索引选项，如图 11-16 所示。

（2）右击“索引”选项，在弹出的快捷菜单中选择“新建索引”命令，然后选择索引的类型。进入“新建索引”窗口，如图 11-17 所示。在“索引名称”文本框中可以输入索引的名称，可以通过勾选“唯一”选项确定是否是唯一值索引，单击“添加”按钮，弹出“选择列”对话框，如图 11-18 所示。选择某几列前的复选框，单击“确定”按钮即

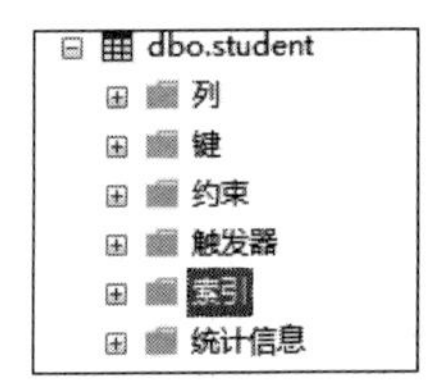

图 11-16　选择索引

在这些列上添加了一个索引项。再单击“确定”按钮,索引创建完毕。在图 11-17 的界面中还可以删除、移动索引列。

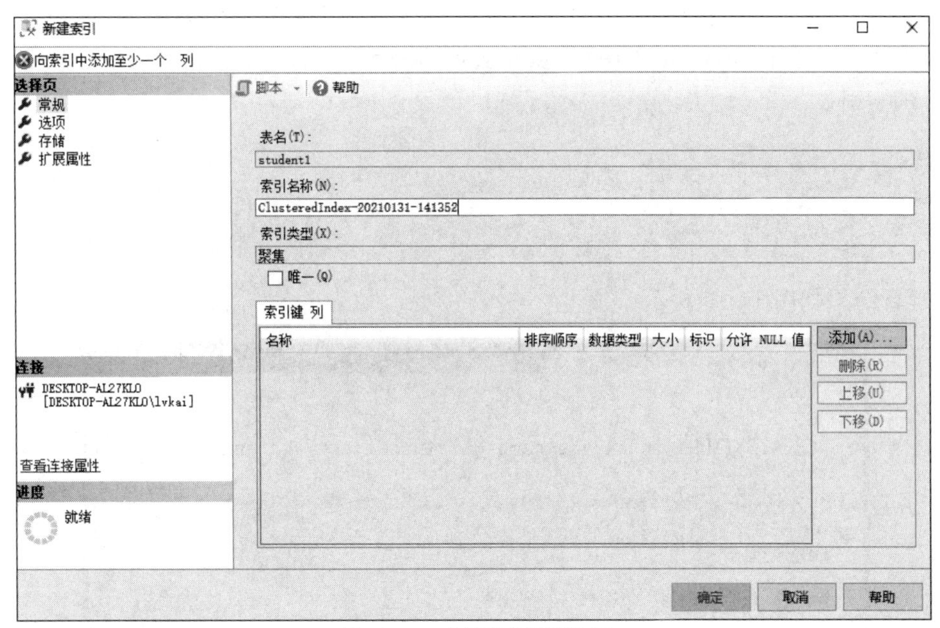

图 11-17 “新建索引”窗口

选择列

选择要添加到索引中的表列:

	名称	数据类型	大小	标识	允许 NULL 值
☐	id	char(11)	11	否	是
☐	name	nvarchar(20)	40	否	是
☐	sex	nchar(1)	2	否	是
☐	age	int	4	否	是

图 11-18 “选择列”对话框

2. 使用 T-SQL 语句创建索引

使用 CREATE INDEX 语句,既可以创建聚集索引,也可以创建非聚集索引,其语法格式如下。

```
CREATE [UNIQUE][CLUSTERED|NONCLUSTERED]
INDEX index_name
ON table_or_view_name(column [ASC|DESC] [ ,…n ])
```

各参数说明如下。

(1) UNIQUE: 用于指定为表或视图创建唯一索引,即不允许存在索引值相同的两行。省略表示非唯一索引。

(2) CLUSTERED: 用于指定创建的索引为聚集索引。

(3) NONCLUSTERED: 用于指定创建的索引为非聚集索引,为默认值。

(4) index_name：索引的名称。索引名称在表或视图中必须唯一，但在数据库中不必唯一。索引名称必须符合标识符的规则。

(5) ASC|DESC：用于指定具体某个索引列以升序或降序方式排序。

【例 11-13】 在 student 表中，根据年龄的升序和姓名的降序创建一个 index_age_name 的索引。

```
USE jsjxy
GO
CREATE INDEX index_age_name ON student(age asc,name desc)
```

运行结果如图 11-19 所示。

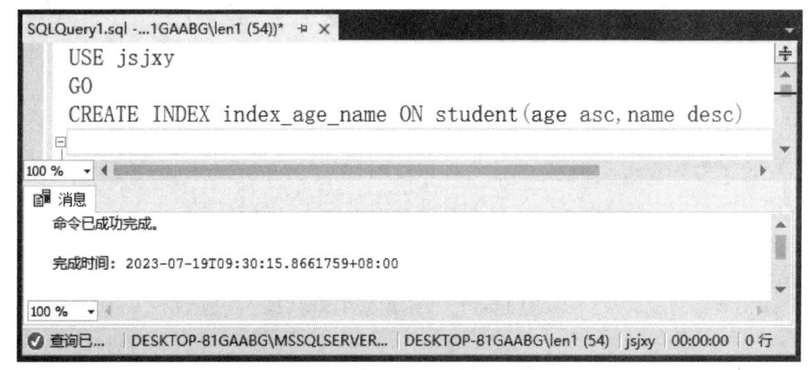

图 11-19　例 11-13 的运行结果

【例 11-14】 在 course 表中，根据课程名创建一个名为 index_coursename 的唯一值索引。

```
USE jsjxy
GO
CREATE UNIQUE INDEX index_coursename ON course(coursename)
```

运行结果如图 11-20 所示。

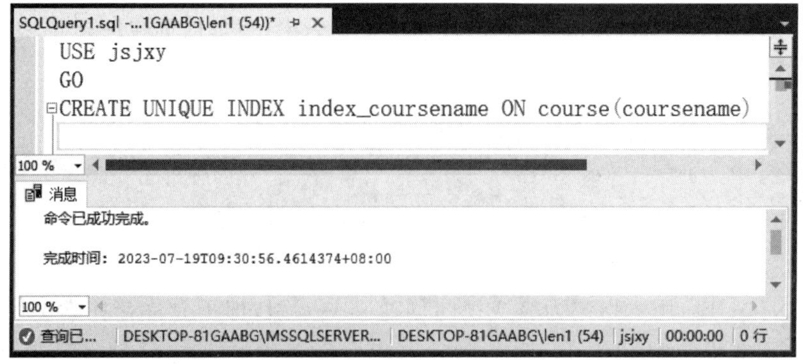

图 11-20　例 11-14 的运行结果

3. 间接创建索引

当表中定义主键约束或唯一值约束时，索引自动被创建了，这种方式可以间接创建索引。

11.2.4 查看索引

查看索引主要有两种方式，分别是使用图形化界面和使用 T-SQL 语句。

1. 使用图形化界面查看索引

利用 SSMS 选择要查看索引的表，右击打开表的设计界面，进入表的设计器界面，右击任意位置，在弹出的快捷菜单中选择“索引/键”命令，即可看到此表的所有索引信息。

2. 使用 T-SQL 语句查看索引

通过系统存储过程来查看索引的信息。

1）使用存储过程 sp_helpindex 查看索引信息

【例 11-15】 查看 student 表的索引信息。

```
USE jsjxy
GO
EXEC sp_helpindex student
```

运行结果如图 11-21 所示。

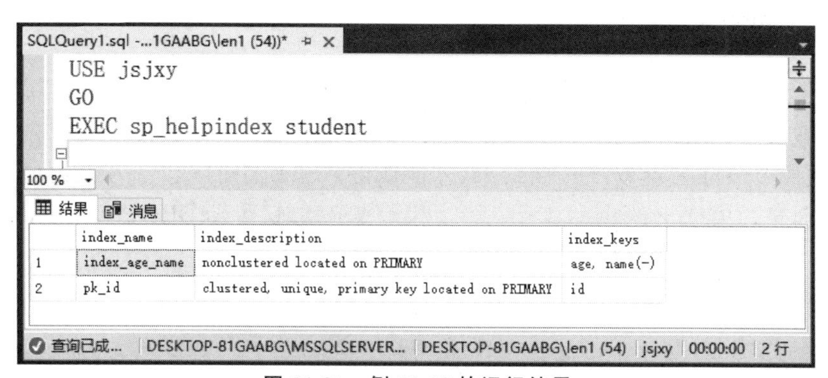

图 11-21 例 11-15 的运行结果

2）使用存储过程 sp_help 查看索引信息

【例 11-16】 查看 student 表的索引信息。

```
USE jsjxy
GO
EXEC sp_help student
```

运行结果如图 11-22 所示。

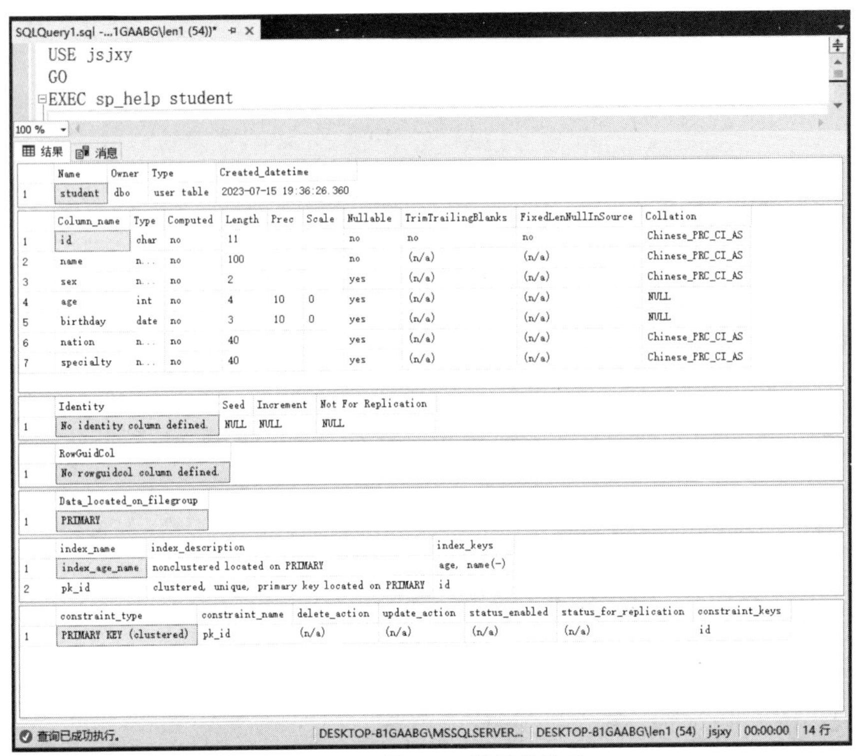

图 11-22　例 11-16 的运行结果

从运行结果可以看出，sp_help 查询的结果要比 sp_helpindex 查询的结果更加详细。

11.2.5　删除索引

当一个索引不再需要时，可以将其从数据库中删除，以回收它当前使用的磁盘空间。根据索引的创建方式，要删除的索引分为两类：一类为创建表约束时自动创建的索引，必须通过删除主键或唯一性约束，才能删除约束使用的索引；另一类通过创建索引的方式创建的独立于约束的索引，可以利用 SSMS 工具或 DROP INDEX 语句直接删除。

使用 DROP INDEX 语句删除独立于约束的索引的语法结构如下。

```
DROP INDEX 表名.索引名|视图名.索引名[,…n]
```

【例 11-17】 删除学生表上的"index_age_name"索引。

```
USE jsjxy
GO
DROP INDEX student.index_age_name
```

运行结果如图 11-23 所示。

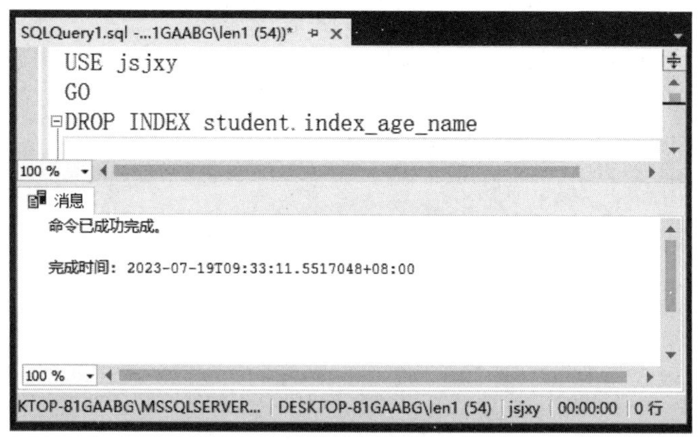

图 11-23 例 11-17 的运行结果

习 题

一、选择题

1. 在 SQL 中，通过使用(　　)，能够使在关系规范化时被分解的关系连接起来，能够增强数据库的安全性。

A. 查询　　B. 索引　　C. 视图　　D. 基本表

2. 视图是数据库的(　　)。

A. 外模式　　B. 模式　　C. 内模式　　D. 存储模式

3. 关于视图，下列说法错误的是(　　)。

A. 视图中也存有数据　　B. 视图是一种虚拟表

C. 视图是保存在数据库中的查询　　D. 视图也可由视图派生出来

4. 为表创建索引的目的是(　　)。

A. 提高查询的检索性能　　B. 创建唯一索引

C. 创建主键　　D. 归类

5. 在 T-SQL 中，建立视图的命令是(　　)。

A. CREATE INDEX　　B. CREATE VIEW

C. CREATE SCHEMA　　D. CREATE TABLE

6. 视图是从(　　)中导出的。

A. 基本表或视图　　B. 数据库　　C. 视图　　D. 基本表

7. 以下关于视图的说法错误的是(　　)。

A. 并非所有的视图都可更新　　B. 视图只能在当前数据库中创建

C. 视图名可以与已有的数据表同名　　D. 视图可以嵌套定义

二、填空题

1. (　　)是关系数据库中提供给用户以多种角度观察数据库中数据的重要机制。

2. 在数据表中创建主键约束时，会自动产生(　　)索引。

3. SQL Server 系统只在数据库中存放视图的(　　)。

4. 每个数据表可以创建(　　)个聚集索引。

5. T-SQL 可以用(　　)对视图进行加密。

6. 删除索引用的 T-SQL 语句为(　　)。

7. 查看索引信息用到的存储过程是(　　)或 sp_help。

第 12 章 chapter 12

存储过程、触发器和游标

本章学习重点：

- 存储过程。
- 触发器。

在大型数据库系统中，存储过程和触发器具有很重要的作用。无论是存储过程还是触发器，都是 T-SQL 语句和流程控制语句的集合。就本质而言，触发器也是一种存储过程，它在特定语言事件发生时自动执行。存储过程在运算时生成执行代码，以后对其再运行时，其执行效率很高。SQL Server 2019 不仅提供了用户自定义存储过程的功能，也提供了许多可作为工具使用的系统存储过程。

本章主要介绍存储过程，触发器和游标的概念、分类，以及它们的使用方法。

12.1 存储过程

使用 SQL Server 创建应用程序时，T-SQL 语言是应用程序和 SQL Server 数据库之间的主要编程接口。使用 T-SQL 程序时，可以将程序存储在本地，然后创建向 SQL Server 发送命令并处理结果的应用程序。也可以将 T-SQL 程序作为存储过程存储在 SQL Server 中，创建执行存储过程并处理结果的应用程序。

12.1.1 存储过程概述

存储过程是 T-SQL 语句的预编译集合，这些语句在一个名称下存储并作为一个单元进行处理，经编译后存储在数据库中。用户通过指定存储过程的名字并给出参数（如果带有参数）来执行存储过程。

存储过程由参数、编程语句和返回值组成。可以通过输入参数向存储过程中传递参数值，也可以通过输出参数向调用者传递多个输出值。存储过程中的编程语句可以是 T-SQL 的控制语句、表达式、访问数据库的语句，也可以调用其他的存储过程。存储过程只能有一个返回值，通常用于表示调用存储过程的结果是成功还是失败。

利用 SQL Server 创建一个应用程序时，使用 T-SQL 进行编程有两种方法。一种是在本地存储 T-SQL 语句，并创建应用程序向 SQL Server 发送命令来对结果进行处理；

另一种是可以把部分使用 T-SQL 编写的程序作为存储过程存储在 SQL Server 中，然后创建应用程序来调用存储过程，对数据结果进行处理。SQL Server 推荐用第二种方法，原因在于存储过程具有以下优点。

1. 执行速度快、效率高

因为 SQL Server 会事先将存储过程编译成二进制可执行代码。在运行存储过程时不需要再对存储过程进行编译，从而加快执行的速度。

2. 模块化编程

存储过程在创建完毕之后，可以在程序中被多次调用，而不必重新编写该 T-SQL 语句。也可以对其进行修改，而且修改之后，所有调用的结果都会改变，提高了程序的可移植性。

3. 减少网络流量

由于存储过程是保存在数据库服务器上的一组 T-SQL 代码，在客户端调用时，只需要使用存储过程名及参数即可，从而减少网络流量。

4. 安全性高

存储过程可以作为一种安全机制来使用，当用户要访问一个或多个数据表，但没有存取权限时，可以设计一个存储过程来存取这些数据表中的数据。而当一个数据表没有设置权限，而对该数据表的操作又需要进行权限控制时，也可以使用存储过程来作为一个存取通道，对不同权限的用户使用不同的存储过程。同时，参数化存储过程有助于保护应用程序不受 SQL Injection 攻击。

12.1.2 存储过程类型

在 SQL Server 2019 中，存储过程分为 5 类：系统存储过程、用户自定义存储过程、临时存储过程、远程存储过程和扩展存储过程。

1. 系统存储过程

SQL Server 2019 中的许多管理活动都是通过一种特殊的存储过程执行的，这种存储过程被称为系统存储过程。系统存储过程主要存储在 master 数据库中并以 sp_为前缀，并且系统存储过程主要是从系统表中获取信息，从而为数据库系统管理员 SQL Server 提供支持。通过系统存储过程，SQL Server 的许多管理性或信息性的活动都可以被顺利、有效地完成。从物理意义上讲，系统存储过程存储在源数据库中，并且带有 sp_前缀；从逻辑意义上讲，系统存储过程出现在每个系统定义数据库和用于定义数据库的 sys 架构中。

2. 用户自定义存储过程

用户自定义存储过程是由用户创建并能完成某一特定功能的存储过程，是封装了可重用代码的 T-SQL 语句模块。存储过程可以接收输入参数、向客户端返回表格或标量结果和消息、调用数据定义语言和数据操作语言语句，以及返回输出参数。在 SQL Server 中，用户自定义存储过程由两种类型：T-SQL 存储过程或 CLR(公共语言运行时)存储过程。

T-SQL 存储过程是 T-SQL 语句的集合，可以接收和返回用户提供的参数。本书主要介绍用户自定义存储过程。

3. 临时存储过程

临时存储过程又分为局部临时存储过程和全局临时存储过程。局部临时存储过程名称以#开头，存放在 tempdb 数据库中，只由创建并连接的用户使用，当该用户断开连接时将自动删除局部临时存储过程。全局临时存储过程名称以##开头，也存放在 tempdb 数据库中，允许所有连接的用户使用，在所有用户断开连接时自动被删除。

4. 远程存储过程

远程存储过程是位于远程服务器上的存储过程。

5. 扩展存储过程

扩展存储过程允许使用高级编程语言(如 C 语言)创建应用程序的外部例程，从而使得 SQL Server 的实例可以动态地加载和运行 DLL。扩展存储过程直接在 SQL Server 实例的地址空间中运行。

12.1.3 创建存储过程

SQL Server 中创建存储过程主要有两种方式：一种是使用图形化界面来创建，另一种是使用 T-SQL 语句来创建。

1. 使用图形化界面创建存储过程

在 SSMS 中打开要创建存储过程的数据库，展开"可编程性"选项，在"存储过程"选项上右击，在弹出的快捷菜单中选择"新建"→"存储过程"命令，出现创建存储过程的 T-SQL 命令，编辑相关的命令即可，完成后，单击"运行"按钮，从而创建一个存储过程。

2. 使用 T-SQL 语句创建存储过程

SQL Server 使用 CREATE PROCEDURE 创建存储过程的语法格式如下。

```
CREATE {PROC|PROCEDURE}procedure_name[;number]
[{@parameter data_type}
[VARYING][=default][OUTPUT][,…n]
[WITH{RECOMPILE|ENCRYPTION|RECOMPILE,ENCRYPTION}]
[FOR REPLICATION]
AS {sql_statement[,…n]}
```

各参数说明如下。

(1) procedure_name：新存储过程的名称。必须遵循标识符命名规则，不建议在过程名称中使用前缀 sp_，sp_表示的是系统存储过程。

(2) number：可选整数，用于对同名的过程分组。使用一个 DROP PROCEDURE 语句可将这些分组过程一起删除。

(3) @parameter：形参变量，是存储过程中的参数。在 CREATE PROCEDURE 过程中可以声明一个或多个参数。必须在执行过程时提供每个所声明参数的值(除非定义了该参数的默认值)。存储过程最多可以有 2100 个参数。

(4) data_type：参数的数据类型。所有数据类型均可以用作存储过程的参数。

(5) VARYING：指定作为输出参数支持的结果集。

(6) default：参数的默认值。如果定义了默认值，不必指定该参数的值即可执行过程。

(7) OUTPUT：表明参数是返回参数。该选项的值可以返回给调用语句。

(8) {RECOMPILE | ENCRYPTION | RECOMPILE, ENCRYPTION}：RECOMPILE 表明 SQL Server 不会缓存该过程被引用的对象，该过程将在运行时重新编译。ENCRYPTION 表示 SQL Server 加密用 CREATE PROCEDURE 语句创建存储过程的定义，使用 ENCRYPTION 可防止将过程作为 SQL Server 复制的一部分发布。

(9) FOR REPLICATION：指定不能在订阅服务器上执行为复制创建的存储过程。

(10) AS：指定过程要执行的操作。

(11) sql_statement：过程要包含的 T-SQL 语句。

【例 12-1】 创建存储过程 p1，查询每个同学的平均成绩。

```
USE jsjxy
GO
CREATE PROCEDURE p1
AS
SELECT id,AVG(score) FROM sc GROUP BY id
```

单击“执行”按钮，显示命令已成功完成。

【例 12-2】 创建带参数的存储过程 p2，根据给定学号查询某个同学的基本信息。

```
USE jsjxy
GO
CREATE PROCEDURE p2 @id char(11)
AS
SELECT * FROM student WHERE id=@id
```

单击“执行”按钮，显示命令已成功完成。

【例 12-3】 创建带参数的存储过程 p3，根据给定课程号查询这门课程的平均分，并将结果使用输出参数返回。

```
USE jsjxy
GO
```

```
CREATE PROCEDURE p3 @courseid char(5),@avg float OUTPUT
AS
SELECT @avg=AVG(score) FROM sc WHERE courseid=@courseid
```

单击“执行”按钮，显示命令已成功完成。

【例 12-4】 创建带参数的存储过程 p4，根据给定课程号查询这门课程的平均分，并将结果使用输出参数返回。且如果平均分大于 70，则返回整数 1，如果平均分小于或等于 70，则返回整数 0。

```
USE jsjxy
GO
CREATE PROCEDURE p4 @courseid char(5),@avg float OUTPUT
AS
SELECT @avg=AVG(score) FROM sc WHERE courseid=@courseid
IF @avg>70
RETURN 1
ELSE
RETURN 0
```

单击“执行”按钮，显示命令已成功完成。

12.1.4 执行存储过程

执行存储过程即是调用存储过程，T-SQL 语句提供了 EXECUTE 语句来执行存储过程。

语法格式如下。

```
[EXEC[UTE]]{[@return_status=]procedure_name[;number]
            {[[@parameter=] value|@variable [OUTPUT]|[DEFAULT]}][,…n]}
            [WITH RECOMPILE]
```

各参数说明如下。

(1) @return_status：一个可选的整型变量，用于保存存储过程的返回状态。这个变量用于 EXECUTE 语句时，必须已在批处理、存储过程或函数中声明。

(2) procedure_name：存储过程名称。

(3) number：可选整数，用于对同名的过程分组。

(4) @parameter：在创建存储过程时定义的参数。当使用该选项时，各参数的枚举顺序可以与创建存储过程时的定义顺序不一致，否则两者顺序必须一致。

(5) value：存储过程中输入参数的值。如果参数名称没有指定，参数值必须按创建存储过程时的定义顺序给出。如果在创建存储过程时指定了参数的默认值，执行时可以不再指定。

(6) @variable：用于存储参数或返回参数的变量。当存储过程中有输出参数时，只能用变量来接收输出参数的值，并在变量后加上 OUTPUT 关键字。

(7) OUTPUT：用于指定参数是输出参数。该关键字必须与@variable 连用，表示输出参数的值由变量接收。

(8) DEFAULT：表示参数使用定义时指定的默认值。

(9) WITH RECOMPILE：表示执行存储过程时强制重新编译。

【例 12-5】 执行存储过程 p1。

```
USE jsjxy
GO
EXECUTE p1
```

运行结果如图 12-1 所示。

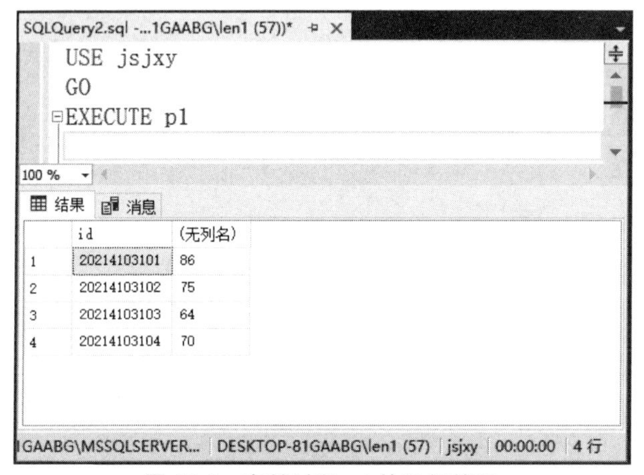

图 12-1 存储过程 p1 的运行结果

【例 12-6】 执行存储过程 p2，查询学号是 20214103101 学生的信息。

```
USE jsjxy
GO
EXECUTE p2 '20214103101'
```

运行结果如图 12-2 所示。

图 12-2 存储过程 p2 的运行结果

【例 12-7】 执行存储过程 p3,查询编号为 20001 的课程的平均分。

```
USE jsjxy
GO
DECLARE @avg float
EXECUTE p3 '20001',@avg OUTPUT
SELECT @avg
```

运行结果如图 12-3 所示。

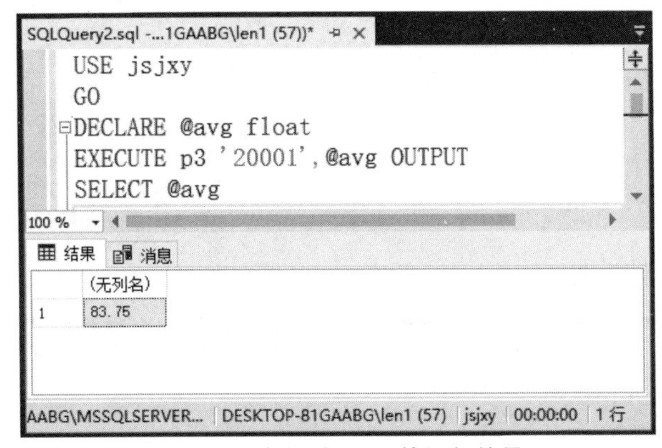

图 12-3 存储过程 p3 的运行结果

【例 12-8】 执行存储过程 p4,查询编号为 20001 的课程的平均分并查看返回值。

```
USE jsjxy
GO
DECLARE @avg float,@i int
EXECUTE @i=p4 '20001',@avg OUTPUT
SELECT @avg,@i
```

运行结果如图 12-4 所示。

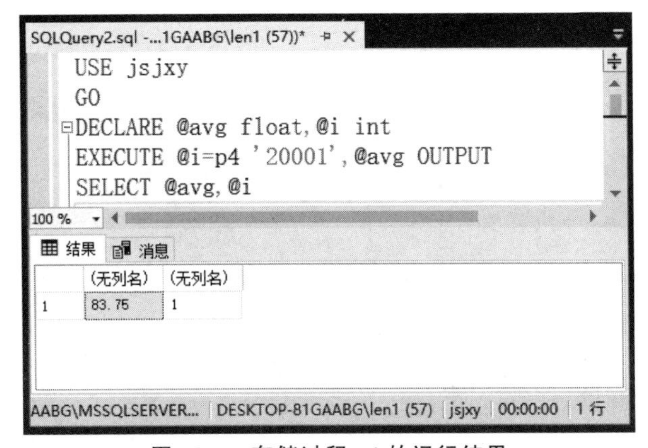

图 12-4 存储过程 p4 的运行结果

12.1.5 查看存储过程

存储过程被创建之后，它的名字被存储在系统表 sysobjects 中，它的源代码被存储在系统表 syscomments 中。用户可以使用系统存储过程来查看用户创建的存储过程的相关信息。

（1）sp_help 用于显示存储过程的信息，如存储过程的参数、创建日期等，语法格式如下。

```
EXEC[UTE] sp_help 存储过程名
```

【例 12-9】 查看存储过程 p4 的相关信息。

```
USE jsjxy
GO
EXEC sp_help p4
```

运行结果如图 12-5 所示。

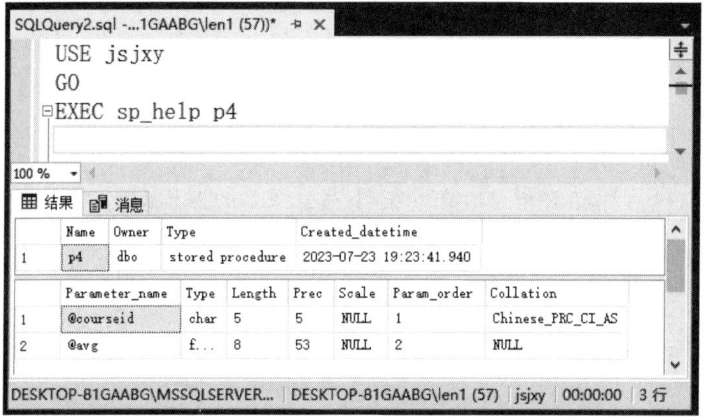

图 12-5 查看存储过程 p4 的相关信息

（2）sp_helptext 用于查看存储过程的源代码，语法格式如下。

```
EXEC[UTE] sp_helptext 存储过程名
```

【例 12-10】 查看存储过程 p4 的源代码。

```
USE jsjxy
GO
EXEC sp_helptext p4
```

运行结果如图 12-6 所示。

12.1.6 修改和删除存储过程

可以通过 T-SQL 语句对存储过程进行修改和删除。

图 12-6　查看存储过程 p4 的源代码

1. 修改存储过程

用 ALTER PROCEDURE 语句修改存储过程的语法格式如下。

```
ALTER {PROC|PROCEDURE}procedure_name[;number]
[{@parameter data_type}
[VARYING][= default][OUTPUT][,…n]
[WITH{RECOMPILE|ENCRYPTION|RECOMPILE,ENCRYPTION}]
[FOR REPLICATION]
AS {sql_statement[,…n]}
```

除了 ALTER PROCEDURE 之外,其他代码与创建存储过程的代码相同。其中,各参数的含义与创建存储过程语句中对应参数的含义相同。

【例 12-11】　修改存储过程 p2,根据给定学号查询某个同学的基本信息。

```
USE jsjxy
GO
CREATE PROCEDURE p2 @id char(11)
AS
SELECT * FROM student WHERE id =@ id
```

单击“执行”按钮,显示命令已成功完成。

2. 删除存储过程

对于不再需要的存储过程,可以删除。DROP PROCEDURE 语句用于从当前数据库中删除一个或多个存储过程,语法格式如下。

```
DROP {PROC|PROCEDURE} {procedure} [,…n]
```

其中，procedure 为要删除的存储过程或存储过程组的名称。

【例 12-12】 删除存储过程 p1。

```
USE jsjxy
GO
DROP PROC p1
```

单击"执行"按钮，显示命令已成功完成。

12.2 触 发 器

就本质而言，触发器也是一种存储过程，它是一种在基本表被修改时自动执行的内嵌过程，主要通过事件进行触发而被执行，而存储过程可以通过存储过程名字被直接调用。

12.2.1 触发器概述

在 SQL Server 数据库系统中，存储过程和触发器都是 SQL 语句和流程控制语句的集合。

当对某一张表进行 UPDATE、INSERT、DELETE 操作时，SQL Server 2019 就会自动执行触发器所定义的 SQL 语句。从而确保对数据的处理符合由这些 SQL 语句所定义的规则，触发器的主要作用是其能实现由主键和外键所不能保证的复杂的参照完整性和数据的一致性，有助于强制引用完整性，以便在添加、更新或删除表中的行时保留表之间已定义的关系。

使用触发器主要可以实现以下操作。

(1) 强制比检查约束更复杂的数据的完整性。

(2) 使用自定义的错误提示信息。

(3) 实现数据库中多张表的级联修改。

(4) 比较数据库修改前后数据的状态。

(5) 调用更多的存储过程。

(6) 维护规范化数据。

12.2.2 触发器类型

SQL Server 2019 包含两大类触发器：DML 触发器和 DDL 触发器。

1. DML 触发器

当数据库中发生数据操作语言(DML)事件时，将调用 DML 触发器。DML 事件包括在指定表或视图中修改数据的INSERT语句、UPDATE语句或DELETE语句。系统将触发器和触发它的语句作为可在触发器内回滚的单个事务对待，如果检测到错误（如磁盘空间不足），则整个事务自动回滚。

DML触发器经常用于强制执行业务规则和数据完整性。可用于强制引用（参照）完整性，以便在多个表中添加、更新或删除行时，保留在这些表之间所定义的关系。但SQL Server通过ALTER TABLE和CREATE TABLE语句来提供声明性引用完整性，引用完整性是指有关表的主键和外键之间关系的规则。若要强制实现引用完整性，请在ALTER TABLE和CREATE TABLE中使用主键约束和外键约束。如果触发器表存在约束，则在INSTEAD OF触发器执行之后和AFTER触发器执行之前检查这些约束。如果违反了约束，则将回退INSTEAD OF触发器操作，并且不激活AFTER触发器。

DML触发器在以下方面非常有用。

(1) DML触发器可通过数据库中的相关表实现级联更改。不过，通过级联引用完整性约束可以更有效地进行这些更改。

(2) DML触发器可以防止恶意或错误的INSERT、UPDATE以及DELETE操作，并强制执行比检查约束定义的限制更为复杂的其他限制。与检查约束不同，DML触发器可以引用其他表中的列。

(3) DML触发器可以评估数据修改前后表的状态，并根据该差异采取措施。

(4) 一个表中的多个同类DML触发器（INSERT、UPDATE和DELETE）允许采取多个不同的操作来响应同一个修改语句。

DML触发器的类型如下。

(1) AFTER触发器。

这类触发器是在记录已经改变完之后，才会被激活执行，它主要用于记录变更后的处理或检查，一旦发现错误，也可以用ROLLBACK TRANSACTION语句来回滚本次操作。以删除记录为例，当SQL Server接收一个要执行删除操作的SQL语句时，SQL Server先将要删除的记录存放在一个临时表（删除表）里，然后把数据表里的记录删除，再激活AFTER触发器，执行AFTER触发器里的SQL语句。执行完毕之后，删除内存中的临时表，退出整个操作。

(2) INSTEAD OF触发器。

与AFTER触发器不同，这类触发器一般是用来取代在记录变更之前发生的原本的操作，它并不去执行原来SQL语句里的操作（UPDATE、INSERT、DELETE），而去执行触发器本身所定义的操作。

2. DDL触发器

DDL触发器将激发以响应各种数据定义语言（DDL）事件，与DML触发器不同的是，它们不会为响应针对表或视图的UPDATE、INSERT和DELETE语句而触发，相反它们会为响应多种数据定义语言语句而激发。这些语句主要是以CREATE、ALTER、DROP、GRANT、DENY、REVOKE、STATISTICS等T-SQL语句对应。执行DDL操作的系统存储过程也可以激发DDL触发器。

触发器的作用域取决于事件。例如，每当数据库中发生 CREATE TABLE 事件时，都会触发为响应 CREATE TABLE 事件创建的 DDL 触发器。每当服务器发生 CREATE LOGIN 事件时，都会触发为响应 CREATE LOGIN 事件创建的 DDL 触发器。

数据库范围内的 DDL 触发器都作为对象存储在创建它们的数据库中。

如果要执行以下操作，可以使用 DDL 触发器。

(1) 要防止对数据库框架进行某些修改。

(2) 希望根据数据库中发生的操作以响应数据库架构中的更改。

(3) 要记录数据库架构中的更改或事件。

仅在运行触发 DDL 触发器的 DDL 语句后，DDL 触发器才会激发。DDL 触发器无法作为 INSTEAD OF 触发器使用。

用户可以设计在运行一个或多个特定 T-SQL 语句后触发的 DDL 触发器，也可以设计在执行属于一组预定义的相似事件的任何 T-SQL 事件后触发的 DDL 触发器。例如，如果希望在运行 CREATE TABLE、ALTER TABLE 或 DROP TABLE 语句后触发的 DDL 触发器，则可以在 CREATE TRIGGER 语句中指定 FOR DDL_TABLE_EVENTS。

12.2.3 创建触发器

创建触发器时有如下注意事项。

(1) CREATE TRIGGER 语句必须是批处理的第一条语句，只能作用于一个表或视图。

(2) 创建触发器的权限默认分配给表的所有者，不能将该权限转给其他用户。

(3) 虽然触发器可以引用当前数据库以外的对象，但只能在当前数据库中创建触发器。

(4) 虽然不能在临时表或系统表上创建触发器，但是触发器可以引用临时表。不应引用系统表，而应使用信息架构视图。

(5) 在含有用 DELETE 或 UPDATE 操作定义的外键的表中，不能定义 INSTEAD OF 触发器。

(6) TRUNCATE TABLE 虽然在功能上与 DELETE 类似，但是由于 TRUNCATE 删除记录时不被记入事务日志，所以该语句不能激活 DELETE 触发器。

创建触发器需要指定下列几项内容。

(1) 触发器的名称。

(2) 在其上定义触发器的表。

(3) 触发器何时被激发。

(4) 激活触发器的数据修改语句。

SQL Server 2019 中创建触发器的方式有两种，一种是使用图形化界面创建，另一种是使用 T-SQL 语句创建。

1. 使用图形化界面创建触发器

(1) 打开 SSMS，如果创建的是 DDL 触发器，则展开要创建触发器的数据库。如果创建的是 DML 触发器，则展开要创建触发器的数据表。右击“触发器”，在弹出的快捷菜单中选择“新建触发器”命令。

（2）出现创建触发器的 T-SQL 语句，编辑相关的命令即可。

2. 使用 T-SQL 语句创建触发器

语法格式如下。

```
CREATE TRIGGER trigger_name
ON{table|view}
[WITH ENCRYPTION]
{FOR|AFTER|INSTEAD OF}
{[INSERT][UPDATE][DELETE]}
[NOT FOR REPLICATION]
AS {sql_statement […n]}
```

各参数说明如下。

（1）trigger_name：触发器的名称。trigger_name 必须遵循标识符规则，且在数据库中必须是唯一的。

（2）table|view：对其执行 DML 触发器的数据表名或视图名。

（3）WITH ENCRYPTION：对 CREATE TRIGGER 语句的定义文本进行加密处理。

（4）FOR|AFTER：AFTER 指定 DML 触发器仅在触发 SQL 语句中指定的所有操作都已成功执行时才被触发。所有的引用级联操作和约束检查也必须成功完成后，才能执行此触发器。不能对视图定义 AFTER 触发器。其中 AFTER 可以用 FOR 来取代。

（5）INSTEAD OF：指定执行触发器而不是执行触发语句，从而代替触发语句的操作。在表或视图上，每个 INSERT、UPDATE 或 DELETE 语句最多可以定义一个 INSTEAD OF 触发器。如果在对一个可更新的视图定义时，使用了 WITH CHECK OPTION 选项，则 INSTEAD OF 触发器不允许在这个视图上定义。

（6）[INSERT][UPDATE][DELETE]：指定数据修改语句，这些语句可以在 DML 触发器对此表或视图进行尝试时激活该触发器。必须至少指定一个选项，允许使用上述选项的任意顺序组合。

（7）NOT FOR REPLICATION：指示当复制代理修改涉及触发器的表时，不应执行触发器。

（8）sql_statement：定义触发器被触发后将执行的数据库操作，指定触发器执行的条件和动作。触发器条件是除引起触发器执行的操作外的附加条件；触发器动作是指当前用户执行激发触发器的某种操作并满足触发器的附加条件时触发器所执行的动作。

【例 12-13】 创建 DDL 触发器防止数据库中的表被删除。

```
USE jsjxy
GO
CREATE TRIGGER t1
```

```
ON DATABASE
FOR drop_table
AS
PRINT '数据库中的数据表不允许删除'
ROLLBACK
```

单击“执行”按钮，显示命令已成功完成。

【例 12-14】 在 jsjxy 数据库中删除 student 表。

```
USE jsjxy
GO
DROP TABLE student
```

运行上面的代码后，系统会触发 t1 触发器，该触发器显示提示信息，并回滚用户执行的操作，如图 12-7 所示。

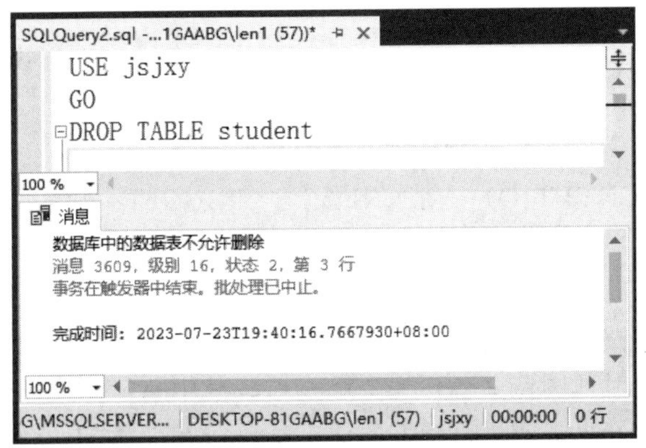

图 12-7 删除表时触发 t1 触发器

【例 12-15】 在 student 表上创建 DML 触发器，在发生 INSERT、UPDATE、DELETE 操作时，都会显示表中所有信息。

```
USE jsjxy
GO
CREATE TRIGGER t_student
ON student
FOR INSERT,UPDATE,DELETE
AS
SELECT * FROM student
```

单击“执行”按钮，显示命令已成功完成。

【例 12-16】 删除 student 表中学号为 20214103111 的学生。

```
USE jsjxy
GO
DELETE FROM student WHERE id='20214103111'
```

运行上面的代码后，系统会触发 t_student 触发器，该触发器显示 student 表中所有信息，如图 12-8 所示。

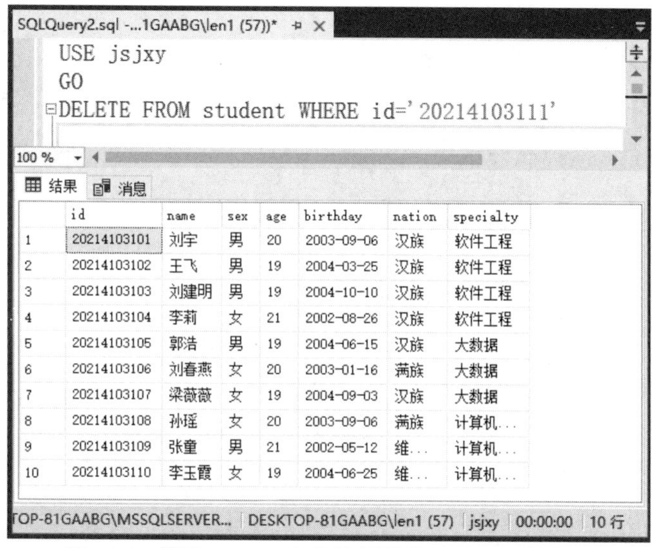

	id	name	sex	age	birthday	nation	specialty
1	20214103101	刘宇	男	20	2003-09-06	汉族	软件工程
2	20214103102	王飞	男	19	2004-03-25	汉族	软件工程
3	20214103103	刘建明	男	19	2004-10-10	汉族	软件工程
4	20214103104	李莉	女	21	2002-08-26	汉族	软件工程
5	20214103105	郭浩	男	19	2004-06-15	汉族	大数据
6	20214103106	刘春燕	女	20	2003-01-16	满族	大数据
7	20214103107	梁薇薇	女	19	2004-09-03	汉族	大数据
8	20214103108	孙瑶	女	20	2003-09-06	满族	计算机...
9	20214103109	张童	男	21	2002-05-12	维...	计算机...
10	20214103110	李玉霞	女	19	2004-06-25	维...	计算机...

图 12-8 删除 student 表中数据触发 t_student 触发器

12.2.4 插入表和删除表

在使用 DML 触发器的过程中，SQL Server 为每个 DML 触发器提供了两张特殊的临时表，分别是插入表(INSERTED)和删除表(DELETED)，它们与创建触发器的表具有相同的结构。

用户可以使用这两张表来检测某些修改操作所产生的影响。无论是 AFTER 触发器还是 INSTEAD OF 触发器，触发器被激活时，系统自动为它们创建这两张临时表。触发器一旦执行完成，这两张表将被自动删除，所以只能在触发器运行期间使用 SELECT 语句查询到这两张表，但不允许进行修改。

对具有 DML 触发器的表进行 INSERT、DELETE 和 UPDATE 操作时，过程分别如下。

(1) INSERT 操作：系统在原表插入记录的同时，也自动把记录插入 INSERTED 临时表中。

(2) DELETE 操作：系统在原表删除记录的同时，自动把删除的记录添加到 DELETED 临时表中。

(3) UPDATE 操作：这一事务由两部分组成，首先将旧的数据行从基本表中转移到 DELETED 表中；然后将新的数据行同时插入基本表和 INSERTED 临时表中。

【例 12-17】 在 sc 表上创建触发器，检查插入的成绩是否在 0～100。若不在此范围，取消插入操作并给出提示。

```
USE jsjxy
GO
CREATE TRIGGER t_sc
```

```
ON sc
FOR INSERT
AS
DECLARE @score int
SELECT @score=score FROM INSERTED
IF @score<0 OR @score>100
BEGIN
PRINT '成绩小于 0 或大于 100 了'
ROLLBACK
END
```

单击“执行”按钮,显示命令已成功完成。

【例 12-18】 在 sc 表中插入一条成绩小于 0 的记录。

```
USE jsjxy
GO
INSERT INTO sc VALUES('20214103105','20001',-1)
```

运行上面的代码后,系统会触发 t_sc 触发器,不能执行更新操作,如图 12-9 所示。

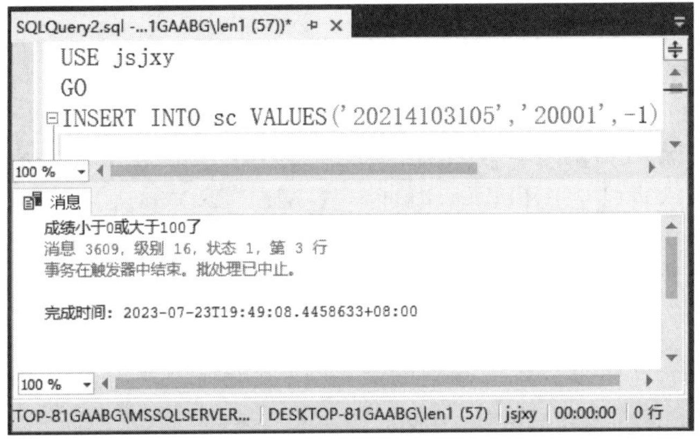

图 12-9　更新 sc 表中数据触发 t_sc 触发器

【例 12-19】 在 student 表中建立一个 update 触发器,实现 student 表和 sc 表的级联更新,当 student 表中记录的学号发生改变时,在 sc 表中对应记录的学号也要发生改变。

```
USE jsjxy
GO
CREATE TRIGGER t1_student
ON student
FOR UPDATE
AS
UPDATE sc SET id=(SELECT id FROM INSERTED)
WHERE id=(SELECT id FROM DELETED)
```

单击"执行"按钮,显示命令已成功完成。

【例 12-20】 把 student 表中的学号 20214103101 改为 20214103121。

```
USE jsjxy
GO
UPDATE STUDENT SET id='20214103121' WHERE id='20214103101'
```

运行上面的代码后,系统会触发 t1_student 触发器,对 student 表中数据更新的同时对 sc 表中数据进行更新,如图 12-10 所示。

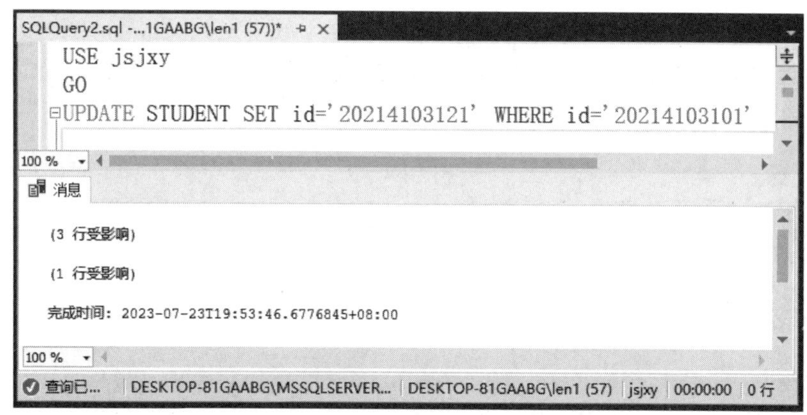

图 12-10 student 表和 sc 表级联更新

【例 12-21】 在 student 表中建立一个 delete 触发器,实现 student 表和 sc 表的级联删除,当 student 表中的记录被删除时,在 sc 表中对应记录也要删除。

```
USE jsjxy
GO
CREATE TRIGGER t2_student
ON student
FOR DELETE
AS
DELETE FROM sc WHERE id=(SELECT id FROM DELETED)
```

单击"执行"按钮,显示命令已成功完成。

【例 12-22】 删除 student 表中学号为 20214103121 的学生信息。

```
USE jsjxy
GO
DELETE FROM student WHERE id='20214103121'
```

运行上面的代码后,系统会触发 t2_student 触发器,删除 student 表中数据的同时删除 sc 表中对应的记录,如图 12-11 所示。

【例 12-23】 在 student 表中创建一个 INSTEAD OF 触发器,实现 student 表和 sc 表的级联更新,当 student 表中记录的学号发生改变时,在 sc 表中对应记录的学号也要

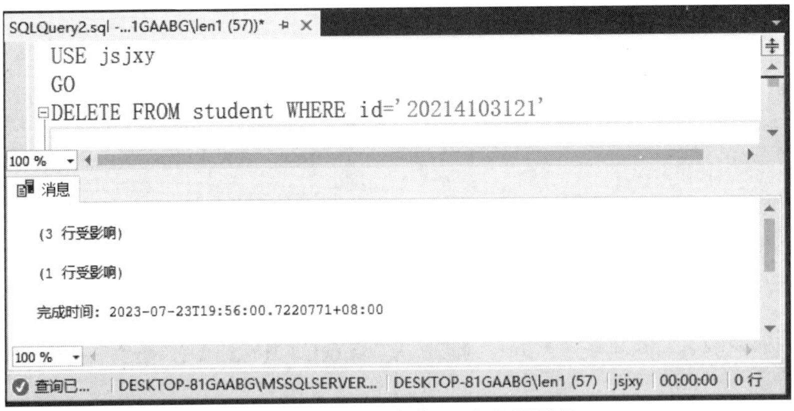

图 12-11　student 表和 sc 表级联删除

发生改变。

```
USE jsjxy
GO
CREATE TRIGGER t3_student
ON student
FOR UPDATE
AS
UPDATE sc SET id=(SELECT id FROM INSERTED)
WHERE id=(SELECT id FROM DELETED)
UPDATE student SET id=(SELECT id FROM INSERTED)
WHERE id=(SELECT id FROM DELETED)
```

单击“执行”按钮，显示命令已成功完成。

【例 12-24】　把 student 表中的学号 20214103102 改为 20214103122。

```
USE jsjxy
GO
UPDATE student SET id='20214103122' WHERE id='20214103102'
```

运行上面的代码后，系统会触发 t3_student 触发器，对 student 表中数据更新的同时对 sc 表中数据进行更新，如图 12-12 所示。

【例 12-25】　在 student 表中创建一个 INSTEAD OF 触发器，实现 student 表和 sc 表的级联删除，当 student 表中记录被删除时，在 sc 表中对应记录也要删除。

```
USE jsjxy
GO
CREATE TRIGGER t4_student
ON student
FOR DELETE
AS
DELETE FROM student WHERE id=(SELECT id FROM DELETED)
DELETE FROM sc WHERE id=(SELECT id FROM DELETED)
```

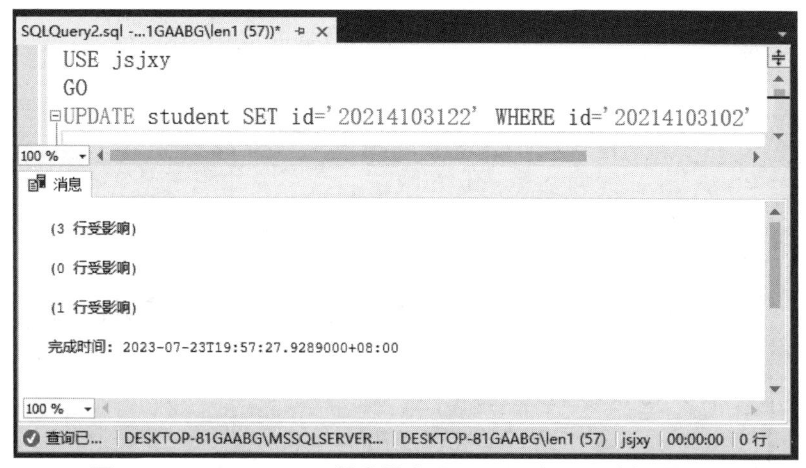

图 12-12　INSTEAD OF 触发器实现 student 表和 sc 表级联更新

单击"执行"按钮,显示命令已成功完成。

【例 12-26】 删除学生表中学号为 20214103122 的学生信息。

```
USE jsjxy
GO
DELETE FROM student WHERE id='20214103122'
```

运行上面的代码后,系统会触发 t4_student 触发器,删除 student 表中数据的同时删除 sc 表中对应的记录,如图 12-13 所示。

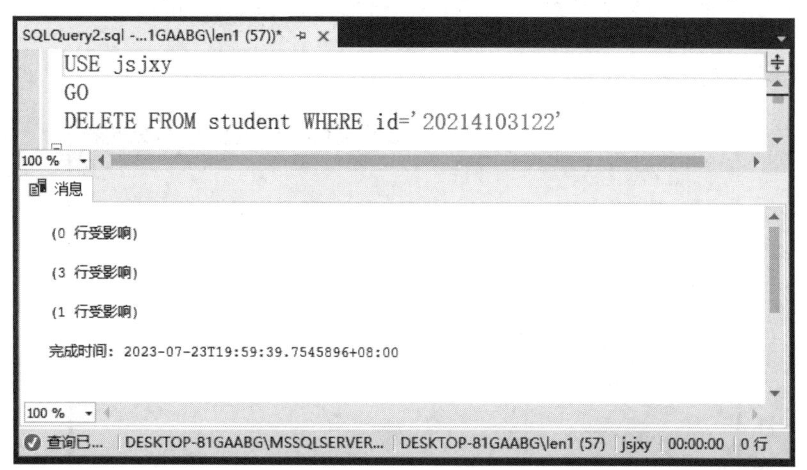

图 12-13　INSTEAD OF 触发器实现 student 表和 sc 表级联删除

12.2.5　查看触发器

用户可以利用 SQL Server 提供的系统存储过程 sp_help 和 sp_helptext 分别查看触发器的不同信息。

(1) 通过 sp_help 系统存储过程,可以了解触发器的一般信息,包括名字、拥有者名称、类型、创建时间等。

【例 12-27】 通过 sp_help 查看 student 上的触发器 t1_student。

```
USE jsjxy
GO
EXEC sp_help t1_student
```

运行结果如图 12-14 所示。

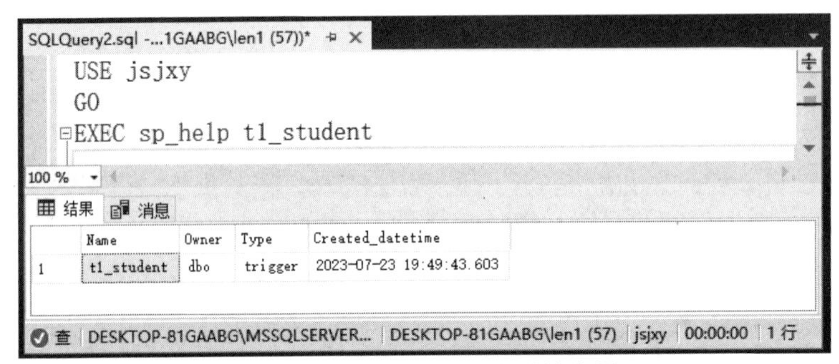

图 12-14 通过 sp_help 查看触发器

(2) 通过 sp_helptext 可以查看触发器的定义信息。

【例 12-28】 通过 sp_helptext 查看 student 表上的触发器 t1_student。

```
USE jsjxy
GO
EXEC sp_helptext t1_student
```

运行结果如图 12-15 所示。

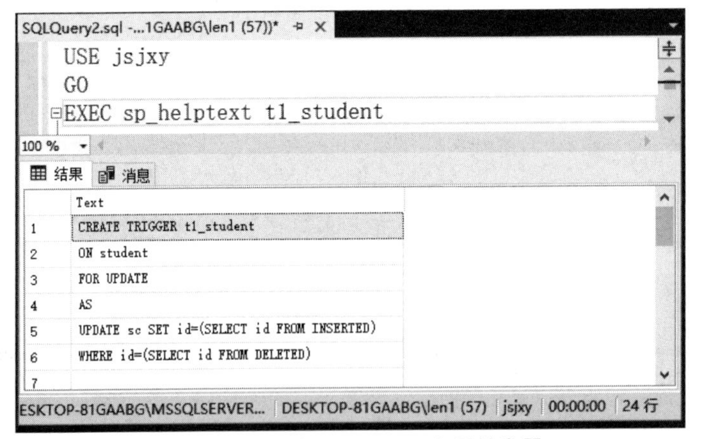

图 12-15 通过 sp_helptext 查看触发器

12.2.6 修改触发器

通过图形化界面或 T-SQL 语句，都可以进行触发器的修改，并且都是修改相关的命令即可。

SQL Server 提供了 ALTER TRIGGER 语句来修改触发器。

语法格式如下。

```
ALTER TRIGGER trigger_name
ON {table | view}
[WITH ENCRYPTION]
{FOR | AFTER | INSTEAD OF}
{[INSERT] [UPDATE] [DELETE]}
[NOT FOR REPLICATION]
AS {sql_statement [,…n]}
```

语句中的参数和创建触发器语句中的参数相同。

【例 12-29】 修改 student 表上 t_student 触发器,仅在发生 DELETE 操作时,显示表中所有信息。

```
USE jsjxy
GO
ALTER TRIGGER t_student
ON student
FOR DELETE
AS
SELECT * FROM student
```

运行结果如图 12-16 所示。

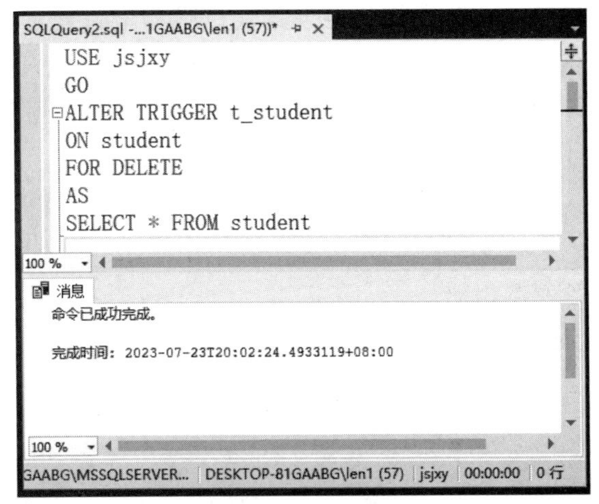

图 12-16 修改触发器

12.2.7 禁用、启用触发器

禁用触发器和删除触发器不同,禁用触发器时,触发器只是不会被执行,但是仍然在数据表上定义了该触发器,重新启用触发器后,触发器会被执行。

1. 禁用触发器

禁用触发器后，在执行 INSERT、UPDATE 或 DELETE 语句时，不会执行触发器中的操作。

可以使用 DISABLE TRIGGER 语句禁用触发器。

语法格式如下。

```
ALTER TABLE table_name
DISABLE TRIGGER{ALL|trigger_name[,…n]}
```

各参数说明如下。

(1) ALL：表示禁用所有触发器。

(2) trigger_name：指定触发器的名称。

【例 12-30】 禁用 student 表上的 t_student 触发器。

```
USE jsjxy
GO
ALTER TABLE student
DISABLE TRIGGER t_student
```

单击"执行"按钮，显示命令已成功完成。

2. 启用触发器

已禁用的触发器可以被重新启用。触发器会以最初被创建的方式触发。在默认情况下，创建触发器后会启用触发器。使用 ENABLE TRIGGER 语句启用触发器。

语法格式如下。

```
ALTER TABLE table_name
ENABLE TRIGGER{ALL|trigger_name[,…n]}
```

参数说明和禁用触发器相同。

【例 12-31】 启用 student 表上的 t_student 触发器。

```
USE jsjxy
GO
ALTER TABLE student
ENABLE TRIGGER t_student
```

单击"执行"按钮，显示命令已成功完成。

12.2.8 删除触发器

用户可以删除不再需要的触发器，此时原来的触发表以及表中的数据不受影响。如果删除表，则表中所有的触发器将被自动删除。

使用 DROP TRIGGER 语句删除触发器，其语法格式如下。

```
DROP TRIGGER trigger_name
```

【例 12-32】 删除 student 表上的 t_student 触发器。

```
USE jsjxy
GO
DROP TRIGGER t_student
```

单击“执行”按钮，显示命令已成功完成。

12.3 游 标

在 SQL Server 2019 关系数据库中的操作会对整个行集起作用，例如，由 SELECT 语句返回的行集包括满足该语句的 WHERE 子句中条件的所有行。这种由语句返回的完整行集称为结果集。应用程序特别是交互式联机应用程序，并不总能将整个结果集作为一个单元来有效地处理。这些应用程序需要一种机制以便每次处理一行或一部分行。游标就是提供这种机制的对结果集的一种扩展。

12.3.1 游标概述

游标就是一种定位并控制结果集的机制，可以减少客户端应用程序的工作量和访问数据库的次数，通常在存储过程中使用。在存储过程中使用 SELECT 语句查询数据库时，查询返回的数据存放在结果集中。用户在得到结果集后，需要逐行逐列地获取其中包含的数据，从而在应用程序中使用这些值。

用数据库语言来描述，游标是映射结果集并在结果集内的单个行上建立一个位置的实体。有了游标，用户就可以访问结果集中的任意一行数据了。在将游标放置到某行之后，可以在该行或从该位置开始的行快速执行操作，而指向游标结果集中某一条记录的指针叫作游标位置。

游标具有以下功能。

(1) 允许定位在结果集的特定行。

(2) 从结果集的当前位置检索一行或多行。

(3) 支持对结果集中当前位置的行进行数据修改。

(4) 如果其他用户需要对显示在结果集中的数据库数据进行修改，游标可以提供不同级别的可见性支持。

(5) 提供脚本、存储过程、触发器中使用的、访问结果集中的数据的 T-SQL 语句。

12.3.2 游标类型

SQL Server 支持 3 种类型的游标：T-SQL 游标、API 游标和客户游标。

（1）T-SQL 游标。

T-SQL 游标由 DECLARE CURSOR 语法定义，主要用在 T-SQL 脚本、存储过程和触发器中。T-SQL 游标主要用在服务器上，由从客户端发送给服务器的 T-SQL 语句或是批处理、存储过程、触发器中的 T-SQL 进行管理。T-SQL 游标不支持提取数据块或多行数据。

（2）API 游标。

API 游标支持在 OLE DB、ODBC 以及 DB_library 中使用游标函数，主要用在服务器上。每一次客户端应用程序调用 API 游标函数，SQL Server 的 OLE DB 提供者、ODBC 驱动器或 DB_library 的动态链接库（DLL）都会将这些客户请求传送给服务器以对 API 游标进行处理。

（3）客户游标。

客户游标主要是当在客户机上缓存结果集时才使用。在客户游标中，有一个默认的结果集被用来在客户机上缓存整个结果集。客户游标仅支持静态游标而非动态游标。由于服务器游标并不支持所有的 T-SQL 语句或批处理，所以客户游标常常仅被用作服务器游标的辅助。因为在一般情况下，服务器游标能支持绝大多数的游标操作。

由于 T-SQL 游标和 API 游标使用在服务器端，所以被称为服务器游标，也被称为后台游标，而客户端游标被称为前台游标。本章主要讲述服务器（后台）游标。

服务器游标包含以下 4 种：静态游标、动态游标、只进游标、键集驱动游标。

（1）静态游标。

静态游标的完整结果集将打开游标时建立的结果集存储在临时表中。静态游标始终是只读的，总是按照打开游标时的原样显示结果集；静态游标不反映数据库中做的任何修改，也不反映对结果集行的列值所做的更改；静态游标不显示打开游标后在数据库中新插入的行；静态游标组成结果集的行被其他用户更新，新的数据值不会显示在静态游标中；但是静态游标会显示打开游标以后从数据库中删除的行。

（2）动态游标。

动态游标与静态游标相反，当滚动游标时动态游标反映结果集中的所有更改。结果集中的行数据值、顺序和成员每次提取时都会改变。

（3）只进游标。

只进游标不支持滚动，它只支持游标从头到尾顺序提取数据行。只进游标也反映对结果集所做的所有更改。

（4）键集驱动游标。

键集驱动游标同时具有静态游标和动态游标的特点。当打开游标时，该游标中的成员以及行的顺序是固定的，键集在游标打开时也会存储在临时工作表中，对非键集列的数据值的更改在用户游标滚动时可以看见，在游标打开以后对数据库中插入的行是不可见的，除非关闭后重新打开游标。

12.3.3 游标使用

使用游标的基本的步骤有如下 5 步，分别是声明游标、打开游标、提取数据、关闭游标和释放游标。

1. 声明游标

和使用其他类型的变量一样，使用一个游标之前，首先应当声明它。游标的声明包括两部分：游标的名称和这个游标所用到的 SQL 语句。声明游标有两种方式：SQL-92 方式和 T-SQL 扩展方式。

1）SQL-92 方式

其语法格式如下。

```
DECLARE cursor_name [INSENSITIVE] [SCROLL] CURSOR
FOR select_statement
[FOR {READ ONLY | UPDATE [OF column_name [,…n]]}]
```

各参数说明如下。

（1）cursor_name：游标名。

（2）INSENSITIVE：表示声明一个静态游标。

（3）SCROLL：表示声明一个滚动游标，可使用所有的提取选项滚动，包括 FIRST、LAST、PRIOR、NEXT、RELATIVE 和 ABSOLUTE。

（4）select_statement：表示 SELECT 语句。

（5）READ ONLY：表示声明一个只读游标。

（6）UPDATE：指定游标中可以更新的列。如果有 OF column_name，则只能修改指定的列。如果没有，则可以修改所有的列。

【例 12-33】 声明一个名为 student1_cursor 的游标，用于查询软件工程专业的学生的信息。

```
DECLARE student1_cursor CURSOR FOR
SELECT * FROM student WHERE specialty='软件工程'
```

2）T-SQL 扩展方式

T-SQL 扩展方式也提供了声明游标语句 DECLARE CURSOR，语法格式如下。

```
DECLARE cursor_name CURSOR
[LOCAL|GLOBAL]
[FORWARD_ONLY|SCROLL]
[STATIC|KEYSET|DYNAMIC|FAST_FORWARD]
[READ_ONLY|SCROLL_LOCKS|OPTIMISTIC]
[TYPE_WARING]
FOR select_list
[FOR UPDATE [OF column_name [,…n]]}]
```

各参数说明如下。

（1）LOCAL：定义游标的作用域仅限在其所在的存储过程、触发器或批处理中。当建立游标的存储过程执行结束后，游标会被自动释放。

(2) GLOBAL：定义游标的作用域，说明所声明的游标是全局游标，作用于整个会话层中。只有当用户脱离数据库时，该游标才会被自动释放。如果既未使用 GLOBAL，也未使用 LOCAL，那么 SQL Server 2019 将默认为 LOCAL。

(3) FORWARD_ONLY：指明在从游标中提取数据记录时，只能按照从第一行到最后一行的顺序，此时只能选用 FETCH NEXT 操作。

(4) STATIC：与 INSENSITIVE 选项一样，SQL Server 2019 会将游标定义所选取出来的数据记录存放在一个临时表内。对该游标的读取操作皆由临时表来完成。

(5) KEYSET：指出当游标被打开时，游标中列的顺序是固定的，并且 SQL Server 2019 会在 tempdb 内建立一个表，该表即 KEYSET 的键值，可以唯一识别游标中的某行数据。

(6) DYNAMIC：指明基础表的变化将反映到游标中，使用这个选项会最大限度地保证数据的一致性。然而，与 KEYSET 和 STATIC 类型游标相比，此类型游标需要大量的游标资源。

(7) FAST_FORWARD：指明一个 FORWARD_ONLY、READ_ONLY 型游标。此选项已为执行进行了优化。如果 SCROLL 或 FOR_UPDATE 选项被定义，则 FAST_FORWARD 选项不能被定义。

(8) SCROLL_LOCKS：指明锁被放置在游标结果集所使用的数据上。当数据被读入游标中时，就会出现锁。这个选项确保对一个游标进行的更新和删除操作总能被成功执行。如果 FAST_FORWARD 选项被定义，则不能选择该选项。另外，由于数据被游标锁定，所以如果要考虑数据并处理时，应避免使用该选项。

(9) OPTIMISTIC：指明在数据被读入游标后，如果游标中的某行数据已发生变化，那么对游标数据进行更新或删除可能导致失败。如果使用了 FAST_FORWARD 选项，则不能使用该选项。

(10) TYPE_WARING：指明若游标类型被修改，与用户定义的类型不同时，将发送一个警告信息给客户端。

【例 12-34】 声明一个名为 student2_cursor 的游标，用于查询软件工程专业的学生的信息。要求游标是动态的、可前后滚动的，其中 sex 列数据可以修改。

```
USE jsjxy
GO
DECLARE student1_cursor CURSOR
DYNAMIC FOR
SELECT * FROM student WHERE specialty='软件工程'
FOR UPDATE OF sex
```

2. 打开游标

声明了游标后，在做其他操作之前，必须打开它。打开一个 T-SQL 服务器游标使用 OPEN 命令，其语法格式如下。

```
OPEN {{[GLOBAL] cursor_name}|cursor_variable_name}
```

各参数说明如下。

(1) GLOBAL：定义游标为一个全局游标。

(2) cursor_name：声明的游标的名字。如果一个全局游标和一个局部游标都使用同一个游标名，则使用 GLOBAL 便表明其为全局游标，否则表明其为局部游标。

(3) cursor_variable_name：游标变量。当打开一个游标后，SQL Server 首先检查声明游标的语法是否正确，如果游标声明中有变量，则将变量值带入。

【例 12-35】 打开例 12-33 声明的游标。

```
USE jsjxy
GO
OPEN student1_cursor
```

3. 提取数据

当游标被成功打开以后，就可以从游标中逐行地读取数据，以进行相关处理。从游标中读取数据主要使用 FETCH 命令，其语法格式如下。

```
FETCH [[NEXT | PRIOR | FIRST | LAST
| ABSOLUTE {n | @nvar}| RELATIVE {n | @nvar}]
FROM ]
{{[ GLOBAL ] cursor_name } | cursor_variable_name}
[INTO @ variable_name [,…n]]
```

各参数说明如下。

(1) NEXT：返回结果集中当前行的下一行，并增加当前行数为返回行行数。如果 FETCH NEXT 是第一次读取游标中数据，则返回结果集中的是第一行而不是第二行。

(2) PRIOR：返回结果集中当前行的前一行，并减少当前行数为返回行行数。如果 FETCH PRIOR 是第一次读取游标中的数据，则无数据记录返回，并把游标位置设为第一行。

(3) FIRST：返回游标中的第一行。

(4) LAST：返回游标中的最后一行。

(5) ABSOLUTE：如果 n 或@nvar 为正数，则表示从游标中返回的数据行数；如果 n 或@nvar 为负数，则返回游标内从最后一行数据算起的第 n 或@nvar 行数据。若 n 或@nvar 超过游标的数据子集范畴，则@@FETCH_STARS 返回－1，在该情况下，如果 n 或@nvar 为负数，则执行 FETCH NEXT 命令会得到第一行数据，如果 n 或@nvar 为正值，执行 FETCH PRIOR 命令则会得到最后一行数据。n 或@nvar 可以是一个固定值，也可以是一个 smallint、tinyint 或 int 类型的变量。

(6) RELATIVE{n|@nvar}：若 n 或@nvar 为正数，则读取游标当前位置起向后的第 n 或@nvar 行数据；如果 n 或@nvar 为负数，则读取游标当前位置向前的第 n 或

@nvar行数据。若 n 或@nvar 超过游标的数据子集范畴，则@@FETCH_STARS 返回－1，在该情况下，如果 n 或@nvar 为负数，则执行 FETCH NEXT 命令会得到第一行数据，如果 n 或@nvar 为正值，执行 FETCH PRIOR 命令则会得到最后一行数据。n 或@nvar 可以是一个固定值，也可以是一个 smallint、tinyint 或 int 类型的变量。

（7）INTO @ variable_name [，…n]：允许将使用 FETCH 命令读取的数据存放在多个变量中，在变量行中的每个变量必须与游标结果集中响应的列对应，每一变量的数据类型也要与游标中数据列的数据类型相匹配。

【例 12-36】 从例 12-33 声明的游标中读取数据。

```
USE jsjxy
GO
FETCH NEXT FROM student1_cursor
```

4. 关闭游标

在处理完游标中数据之后，必须关闭游标来释放数据结果集和定位于数据记录上的锁。可以使用 CLOSE 语句关闭游标，但此语句不释放游标占用的数据结构。其关闭游标的语法格式如下。

```
CLOSE { { [GLOBAL] cursor_name } | cursor_variable_name }
```

其中，参数的含义与打开游标的命令相同。

【例 12-37】 关闭 student1_cursor。

```
USE jsjxy
GO
CLOSE student1_cursor
```

5. 释放游标

不再需要使用游标时，要释放游标。使用 DEALLOCATE 语句可以释放数据结构和游标所加的锁。释放游标的语法格式如下。

```
DEALLOCATE {{[GLOBAL] cursor_name }| cursor_variable_name}
```

其中，参数的含义与打开游标的命令相同。

【例 12-38】 释放 student1_cursor 游标。

```
USE jsjxy
GO
DEALLOCATE student1_cursor
```

习　　题

一、选择题

1. 启用触发器的命令为(　　)。

   A. ENABLE TRIGGER　　B. DISABLE TRIGGER

   C. DECLARE TRIGGER　　D. FOR TRIGGER

2. 游标就是指向内存中的结果集的(　　)。

   A. 协议　　B. 操作　　C. 指针　　D. 行集

3. 对创建存储过程的语句进行加密的关键字是(　　)。

   A. RECOMPILE　　B. ENCRYPTION

   C. REPLICATION　　D. REPROCEDURE

4. (　　)是 SQL 语句和可选流程控制语句的预编译集合,它以一个名称存储并作为一个单元处理,能够提高系统的应用效率和执行速度。

   A. 存储过程　　B. 游标　　C. 索引　　D. 视图

5. 创建存储过程时,如果存储过程的名称以“#”号开头,则该存储过程是(　　)。

   A. 系统存储过程　　B. 本地临时存储过程

   C. 全局临时存储过程　　D. 远程存储过程

6. 存储过程使用(　　)语句返回一个状态值。

   A. PRINT　　B. OUT　　C. RETURN　　D. OUTPUT

二、填空题

1. 标识存储过程输出参数的关键字为(　　)。
2. SQL Server 的 DML 触发器分为两类:(　　)和 INSTEAD OF 触发器。
3. (　　)是一种特殊类型的存储过程。
4. 系统存储过程以(　　)为前缀。
5. 创建存储过程的 T_SQL 语句为(　　)。
6. 执行存储过程的 T_SQL 命令是(　　)。
7. 关闭游标的 T_SQL 语句为(　　)。

第13章 chapter 13

事务和锁

本章学习重点：

- 事务的概念。
- 锁的概念。

关系数据库有4个显著的特征，即安全性、完整性、并发性和监测性。安全性就是要保证数据库中数据的安全，防止未授权用户随意修改数据库中的数据，确保数据的安全。完整性是数据库的一个重要特征，也是保证数据库中的数据切实有效、防止错误、实现商业规则的一种重要机制。在数据库中，区别所保存的数据是无用的垃圾还是有价值的信息，主要是依据数据库的完整性是否健全，即实体完整性、域完整性和参考完整性。对任何系统都可以这样说，没有监测，就没有优化。只有通过对数据库进行全面的性能监测，才能发现影响系统性能的因素和瓶颈，才能针对瓶颈因素，采取切合实际的策略来解决问题，提高系统的性能。并发性用于解决多个用户对同一数据进行操作时的问题。特别是对于网络数据库来说，这个特点更加突出。提高数据库的处理速度，单单依靠提高计算机的物理速度是不够的，还必须充分考虑数据库的并发问题，提高数据库并发性的效率。

13.1 事　务

事务处理是数据库的主要工作，事务由一系列的数据操作组成，是数据库应用程序的基本逻辑单元，用于保证数据的一致性。SQL Server 2019提供了几种自动的、可以通过编程来完成的机制，包括事务日志、SQL事务控制语句，以及事务处理运行过程中通过锁保证数据完整性的机制。

13.1.1 事务概述

事务和存储过程类似，由一系列T-SQL语句组成，是SQL Server 2019系统的执行单元。在数据库处理数据的时候，有一些操作是不可分割的整体。例如，当用银行卡消费的时候首先要在账户扣除资金，然后再添加资金到公司的户头上。在这个过程中用户所进行的实际操作可以理解成不可分割的，不能只扣除不添加，当然也不能只添加不扣除。

利用事务可以解决上面的问题，即把这些操作放在一个容器里，强制用户执行完所有的操作或者不执行任何一条语句。事务就是作为单个逻辑工作单元执行的一系列操作，这一系列的操作或者都被执行或者都不被执行。

在 SQL Server 2019 中，事务要求处理时必须满足 ACID 原则，即原子性(A)、一致性(C)、隔离性(I)和持久性(D)。

(1) 原子性。事务必须是原子工作单元，对于其数据修改，要么全都执行，要么全都不执行。

(2) 一致性。事务在完成时，必须使所有的数据都保持一致状态。在相关数据库中，所有规则都必须应用于事务的修改，以保持所有数据的完整性。

(3) 隔离性。由并发事务所做的修改必须与任何其他并发事务所做的修改隔离。事务查看数据时，数据所处的状态要么是另一并发事务修改它之前的状态，要么是另一事务修改它之后的状态，事务不会查看中间状态的数据。

(4) 持久性。事务完成之后，它对于系统的影响是永久性的。该修改即使出现系统故障也将一直保持。

事务的这种机制保证了一个事务或者成功提交，或者回滚失败，二者必发生一种，因此，事务对数据的修改具有可恢复性，即当事务失败时，它对数据的修改都会恢复到该事务执行前的状态。而使用一般的批处理，则有可能出现有的语句被执行，而另一些语句没有被执行的情况，从而有可能造成数据不一致。

13.1.2 事务类型

根据事务的系统设置和运行模式的不同，SQL Server 2019 将事务分为多种类型。

1. 根据系统的设置分类

根据系统的设置，SQL Server 2019 将事务分为两种类型：系统事务和用户定义事务。

1) 系统事务

系统提供的事务是指在执行某些语句时，一条语句就是一个事务。但是要明确，一条语句的对象既可能是表中的一行数据，也可能是表中的多行数据，甚至是表中的全部数据。因此，只有一条语句构成的事务也可能包含了多行数据的处理。

系统提供的事务语句：ALTER、CREATE、DELETE、DROP、FETCH、GRANT、INSERT、OPEN、REVOKE、SELECT、UPDATE、TRUNCATE TABLE，这些语句本身就构成了一个事务。

【例 13-1】 使用 ALTER TABLE 修改 student 表。

```
ALTER TABLE student
ALTER COLUMN name nvarchar(20) NOT NULL
```

这条语句就构成了一个事务，要么全部执行，要么都不执行。

2）用户定义事务

在实际应用中，大多数的事务处理采用了用户定义事务来处理。在开发应用程序时，可以使用 BEGIN TRANSACTION 语句来定义明确的用户定义事务。在使用用户定义事务时，一定要注意事务必须有明确的结束语句来结束。如果不使用明确的结束语句来结束，那么系统可能把从事务开始到用户关闭连接之间的全部操作都作为一个事务来对待。事务的明确结束可以使用如下两个语句：COMMIT 语句和 ROLLBACK 语句。COMMIT 语句是提交语句，将全部完成的语句明确地提交到数据库中。ROLLBACK 语句是取消语句，该语句将事务的操作全部取消，即表示事务操作失败。

2. 根据运行模式分类

根据运行模式的不同，SQL Server 2019 将事务分为 4 种类型：自动提交事务、显式事务、隐式事务和批处理级事务。

1）自动提交事务

自动提交事务是指每条单独的 T-SQL 语句都是一个事务。如果没有通过任何 T-SQL 语句设置事务，一条 T-SQL 语句就是一个事务，语句执行完事务就结束。每条 T-SQL 语句都可以叫作一个自动提交事务。

2）显式事务

显式事务指每个事务均以 BEGIN TRANSACTION 语句、COMMIT TRANSACTION 或 ROLLBACK TRANSACTION 语句明确地定义了什么时候启动事务、什么时候结束事务。

3）隐式事务

隐式事务指在前一个事务完成时新事务隐式启动，但每个事务仍以 COMMIT TRANSACTION 或 ROLLBACK TRANSACTION 语句显式结束。

4）批处理级事务

批处理级事务是 SQL Server 2019 的新增功能，该事务只能应用于多个活动结果集（MARS），在 MARS 会话中启动的 T-SQL 显式或隐式事务变为批处理级事务。

13.1.3 事务处理语句

所有的 T-SQL 语句本身都是内在的事务。另外，SQL Server 中有专门的事务处理语句，这些语句将 SQL 语句集合分组后形成单个的逻辑工作单元。事务处理的 T-SQL 语句如下。

（1）定义一个事务的开始：BEGIN TRANSACTION。

（2）提交一个事务：COMMIT TRANSACTION。

（3）在事务内设置保存点：SAVE TRANSACTION。

（4）回滚事务：ROLLBACK TRANSACTION。

BEGIN TRANSACTION 代表一个事务的开始位置，每个事务继续执行直到用 COMMIT TRANSACTION 提交，从而正确地完成对数据库做永久的改动；或者遇上错误用 ROLLBACK TRANSACTION 语句撤销所有改动，也就是回滚整个事务，也可以回滚到事务内的某个保存点，它也标志一个事务的结束。

1. 开始事务

开始一个本地事务的语法格式如下。

```
BEGIN {TRAN | TRANSACTION}
[{transaction_name | @tran_name_variable}
 [WITH MARK ['description']]
]
```

各参数说明如下。

(1) transaction_name：分配给事务的名称。transaction_name 必须符合标识符规则。

(2) @tran_name_variable：用户定义的、含有有效事务名称的变量的名称。

(3) WITH MARK ['description']：指定在日志中标记事务。description 是描述该标记的字符串。

2. 提交事务

当一个成功的隐式事务或显式事务结束时，需要使用 COMMIT TRANSACTION 语句提交事务，其语法格式如下。

```
COMMIT {TRAN|TRANSACTION}[transaction_name|@tran_name_variable]
```

其中，各参数的含义同开始事务(BEGIN TRANSACTION)。

因为数据已经永久修改，所以在 COMMITTRANSACTION 语句后不能回滚事务。在嵌套事务中使用 COMMIT TRANSACTION 时，内部事务的提交并不释放资源，也没有执行永久修改，只有在提交了外部事务时，数据修改才具有永久性且资源才会被释放。

3. 设置保存点

可以使用 SAVE TRANSACTION 语句在事务内部设置保存点，以便回滚事务时回滚到某个保存点，其语法格式如下。

```
SAVE {TRAN
|TRANSACTION} [transaction_name
|@tran_name_variable
|savepoint_name
|@savepoint_variable]
```

各参数说明如下。

(1) savepoint_name：分配给保存点的名称。保存点名称必须符合标识符规则。

(2) @savepoint_variable：包含有效保存点名称的用户定义变量的名称。

4. 回滚事务

当需要将显式事务或隐式事务回滚到事务的起点或事务内的某个保存点时，需要使用 ROLLBACK TRANSACTION 语句回滚事务，其语法格式如下。

```
ROLLBACK {TRAN | TRANSACTION}
[transaction_name
|@tran_name_variable
|savepoint_name
|@savepoint_variable ]
```

其中，各参数的含义同上面 3 条语句的相关命令。

对于 ROLLBACK TRANSACTION 语句需要注意以下几点。

(1) 如果不指定回滚的事务名称或保存点，则 ROLLBACK TRANSACTION 命令会将事务回滚到事务的起点。

(2) 在嵌套事务时，该语句将所有内层事务回滚到最远的 BEGIN TRANSACTION 语句，transaction_name 也只能是来自最远的 BEGIN TRANSACTION 语句的名称。

(3) 在执行 COMMIT TRANSACTION 语句后不能回滚事务。

(4) 如果在触发器中发出 ROLLBACK TRANSACTION 命令，将回滚对当前事务中所做的所有数据修改，包括触发器所做的修改。

(5) 事务在执行过程中出现任何错误，SQL Server 都将自动回滚事务。

使用事务时应注意以下几点。

(1) 不是所有的 T-SQL 语句都能放在事务里，通常插入数据、更新数据、删除数据、查询数据等可以放在事务里，创建、删除、恢复数据库等不能放在事务里。

(2) 事务要尽量小，而且一个事务占用的资源越少越好。

(3) 如果事务在事务中间发生了错误，并不是所有情况都会回滚，只有达到一定的错误级别才会回滚，可以在事务中使用@@err 变量查看是否发生了错误。

【例 13-2】 定义一个事务，将软件工程专业学生的性别改为“男”，并提交该事务。

```
USE jsjxy
GO
DECLARE @t_specialty nvarchar(20)
SET @t_specialty='modify_sex'
BEGIN TRANSACTION @t_specialty
UPDATE student SET sex='男' WHERE specialty='软件工程'
COMMIT TRANSACTION @t_specialty
```

【例 13-3】 定义一个事务，向 student 表中插入一条记录，并设置保存点。然后删除该条记录，并回滚到事务的保存点，提交该事务。

```
BEGIN TRANSACTION
USE jsjxy
```

```
INSERT INTO student VALUES('20214103112','张三','男',20,'1996-9-9','汉族','软件工程')
SAVE TRAN SAVEPOINT
DELETE FROM student WHERE id='20214103112'
ROLLBACK TRAN SAVEPOINT
COMMIT
```

13.2 锁

并发控制指的是当多个用户同时更新行时，用于保护数据库完整性的各种技术，其目的是保证一个用户的工作不会对另一个用户的工作产生不合理的影响。在某些情况下，这些措施保证了当用户和其他用户一起操作时，所得的结果和单独操作时的结果是一样的。锁是实现并发控制的主要方法，是多个用户能够同时操纵同一个数据库中的数据而不发生数据不一致现象的重要保障。

并发性用于解决多个用户对同一数据进行操作时的问题。特别是对于网络数据库来说，这个特点更加突出。提高数据库的处理速度，单单依靠提高计算机的物理速度是不够的，还必须充分考虑数据库的并发性问题，提高数据库并发性的效率。

当多个用户同时读取或修改相同的数据库资源的时候，通过并发控制机制可以控制用户的读取和修改。锁就是实现并发控制的主要方法，如果没有锁定且多个用户同时访问一个数据库，则当事务同时使用相同的数据时就可能会发生问题，这些问题包括以下几种情况。

1. 丢失或覆盖更新

当两个或多个事务选择同一行，然后基于最初选定的值更新该行时，会发生丢失更新问题。每个事务都不知道其他事务的存在。最后的更新将重写由其他事务所做的更新，这将导致数据丢失。

例如，事务 T1 读取某表中数据 A＝20，事务 T2 也读取 A＝20，事务 T1 修改 A＝A－1，事务 T2 也修改 A＝A－1；最终结果 A＝19，事务 T1 的修改被丢失。

2. 未确认的相关性(脏读)

当第二个事务选择其他事务正在更新的行时，会发生未确认的相关性问题。第二个事务正在读取的数据还没有确认并且可能由更新此行的事务更改。

例如，事务 T1 读取某表中数据 A＝20，并修改 A＝A－1，写回数据库，事务 T2 读取 A＝19，事务 T1 回滚了前面的操作，事务 T2 也修改 A＝A－1，最终结果 A＝18，事务 T2 读取的就是“脏数据”。

3. 非重复读

当第二个事务多次访问同一行而且每次读取不同的数据时，会发生不一致的分析问题。不一致的分析与未确认的相关性类似，因为其他事务也是正在更改第二个事务正在读取的数据。然而，在不一致的分析中，第二个事务读取的数据是由已进行了更改的事务提交的。而且，不一致的分析涉及多次（两次或更多）读取同一行，而且每次信息都由其他事务更改，因而该行被非重复读取。

例如，事务 T1 读取某表中数据 A=20、B=30，求 C=A*B，C=600，事务 T1 继续往下执行；事务 T2 读取 A=20，修改 A=A*5，A=100；事务 T1 又一次读取数据 A=100、B=30，求 C=A+B，C=130；所以，在事务 T1 内两次读取的数据是不一致的，即不可重复读。

4. 幻象读

当对某行执行插入或删除操作，而该行属于某个事务正在读取的行的范围时，会发生幻象读问题。事务第一次读的行范围显示出其中一行已不复存在于第二次读或后续读中，因为该行已被其他事务删除。同样地，由于其他事务的插入操作，事务的第二次或后续读显示有一行已不存在于原始读中。

13.2.1 锁的基本概念

锁是防止其他事务访问指定的资源、实现并发控制的一种手段，是多个用户能够同时操纵同一个数据库中的数据而不发生数据不一致现象的重要保障。SQL Server 系统中的锁，大多数情况下都是系统自动生成的，用户通常不需要特别设置。

数据库中的锁是指一种软件机制，用于指示某个用户（即进程会话，下同）已经占用了某种资源，从而防止其他用户做出影响本用户的数据修改或导致数据库数据的非完整性和非一致性。这里所谓的资源，主要指用户可以操作的数据行、索引以及数据表等。根据资源的不同，锁有多粒度（multigranular）的概念，也就是指可以锁定的资源的层次。SQL Server 中能够锁定的资源粒度包括数据库、表、区域、页面、键值（指带有索引的行数据）、行标识符（RID，即表中的单行数据）。

采用多粒度锁的用途是支持并发操作和保证数据的完整性。SQL Server 根据用户的请求，做出分析后自动给数据库加上合适的锁。假设某用户只操作一个表中的部分行数据，系统可能会只添加几个行锁或页面锁，这样可以尽可能多地支持多用户的并发操作。但是如果用户事务中频繁对某个表中的多条记录操作，将导致对该表的许多记录行都加上了行锁，数据系统中锁的数目会急剧增加，这样就加重了系统负荷，影响系统性能。因此，在数据库系统中，一般都支持锁升级。所谓锁升级是指调度锁的粒度，将多个低粒度的锁替换成少数的更高粒度锁，以此来减低系统负荷。在 SQL Server 中，当一个事务中的锁较多，达到锁升级门限时，系统自动将行级锁和页面锁升级为表级锁。

13.2.2 锁类型

数据库引擎使用不同类型的锁锁定资源，这些锁确定了并发事务访问资源的方式。

SQL Server 2019 中常见的锁有以下几种。

1. 共享锁

共享锁(SHARED LOCK,S锁)允许并发事务在封闭式并发控制下读取(SELECT)资源。资源上存在S锁时,任何其他事务都不能修改数据。读取操作一完成,就立即释放资源上的S锁,除非将事务隔离级别设置为可重复读或更高级别,或者在事务持续时间内用锁定提示保留S锁。

2. 排他锁

排他锁(EXCLUSIVE LOCK,X锁)可以防止并发事务对资源进行访问,其他事务不能读取或修改排他锁锁定的数据,即排他锁锁定的资源只允许进行锁定操作的程序使用,其他任何对它的操作均不会被接受。执行数据更新命令,即INSERT、UPDATE或DELETE命令时,SQL Server会自动使用排他锁,但当对象上有其他锁存在时无法对其加排他锁。排他锁一直到事务结束才能被释放。

3. 更新锁

更新锁(UPDATE LOCK,U锁)可以防止常见的死锁。在可重复读或可序列化事务中,此事务读取数据,即获取资源(页或行)的S锁;然后修改数据,即此操作要求锁转换为排他锁。如果两个事务获得了资源上的共享模式锁,然后试图同时更新数据,则一个事务尝试将锁转换为X锁。共享锁到排他锁的转换必须等待一段时间,因为一个事务的排他锁与其他事务的共享锁不兼容,发生锁等待。第二个事务试图获取X锁以进行更新。由于两个事务都要转换为X锁,并且每个事务都等待另一个事务释放共享模式锁,因此发生死锁。

U锁就是为了防止这种死锁而设定的。当SQL Server准备更新数据时,它首先对数据对象加U锁,锁定的数据将不被修改,但可以读取,因此,U锁可以与S锁共存。等到SQL Server确定要进行更新数据操作时,它会自动将U锁换为X锁,但当数据对象上有其他U锁存在时无法对其做U锁锁定。

4. 意向锁

如果对一个资源加意向锁(INTENT LOCK,I锁),则说明该资源的下层资源正在被加锁(S锁或X锁);对任一资源加锁时,必须先对它的上层资源加意向锁。

系统使用意向锁来最小化锁之间的冲突。意向锁建立一个锁机制的分层结构,这种结构依据锁定的资源范围从低到高依次是行级锁层、页级锁层和表级锁层。意向锁表示系统希望在层次低的资源上获得共享锁或者排他锁。

例如,放置在表级上的意向锁表示一个事务可以在表中的页或者行上放置共享锁。在表级上设置共享锁防止以后另外一个修改该表中页的事务在包含了该页的表上放置排他锁。意向锁可以提高性能,这是因为系统只需要在表级上检查意向锁,确定一个事务能否在哪个表上安全地获取一个锁,而不需要检查表上的每个行锁或者页锁,确定一个事务是否可以锁定整个表。

常用的意向锁有3种类型:意向共享锁,简记为IS锁;意向排他锁,简记为IX锁;共享意向排他锁,简记为 SIX 锁。

(1) 意向共享锁。意向共享锁表示读低层次资源的事务的意向,把共享锁放在这些单个的资源上。也就是说,如果对一个数据对象加 IS 锁,表示它的后裔资源拟(意向)加 S 锁。例如,要对某个元组加 S 锁,则要首先对关系和数据库加 IS 锁。

(2) 意向排他锁。意向排他锁表示修改低层次的事务的意向,把排他锁放在这些单个资源上。也就是说,如果对一个数据对象加 IX 锁,表示它的后裔资源拟(意向)加 X 锁。例如,要对某个元组加 X 锁,则要首先对关系和数据库加 IX 锁。

(3) 共享意向排他锁。共享意向排他锁是共享锁和意向排他锁的组合。使用共享意向排他锁表示允许并行读取顶层资源的事务的意向,并且修改一些低层次的资源,把意向排他锁放在这些单个资源上。也就是说,如果对一个数据对象加 SIX 锁,表示对它加 S 锁,再加 IX 锁,即 SIX = S + IX。例如对某个表加 SIX 锁,则表示该事务要读整个表(所以要对该表加 S 锁),同时会更新个别元组(所以要对该表加 IX 锁)。

5. 模式锁

模式锁(SCHEME LOCK)保证当表或者索引被另外一个会话使用时,其结构模式不能被删除或修改。SQL Server 系统提供了两种类型的模式锁:模式稳定锁(Sch-S)和模式修改锁(Sch-M)。模式稳定锁确保锁定的资源不能被删除,模式修改锁确保其他会话不能使用正在修改的资源。

6. 大容量更新锁

数据库引擎在将数据大容量复制到表中时,使用了大容量更新(BU)锁,并指定了 TABLOCK 提示或使用 sp_tableoption 设置了 TABLE LOCK ON BULK LOAD 表选项。大容量更新锁允许多个线程将数据并发地大容量加载到同一表,同时防止其他不进行大容量加载数据的进程访问该表。

13.2.3 锁的兼容性

在一个事务已经对某个对象锁定的情况下,另一个事务请求对同一个对象的锁定,此时就会出现锁的兼容性问题。当两种锁定方式兼容时,可以同意对该对象的第二个锁定请求。如果请求的锁定方式与已挂起的锁定方式不兼容,那么就不能同意第二个锁定请求。相反,请求要等到第一个事务释放其锁定,并且释放所有其他现有的不兼容锁定为止。

资源锁模式有一个兼容性矩阵,显示了与在同一资源上可获取的其他锁相兼容的锁,如表 13-1 所示。

表 13-1 锁的兼容性

锁 A	锁 B					
	IS	S	IX	SIX	U	X
IS	是	是	是	是	是	否

续表

锁 A	锁 B					
	IS	S	IX	SIX	U	X
S	是	是	否	否	是	否
IX	是	否	是	否	否	否
SIX	是	否	否	否	否	否
U	是	是	否	否	否	否
X	否	否	否	否	否	否

关于锁的兼容性的说明如下。

(1) 意向排他锁与共享意向排他锁兼容,因为意向排他锁表示打算更新一些行而不是所有行,还允许其他事务读取或更新部分行,只要这些行不是其他事务当前所更新的行即可。

(2) 模式稳定锁与除了模式修改锁之外的所有锁模式相兼容。

(3) 模式修改锁与所有锁模式都不兼容。

(4) 大容量更新锁只与模式稳定锁及其他大容量更新锁相兼容。

13.2.4 死锁

封锁机制的引入能解决并发用户的数据不一致性问题,但也会引起事务间的死锁问题。在事务和锁的使用过程中,死锁是一个不可避免的现象。在数据库系统中,死锁是指多个用户分别锁定了一个资源,并又试图请求锁定对方已经锁定的资源,这就产生了一个锁定请求环,导致多个用户都处于等待对方释放所锁定资源的状态。通常,根据使用不同的锁类型锁定资源,然而当某组资源的两个或多个事务之间有循环相关性时,就会发生死锁现象。

产生死锁的情况一般有如下两种。

(1) 当两个事务分别锁定了两个单独的对象时,每个事务都要求在另一个事务锁定的对象上获得一个锁,因此每个事务都必须等待另一个事务释放占有的锁,这时就出现了死锁。这种是最典型的死锁形式。

(2) 当一个数据库中有若干长时间运行的事务执行并行的操作时,若查询分析器处理一种非常复杂的查询时,那么由于不能控制处理的顺序,有可能发生死锁现象。

在数据库中解决死锁常用的方法如下。

(1) 要求每个事务一次就将要使用的数据全部加锁,否则就不能继续执行。预先规定一个顺序,所有事务都按这个顺序实行加锁,这样就不会发生死锁。

(2) 允许死锁发生,系统采用某些方式诊断当前系统中是否有死锁发生。在 SQL Server 中,系统能够自动定期搜索和处理死锁问题。系统在每次搜索中标识所有等待锁定请求的事务,如果在下一次搜索中该被标识的事务仍处于等待状态,SQL Server 就开始递归死锁搜索。当搜索检测到锁定请求环时,系统将根据事务的死锁优先级别来结束一个优先级最低的事务，此后，系统回滚该事务，并向该进程发出 1205 号错误信息。这样，其他事务就有可能继续运行了。

死锁优先级的设置语句：SET DEADLOCK_PRIORITY{LOW|NORMAL}。其中，LOW 说明该进程会话的优先级较低，在出现死锁时，可以首先中断该进程的事务。另外，通过设置 LOCK_TIMEOUT 选项能够设置事务处于锁定请求状态的最长等待时间。该设置的语句为 SET LOCK_TIMEOUT{timeout_period}。其中，timeout_period 以毫秒为单位。

13.2.5 手工加锁

SQL Server 系统中建议让系统自动管理锁，该系统会分析用户的 SQL 语句要求，自动为该请求加上合适的锁，而且在锁的数目太多时，系统会自动进行锁升级。如前所述，升级的门限由系统自动配置，并不需要用户配置。

在实际应用中，有时为了应用程序正确运行和保持数据的一致性，必须人为地给数据库的某个表加锁。例如，在某应用程序的一个事务操作中，需要根据一编号对几个数据表做统计操作，为保证统计数据时间的一致性和正确性，从统计第一个表开始到全部表结束，其他应用程序或事务不能再对这几个表写入数据，这个时候，该应用程序希望在从统计第一个数据表开始或在整个事务开始时能够由程序人为地（显式地）锁定这几个表，这就需要用到手工加锁（也称为显式加锁）技术。

在 SQL Server 的 SQL 语句（SELECT、INSERT、DELETE、UPDATE）支持显式加锁。这 4 个语句在显式加锁的语法上类似，下面仅以 SELECT 语句为例给出语法。

```
SELECT FROM [WITH]
```

其中，[WITH]指需要在该语句执行时添加在该表上的锁类型。所指定的锁类型有如下几种。

(1) HOLDLOCK：在该表上保持共享锁，直到整个事务结束，而不是在语句执行完立即释放所添加的锁。

(2) NOLOCK：不添加共享锁和排他锁，当这个选项生效后，可能读取到未提交的数据或“脏数据”，这个选项仅应用于 SELECT 语句。

(3) PAGLOCK：指定添加页面锁。

(4) READCOMMITTED：设置事务为读提交隔离性级别。

(5) READPAST：跳过已经加锁的数据行，这个选项将使事务读取数据时跳过那些已经被其他事务锁定的数据行，而不是阻塞到其他事务释放锁，READPAST 仅应用于 READ COMMITTED 隔离性级别下事务操作中的 SELECT 语句操作。

(6) READUNCOMMITTED：等同于 NOLOCK。

(7) REPEATABLEREAD：设置事务为可重复读隔离性级别。

(8) ROWLOCK：指定使用行级锁。

(9) SERIALIZABLE：设置事务为可串行的隔离性级别。

(10) TABLOCK：指定使用表级锁，而不是使用行级或页面级的锁，SQL Server 在该语句执行完后释放这个锁，而如果同时指定了 HOLDLOCK，该锁一直保持到这个事务结束。

(11) TABLOCKX：指定在表上使用排他锁，这个锁可以阻止其他事务读或更新这个表的数据，直到这个语句或整个事务结束。

(12) UPDLOCK：指定在读表中数据时设置修改锁(UPDATE LOCK)而不是设置共享锁，该锁一直保持到这个语句或整个事务结束，使用 UPDLOCK 的作用是允许用户先读取数据(而且不阻塞其他用户读数据)，并且保证在后来再更新数据时，这一段时间内这些数据没有被其他用户修改。

习 题

一、选择题

1. 表示两个或多个事务可以同时运行而不互相影响的是(　　)。
   A. 原子性　　B. 一致性　　C. 隔离性　　D. 短暂性
2. 事务日志用于保存(　　)。
   A. 程序运行过程　　B. 程序执行结果
   C. 对数据的更新操作　　D. 数据操作
3. 事务作为一个逻辑单元，其基本属性中不包括(　　)。
   A. 原子性　　B. 一致性　　C. 隔离性　　D. 短暂性
4. 并发问题是指由多个用户同时访问同一个资源而产生的意外，其中避免数据的丢失或覆盖更新的是(　　)。
   A. 任何用户不应该访问该资源　　B. 同一时刻应该由一个人访问该资源
   C. 不应该考虑那么多　　D. 无所谓
5. 以下不是避免死锁的有效措施的是(　　)。
   A. 按同一顺序访问对象　　B. 避免事务中的用户交互
   C. 锁定较大粒度的对象　　D. 保持事务简短并在一个批处理中
6. 提交一个事务的语句是(　　)。
   A. BEGIN TRANSACTION　　B. COMMIT TRANSACTION
   C. ROLLBACK TRANSACTION　　D. SAVE TRANSACTION

二、填空题

1. 数据库管理系统普遍采用(　　)方法来保证调度的正确性。
2. 一个事务单元必须有的 4 个属性分别是(　　)、(　　)、(　　)和(　　)。
3. 事务可以使用(　　)命令回滚。
4. SQL Server 使用不同的锁模式锁定资源，这些模式有(　　)、(　　)和(　　)等。

第14章 chapter 14

数据库安全性管理

本章学习重点：

- 身份验证模式。
- 账号管理。
- 角色管理。
- 权限设置。

数据库的安全性是指保护数据库以防止不合理的使用所造成的数据泄露、更改或破坏。系统安全保护措施是否有效是数据库系统的主要指标之一。数据库的安全性和计算机系统的安全性是紧密联系、互相保证的。

对于数据库管理来说，保护数据不受内部和外部侵害是一项重要的内容。SQL Server 2019 身份验证、授权和验证机制可以保证数据免受未经授权的攻击和修改。

14.1 身份验证

要全面了解 SQL Server 的安全管理机制，必须首先了解 SQL Server 的安全管理机制的身份验证模式。各层 SQL Server 安全控制策略是通过各层安全控制系统的身份验证实现的。身份验证是指当用户访问系统时，系统对该用户的账号和口令的确认过程。身份验证的内容包括确认用户的账号是否有效、能否访问系统、能访问系统的哪些数据等。

14.1.1 SQL Server 的身份验证模式

要登录 SQL Server 访问数据，必须拥有一个 SQL Server 服务器允许登录的账号和密码，只有以该账号和密码通过 SQL Server 服务器验证后，才能访问其中的数据。SQL Server 2019 支持如下两种身份验证模式。

1. Windows 验证模式

该验证模式是指用户连接 SQL Server 数据库服务器时，使用 Windows 操作系统中的账户名和密码进行验证。也就是说，在 SQL Server 中可以创建与 Windows 用户账号对应的登录名。因为在登录 Windows 操作系统时，必须要输入账号与密码，采用这种方式验证身份。只要登录了 Windows 操作系统，登录 SQL Server 时就不需要再输入一次账号和密码了。但这并不意味着所有能登录 Windows 操作系统的账号都能访问 SQL Server，必须要由数据库管理员在 SQL Server 中创建与 Windows 账号对应的 SQL Server 账号，然后用该 Windows 账号登录 Windows 操作系统，才能不用登录而直接访问 SQL Server。SQL Server 2019 默认本地 Windows 组可以不受限制地访问数据库。

一般来说，这种方法比 SQL Server 身份验证要更安全，因为数据库管理员可以将 SQL Server 配置为不识别任何未经 Windows 身份验证的映射的账户，因此，SQL Server 访问与 Windows 登录验证不是独立的。它也提供单一登录支持并与所有 Windows 验证模式集成，包括通过活动目录的 Kerberos 身份验证。

2. 混合验证模式

混合验证模式使用户使用 Windows 身份验证或 SQL Server 身份验证与 SQL Server 服务器连接。它将区分用户在 Windows 操作系统下是否可信，对于可信的连接用户系统，直接采用 Windows 身份验证模式，否则，SQL Server 会通过账户的存在性和密码的匹配性自行进行验证。例如，允许某些非可信的 Windows 用户连接 SQL Server 服务器，它通过检查是否已设置 SQL Server 登录账户以及输入的密码是否与设置的相符来进行验证，如果 SQL Server 服务器未设置登录信息，则身份验证失败，而且用户会收到错误提示信息。

混合验证模式具有如下优点。

(1) 创建了 Windows 之上的另外一个安全层次。

(2) 支持更大范围的用户，如非 Windows 用户、Novell 网络等。

(3) 一个应用程序可利用单个的 SQL Server 登录账户。

14.1.2 身份验证方式设置

在 SSMS 中可以查看和更改数据库系统的身份验证方式。基本步骤如下。

(1) 打开 SSMS，在“对象资源管理器”窗口中，右击目标服务器名称，在弹出的快捷菜单中选择“属性”命令，如图 14-1 所示。

(2) 出现“服务器属性”窗口，在左侧树状结构中选择“安全性”选项，进入安全性设置页面，如图 14-2 所示。

(3) 在“服务器身份验证”中选择验证模式前的单选按钮，同时可以在“登录审核”中选择需要设置的审核方式，共有 4 种审核级别。

① 无：不使用登录审核。

② 仅限失败的登录：记录所有的失败登录。

③ 仅限成功的登录：记录所有的成功登录。

④ 失败和成功的登录：记录所有的登录。

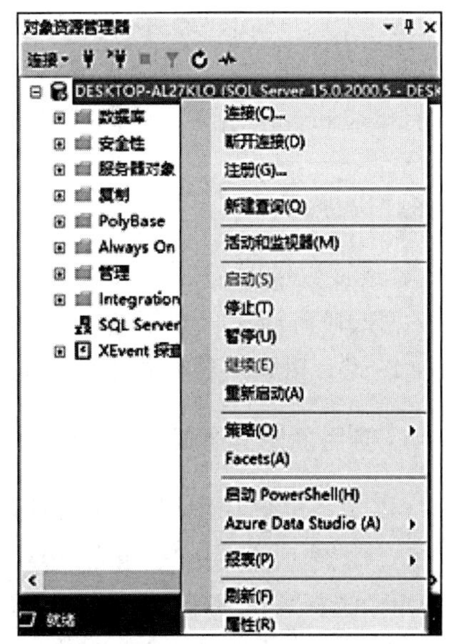

图 14-1 右击目标服务器

服务器属性 - DESKTOP-AL27KLO

选择页
常规
内存
处理器
安全性
连接
数据库设置
高级
权限

脚本 ▾ 帮助

服务器身份验证
○ Windows 身份验证模式(W)
◉ SQL Server 和 Windows 身份验证模式(S)

登录审核
○ 无(N)
◉ 仅限失败的登录(F)
○ 仅限成功的登录(U)
○ 失败和成功的登录(B)

服务器代理帐户
☐ 启用服务器代理帐户(V)
代理帐户(R):
密码(P): **********

选项
☐ 符合通用标准符合性(O)
☐ 启用 C2 审核跟踪(E)
☐ 跨数据库所有权链接(C)

连接
服务器:
DESKTOP-AL27KLO
连接:
DESKTOP-AL27KLO\lvkai
查看连接属性

进度
就绪

确定 取消

图 14-2 安全性设置页面

(4) 单击“确定”按钮后设置成功，需要重新启动 SQL Server 完成服务器登录。

14.2 账号管理

无论使用哪一种数据库身份验证模式，用户都必须以一种合法的身份登录。用户的合法身份用一个用户标识来表示，也就是账号，也称为登录名。只有合法的账号才能登录 SQL Server，才能使用 SQL Server 数据库管理系统的各种功能。

14.2.1 服务器账号

要连接数据库，首先要存在一个合法的登录账号。SQL Server 可以通过使用图形化界面和使用 T-SQL 语句两种方式创建服务器登录账号。

1. 使用图形化界面创建服务器登录账号

(1) 在 SSMS 中“对象资源管理器”窗口中，展开“安全性”选项。右击“登录名”选项，在弹出的快捷菜单中选择“新建登录名”命令，如图 14-3 所示。

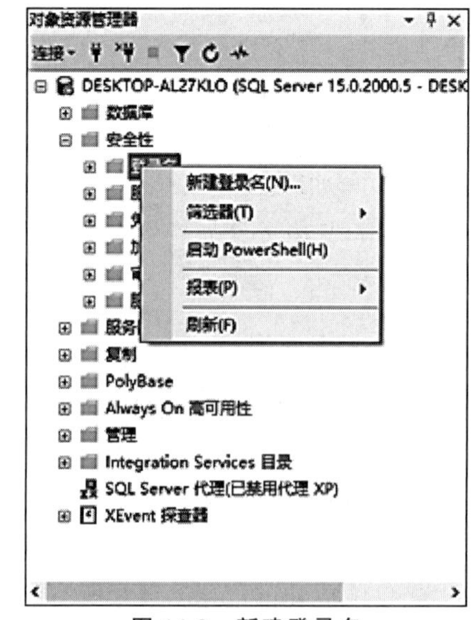

图 14-3 新建登录名

(2) 在“登录名-新建”窗口中，首先选择登录的验证模式，选中其前面的单选按钮，如图 14-4 所示。如果选中了“Windows 身份验证”，则“登录名”设置为 Windows 登录账号即可，无须设置密码。Windows 的 administrator 在安装 SQL Server 时已经成为其服务器登录用户，如果要为普通 Windows 用户新建为 SQL Server 服务器登录用户，可在此完成。如果选中了“SQL Server 身份验证”，则需要设置一个“登录名”并设置和确认密码。

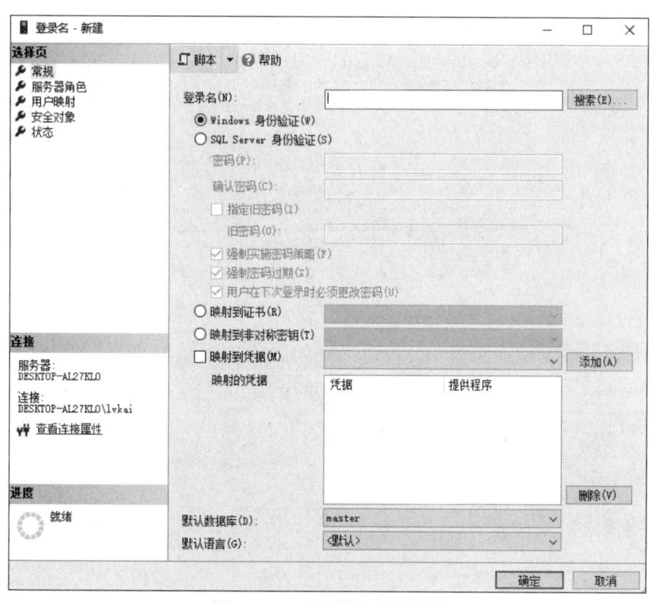

图 14-4 设置登录账号

(3) 在左侧属性结构中选择“服务器角色”选项，出现“服务器角色”设置页面，如图 14-5所示。如果此登录账号的用户为本服务器的管理员，可以为其添加服务器角色，否则不为其添加任何服务器角色。

图 14-5 “服务器角色”界面

(4) 在左侧属性结构中选择"用户映射"选项，进入"用户映射"页面，可以为这个新建的登录添加映射到此登录名的数据库用户，并添加数据库角色，从而使该用户获得数据库的响应角色对应的数据库权限。同样也可以不为此用户添加任何数据库角色，如图 14-6 所示。

图 14-6 用户映射界面

(5) 单击"确定"按钮，服务器账号创建成功。

2. 使用 T-SQL 语句创建服务器登录账号

语法格式如下。

```
CREATE LOGIN login_name{WITH<option_list1>|FROM<sources>}
<option_list1>::=PASSWORD={'password'
|hashed_password HASHED}[MUST_CHANGE]
[,<option_list2>[,…]]
<option_list2>::=SID=sid
|DEFAULT_DATABASE=database
|DEFAULT_LANGUAGE=language
|CHECK_EXPIRATION={ON|OFF}
|CHECK_POLICY={ON|OFF}
|CREDENTIAL=credential_name
<sources>::=
WINDOWS[WITH<windows_options>[,…]]
|CERTIFICATE certname
|ASYMMETRIC KEY asym_key_name
```

```
<windows_options>::=
Default_database=database
|default_language=language
```

各参数说明如下。

(1) login_name：指定创建的登录名。有 4 种类型的登录名：SQL Server 登录名、Windows 登录名、证书映射登录名和非对称密钥映射登录名。如果创建的登录名从 Windows 账号映射而来，则必须使用[<domainName>\<login_name>]格式的登录名。SQL Server 身份验证登录必须是符合标识符命名规则的登录名。

(2) PASSWORD='password'：适用于仅限 SQL Server 登录名的登录。指定正在创建的登录名的密码。

(3) PASSWORD=hashed_password：仅适用于 HASHED 关键字。指定要创建的登录名的密码的 Hash 值。

(4) MUST_CHANGE：适用于 SQL Server 仅限的登录。如果包括此选项，则 SQL Server 将在首次使用新登录名时提示用户输入新密码。

(5) DEFAULT_DATABASE=database：指定将指派给登录名的默认数据库。如果未包括此选项，则默认数据库将设置为 master。

(6) DEFAULT_LANGUAGE=language：指定将指派给登录名的默认语言。如果未包括此选项，则默认语言将设置为服务器的当前默认语言。即使将来服务器的默认语言发生更改，登录名的默认语言保持不变。

(7) CHECK_EXPIRATION={ON|OFF}：适用于 SQL Server 仅限的登录。指定是否应对此登录账号强制实施密码过期策略。默认值为 OFF。

(8) CHECK_POLICY={ON|OFF}：适用于 SQL Server 仅限的登录。指定应对此登录名强制实施运行 SQL Server 的计算机的 Windows 密码策略。默认值为 ON。

(9) WINDOWS：指定将登录名映射到 Windows 登录名。

(10) CERTIFICATE certname：指定将与此登录名关联的证书名称。此证书必须已存在于 master 数据库中。

(11) ASYMMETRIC KEY asym_key_name：指定将与此登录名关联的非对称密钥的名称。此密钥必须已存在于 master 数据库中。

【例 14-1】 利用 T-SQL 语句创建 SQL Server 账号 ss，密码为 123456。

```
CREATE LOGIN ss
WITH PASSWORD='123456',
CHECK_POLICY=OFF
```

运行结果如图 14-7 所示。

14.2.2 数据库用户账号

用户是数据库级的安全策略，在为数据库创建新的用户前，必须存在创建用户的一

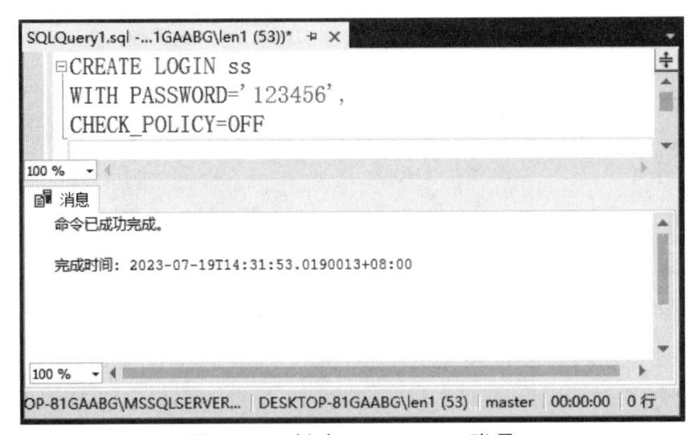

图 14-7 创建 SQL Server 账号

个登录或者使用已经存在的登录创建用户。用户登录后，如果想要操作数据库，还必须有一个数据库用户账号，然后为这个数据库用户设置某种角色，才能进行相应的操作。如果在“创建服务器登录账号”时没有利用“用户映射”选项设置其为某个数据库用户，可以通过以下方式设置。

1. 使用图形化界面创建数据库用户

(1) 在 SSMS 中，选中要创建用户的数据库，展开此数据库的树状结构，展开“安全性”选项，右击“用户”选项，在弹出的快捷菜单中选择“新建用户”命令，如图 14-8 所示。

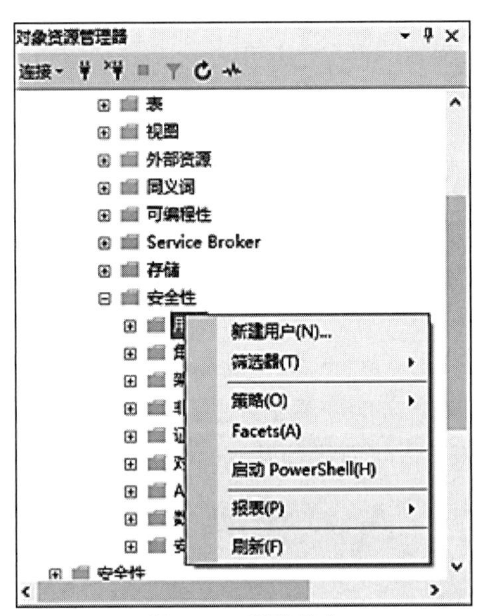

图 14-8 新建用户

(2) 在打开的“数据库用户-新建”窗口的“常规”页面中，“用户类型”有 5 种选择，这里只介绍“Windows 用户”和“带登录名的 SQL 用户”两种类型。这里选择“带登录名的 SQL 用户”，填写要创建的“登录名”，选择此用户的服务器登录名为例 14-1 中的 ss，选择“默认架构”名称，默认为 dbo，如图 14-9 所示。

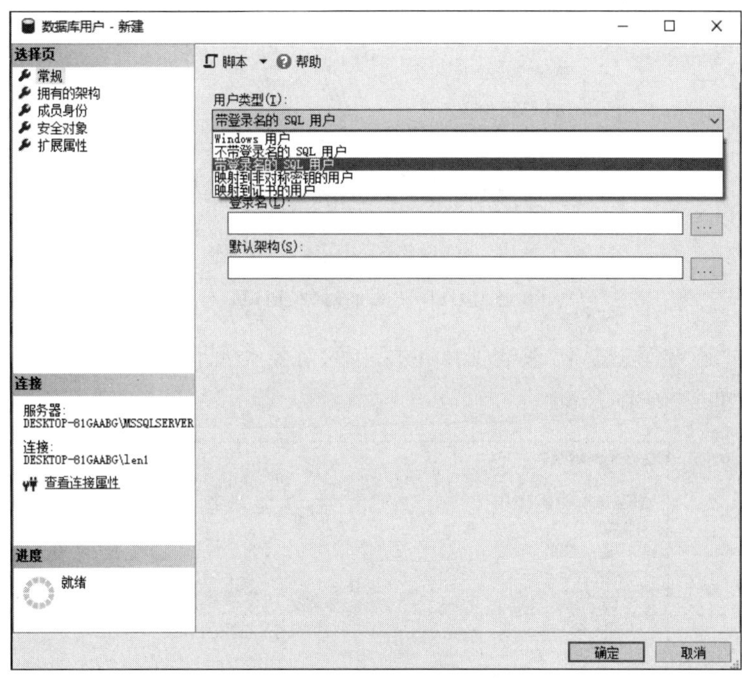

图 14-9　新建数据库用户

(3) 在左侧树状结构中选择“安全对象”选项，进入权限设置页面，如图 14-10 所示。“安全对象”页面主要用于设置数据库用户拥有的能够访问的数据库对象以及相应的访问权限。

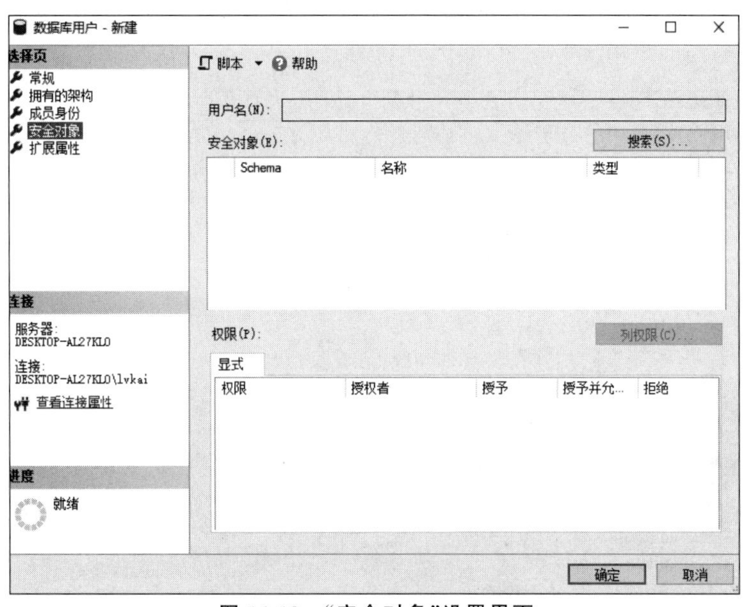

图 14-10　“安全对象”设置界面

(4) 单击“搜索”按钮，出现“添加对象”窗口，选择“特定类型的所有对象”，如图 14-11 所示。

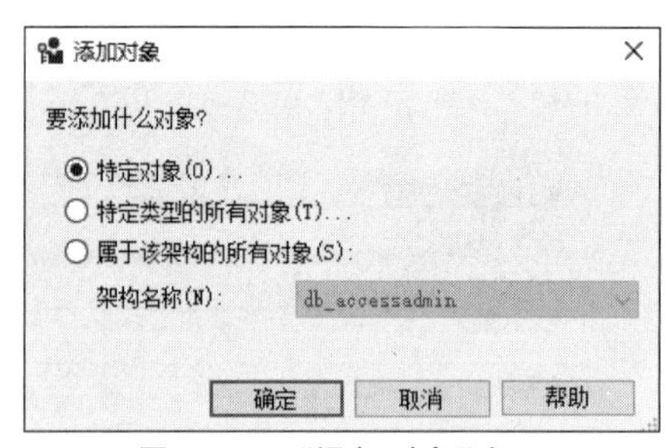

图 14-11 “添加对象”窗口

(5) 单击“确定”按钮,出现数据库中所有的对象类型,如图 14-12 所示。这里选择“表”复选框,单击“确定”按钮。

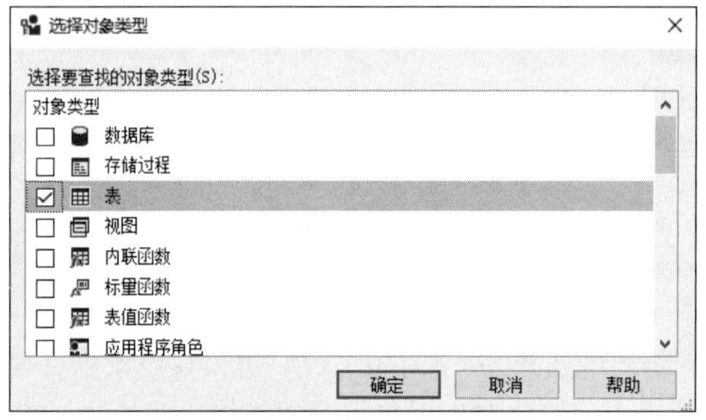

图 14-12 选择对象类型

(6) 在“安全对象”窗口中,看到选择的所有数据列表,如图 14-13 所示。可以为选定的表添加权限,然后单击“确定”按钮,完成设置。

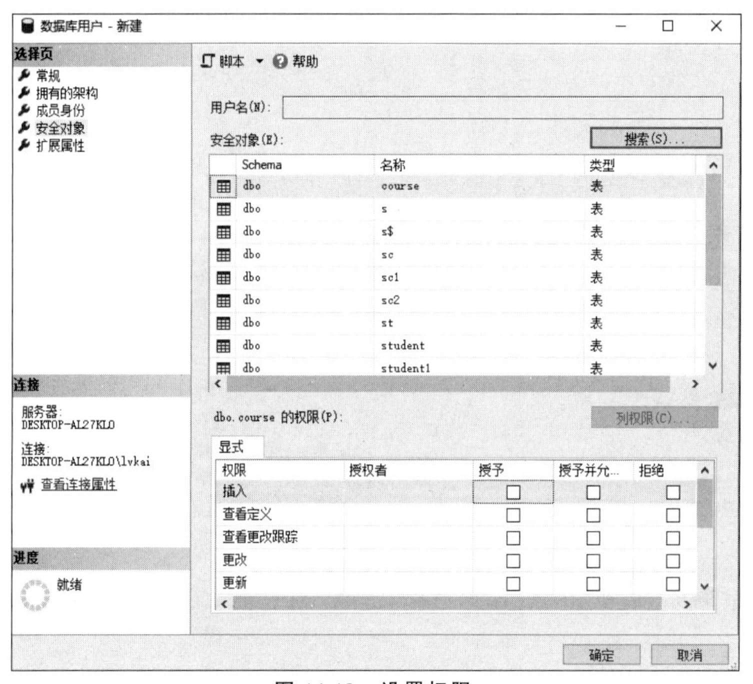

图 14-13 设置权限

2. 使用 T-SQL 创建数据库用户

语法格式如下。

```
CREATE USER user_name
[{{FOR|From}{Login login_name
|CERTIFICATE cert_name
|ASYMMETRIC key asym_key_name}
}|WITHOUT LOGIN
][WITH DEFAULT_SCHEMA=schema_name]
```

各参数说明如下。

(1) user_name：指定在此数据库中用于识别该用户的名称，它的长度最多为 128 个字符。在创建基于 Windows 主体的同时，除非指定其他用户名，否则 Windows 主体名称将成为用户名。

(2) login_name：指定要为其创建数据库用户的登录名。login_name 必须是服务器中的有效登录名。可以基于 Windows 主体的登录名，也可以是使用 SQL Server 身份验证的登录名。当此 SQL Server 登录名进入数据库时，它将获取正在创建的这个数据库的用户的名称和 ID。

(3) DEFAULT_SCHEMA＝schema_name：指定服务器为此数据库用户解析对象名时将搜索的第一个架构，默认为 dbo。

14.3 角　　色

角色是一种 SQL Server 安全账号，是 SQL Server 内部的管理机制，是管理权限时可以视为单个单元的安全账户的集合。角色包含 SQL Server 登录、Windows 登录、组或其他角色，若用户被加入某个角色中，则具有该角色的权限。利用角色，SQL Server 管理者可以将某些用户设置为某个角色，这样只对角色进行权限设置就可以实现对所有用户权限的设置，极大地减少了管理员的工作量。SQL Server 提供了用户通常管理工作的预定义服务器角色和数据库角色。如果有好几个用户需要在一个特定的数据库中执行一些操作，数据库拥有者可以在这个数据库中加入一个角色。

角色是为特定的工作组或任务分类而设置的，用户可以根据自己所执行的任务成为一个或多个角色的成员。当然，用户也可不必是任何角色的成员，而是直接为用户分配角色。

SQL Server 的安全体系结构中包括几个含有特定隐含权限的角色。这些角色分为 3 类，分别是固定服务器角色、固定数据库角色和应用程序角色。

14.3.1 固定服务器角色

固定服务器角色是在服务器级别定义的，所以存在于数据库外面，是属于数据库服务器的。在 SQL Server 安装时就创建了在服务器级别上应用的、大量预定义的角色，每个角色对应的相应的管理权限。这些固定服务器角色用于授权给数据库管理员，拥有某种或某些角色的数据库管理员就会获得与相应角色对应的服务器管理权限。

通过给用户分配固定服务器角色，可以使用户具有执行管理任务的角色权限。根据 SQL Server 的管理任务以及这些任务相对的重要性等级来把具有 SQL Server 管理职能的用户划分为不同的用户组，每一组所具有的管理 SQL Server 的权限都是 SQL Server 内置的，即不能对其进行添加、修改和删除，只能向其中加入用户或者其他角色。因此，固定服务器角色的维护比单个权限维护更容易些，但是固定服务器角色不能修改。

下面列出了各固定服务器角色及其描述，如表 14-1 所示。

表 14-1 固定服务器角色及其描述

固定服务器角色	描 述
bulkadmin	执行大容量插入语句
dbcreator	创建、修改、删除或还原数据库
diskadmin	管理磁盘文件
processadmin	管理在 SQL Server 中运行的进程
securityadmin	管理服务器范围内的安全设置以及 CREATE DATABASE 权限。重置 SQL Server 身份验证登录的密码
serveradmin	配置服务器范围内的配置选项以及关闭数据库
setupadmin	添加和删除连接的服务器以及执行某些系统存储过程
sysadmin	执行 SQL Server 中的任何活动

可使用 SSMS 为用户分配固定服务器角色，从而使用户获取相应的权限。

在 SSMS 中展开服务器，在左侧树状结构中选择“安全性”选项。展开“登录名”，选择要添加固定服务器角色的登录账号，右击名称后在弹出的快捷菜单中选择“树形”命令。

在弹出的“登录属性”窗口中选择“服务器角色”，选择一个要为其添加的角色，单击“确定”按钮即可完成添加，如图 14-14 所示。

14.3.2 固定数据库角色

在 SQL Server 安装时，数据库级别上也有一些预定义的角色，在创建每个数据库时都会添加这些角色到新创建的数据库中，每个角色对应着相应的权限。这些数据库角色用于授权给数据库用户，拥有某种或某些角色的用户会获得相应角色对应的权限。也可以为数据库添加角色，然后把角色分配给用户，使用户拥有相应的权限。

1. 固定数据库角色权限

固定数据库角色是为某一个用户或某一组用户授权不同级别的管理或访问数据库

图 14-14 登录属性

以及数据库对象的权限，这些权限是数据库专有的，并且还可以使一个用户具有属于同一个数据库的多个角色。

下面列出了各固定数据库角色及其描述，如表 14-2 所示。

表 14-2 固定数据库角色及其描述

固定数据库角色	描 述
db_accessadmin	添加或删除 Windows 用户、组和 SQL Server 登录的访问权限
db_backupoperator	备份数据库
db_datareader	读取所有用户表中的数据
db_datawriter	添加、删除或更改所有用户表中的数据
db_ddladmin	在数据库中运行任何数据定义语言命令
db_denydatareader	无法读取数据库用户表中的任何数据
db_denydatawriter	无法添加、修改或删除任何用户表或视图中的数据
db_owner	执行数据库中的所有维护和配置活动
db_securityadmin	修改角色成员身份并管理权限

2. 自定义数据库角色

创建用户自定义的数据库角色就是创建一组用户，这些用户具有相同的一组权限。如果一组用户需要执行在 SQL Server 中指定的一组操作并且不存在对应的 Windows

组，或者没有管理 Windows 用户账号的权限，就可以在数据库中建立一个用户自定义的数据库角色。

另外，创建用户自定义数据库角色时，创建者需要完成下列一系列任务。

(1) 创建新的数据库角色。

(2) 分配权限给创建的角色。

(3) 将这个角色授权给某个用户。

利用图形化界面可创建用户自定义的数据库角色，操作步骤如下。

(1) 在 SSMS 的"对象资源管理器"中，展开要添加新角色的目标数据库，如 jsjxy，在树状结构中选择"安全性"→"角色"命令，右击"数据库角色"，在弹出的快捷菜单中选择"新建数据库角色"命令，如图 14-15 所示。

图 14-15 对象资源管理器

(2) 在弹出的"数据库角色-新建"窗口中，输入"角色名称"和"所有者"，并选择"此角色拥有的架构"，如图 14-16 所示。

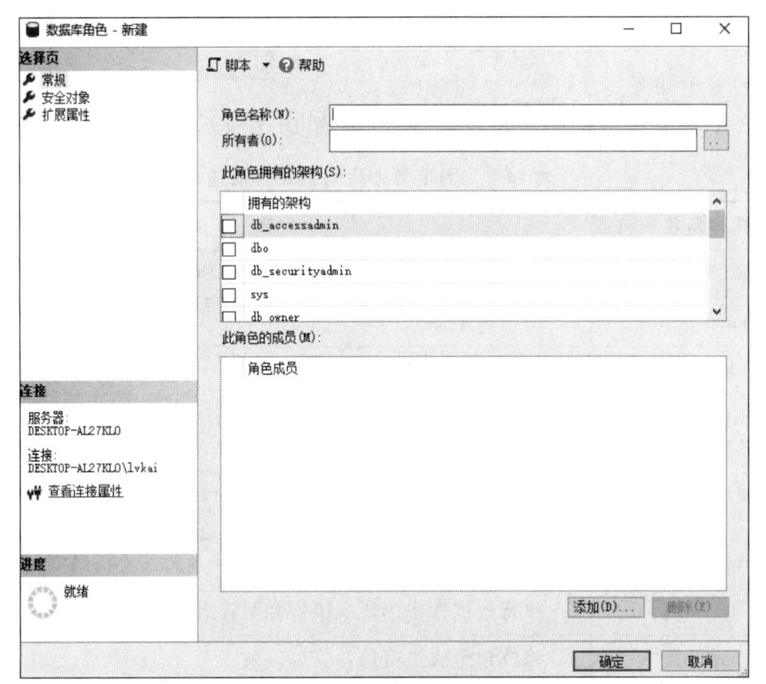

图 14-16 新建数据库角色

(3) 在左侧属性结构中选择"安全对象"选项，单击"搜索"按钮，出现"添加对象"对话框，选择"特定对象"，如图 14-17 所示。

(4) 单击"确定"按钮，出现"选择对象"对话框，单击"对象类型"按钮，出现"选择对象

图 14-17　添加“安全对象”

类型”对话框，选择“表”选项后单击“确定”按钮，如图 14-18 所示。

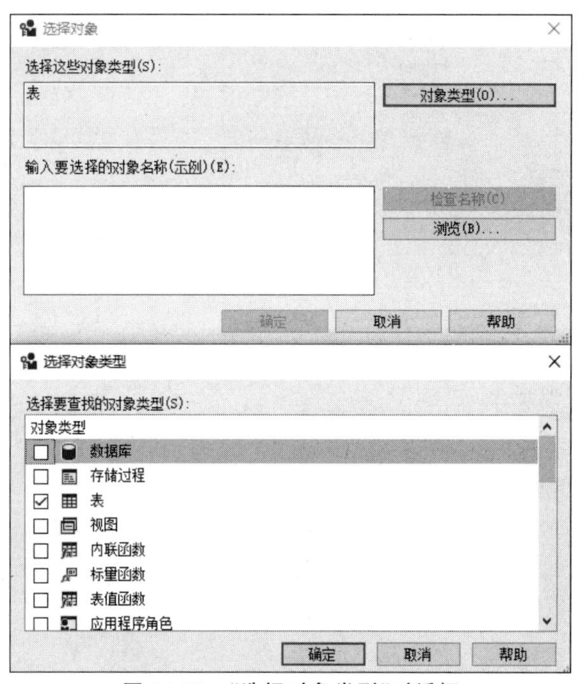

图 14-18　“选择对象类型”对话框

(5) 回到“选择对象”窗口，单击“浏览”按钮，出现“查找对象”对话框，选择设置此角色的表，如图 14-19 所示。

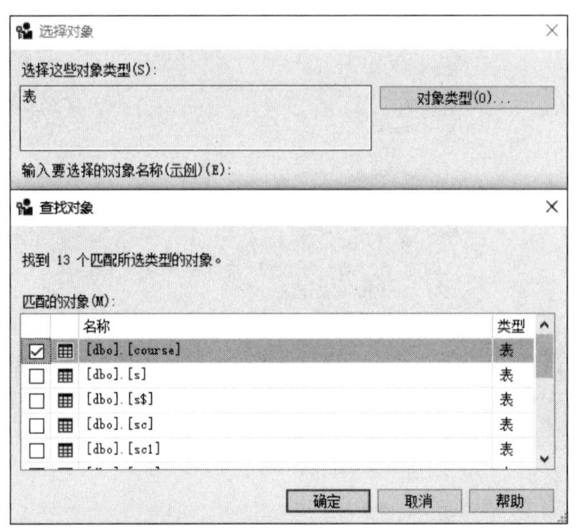

图 14-19 “查找对象”对话框

(6) 单击“确定”按钮，返回到“安全对象”窗口，可以为新建的角色添加所拥有的数据库对象的访问权限，如图 14-20 所示。选择后单击“确定”按钮，设置完成。

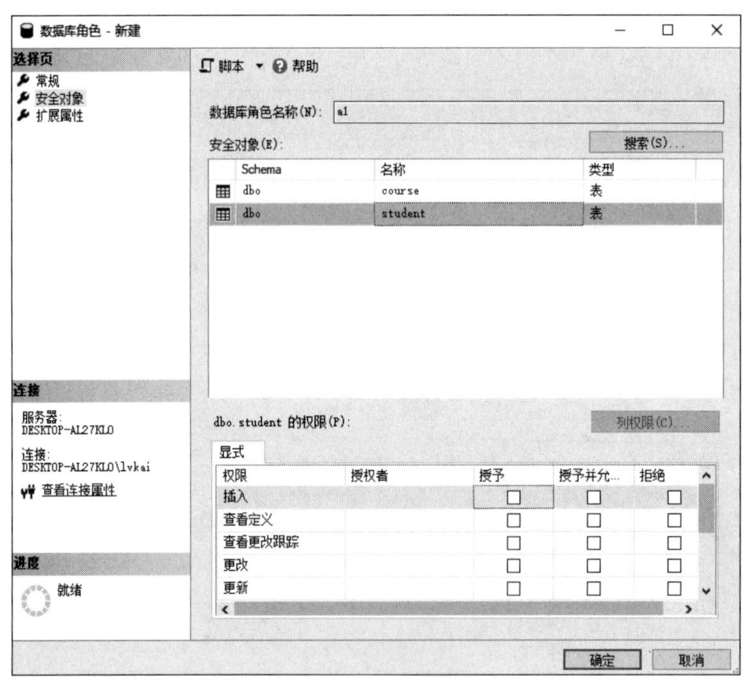

图 14-20 设置权限

14.3.3 应用程序角色

应用程序角色是一种比较特殊的，由用户定义的数据库角色。

应用程序角色是用来控制应用程序存取数据库的，本身不包含任何成员。在编写数据库的应用程序时，可以自定义应用程序角色，让应用程序的操作能用编写的程序来存取 SQL Server 的数据。也就是说，应用程序的操作者本身并不需要在 SQL Server 上拥有登录账号以及用户账号，但是仍然可以存取数据库。

如果想让某些用户只能通过特定的应用程序间接地存取数据库中的数据而不是直接地存取数据库数据，就应该考虑使用的应用程序角色。当某个用户使用了应用程序角色时，便放弃了已赋予的所有数据库专有权限，所拥有的只能是应用程序角色被设置的权限。

应用程序角色和所有其他的角色有很大的不同，主要表现在以下两方面。

(1) 应用程序角色没有成员，因为它们只能在应用程序中使用，不需要直接对用户赋予权限。

(2) 必须为应用程序角色设计一个密码来激活。

当应用程序角色被应用程序的会话激活后，会话就会失去所有属于登录账号、用户或角色的权限，因为这些角色都只适用于它们所在的数据库内部，所以会话只能通过 guest 用户账号的权限来访问其他数据库。

14.4 权　　限

权限用于控制对数据库对象的访问，以及指定用户对数据库可以执行的操作，用户在登录 SQL Server 之后，其用户账号所属的 Windows 组或角色所被赋予的权限决定了该用户能够对哪些数据库对象执行哪种操作，以及能够访问、修改哪些数据。

14.4.1 权限分类

用户可以设置服务器和数据库的权限。服务器权限允许数据库管理员执行管理任务，数据库权限用于控制对数据库对象的访问和语句执行。

1. 服务器权限

服务器权限定义在固定服务器角色中，这些角色可以分配给登录用户，但这些角色不可以修改。通常只把服务器权限授权给数据库管理员，他不可以修改或授权给别的用户登录。

2. 数据库权限

数据库权限是授予用户以及允许他们访问数据库中对象的一类权限，对象权限对应使用 SQL 语句访问表或视图是必须的。除了这些权限，还可以给用户分配数据库权限。同时，SQL Server 还增加了许多新的数据库权限，这些权限除了授权用户创建数据库对象和进行数据库备份外，还增加了一些修改数据库对象的权限。

14.4.2 权限设置

可以使用 T-SQL 语句设置权限。

数据库内的权限始终授予数据库用户、角色和 Windows 用户或组，但从不授予 SQL Server 登录。为数据库内的用户或角色设置适当权限的方法有授予权限（GRANT 命令）、撤销权限（REVOKE 命令）、禁止权限（DENY 命令）。

1. 授予权限

T-SQL 语句用 GRANT 命令授予权限，语法格式如下。

```
GRANT{ALL[PRIVILEGES]}
     |permission[(column[,…n])][,…n]
     |ON[class::]securable] TO principal[,…n]
     [WITH GRANT OPTION][AS principal]
```

各参数说明如下。

(1) 数据库级别权限在指定的数据库范围内授予。如果用户需要另一个数据库中的对象的权限，请在该数据库中创建用户账号，或者授权用户账号访问该数据库以及当前数据库。

(2) ALL 选项并不授予全部可能的权限。如果安全对象为数据库，则 ALL 表示 BACKUP DATABASE、BACKUP LOG、CREATE DATABASE、CREATE DEFAULT、CREATE FUNCTION、CREATE PROCEDURE、CREATE RULE、CREATE TABLE 和 CREATE VIEW；如果安全对象是标量函数，则 ALL 表示 DELETE、INSERT、REFERENCES、SELECT 和 UPDATE；如果安全对象是存储过程，则 ALL 表示 DELETE、EXECUTE、INSERT、SELECT 和 UPDATE；如果安全对象是表，则 ALL 表示 DELETE、INSERT、REFERENCES、SELECT 和 UPDATE；如果安全对象是视图，则 ALL 表示 DELETE、INSERT、REFERENCES、SELECT 和 UPDATE。

(3) PRIVILEGES 包含此参数以符合 SQL-92 标准。

(4) permission 是权限的名称。

(5) column 指定表中将授予其权限的列的名称，需要使用圆括号“()”。

(6) class 指定将授予其权限的安全对象的类，需要范围限定符“::”。

(7) securable 指定将授予其权限的安全对象。

(8) TO principal 是主体的名称。可为其授予安全对象权限的主体随安全对象而异。

(9) GRANT OPTION 指定被授权者在获得指定权限的同时，还可以将指定权限授予其他主体。

(10) AS principal 指定一个主体，执行该查询的主体从该主体获得授予该权限的权利。

【例 14-2】 将对 student 表查询的权限授予用户 s1。

```
GRANT SELECT ON student TO s1
```

运行结果如图 14-21 所示。

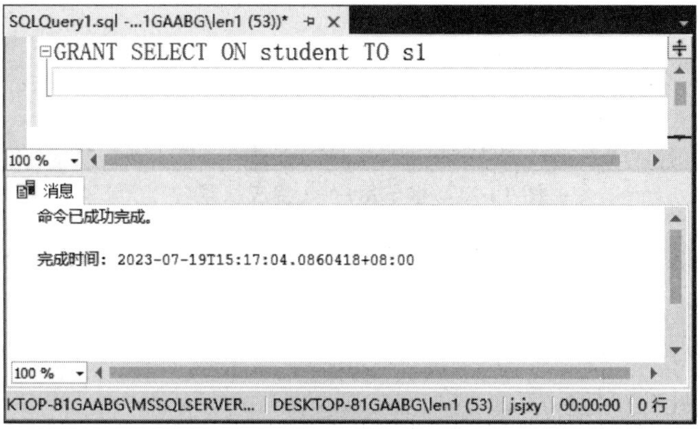

图 14-21 授予用户 s1 相应权限

执行此操作后，用户 s1 就被授予了对 student 表查询的权限。可以通过图形化界面查看用户 s1 被授予了 student 表的查询的权限。s1 登录 SQL Server 后就可以对 student 表进行查询操作。

【例 14-3】 将对 student 表所有数据操作的权限授予用户 s2。

```
GRANT SELECT,INSERT,UPDATE,DELETE ON student TO s2
```

运行结果如图 14-22 所示。

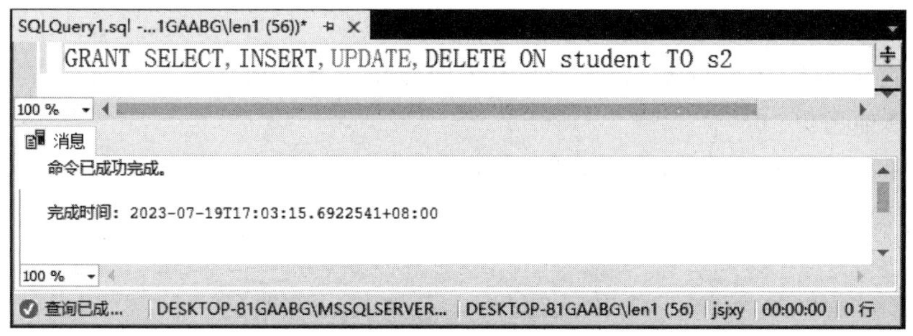

图 14-22 授予用户 s2 相应权限(1)

执行此操作后，用户 s2 就被授予了 student 表的所有数据操作的权限。同样可以通过 SSMS 查看 s2 的权限。s2 登录 SQL Server 后就可以对 student 表中所有数据进行操作。

【例 14-4】 把对 course 表中的查询和修改的权限授予用户 s2。

```
GRANT SELECT,INSERT ON course TO s2
```

运行结果如图 14-23 所示。

执行此操作后，用户 s2 就被授予了 course 表查询和修改权限。同样可以通过 SSMS 查看 s2 的权限。s2 登录 SQL Server 后就可以对 course 表中数据进行查询和修改操作。

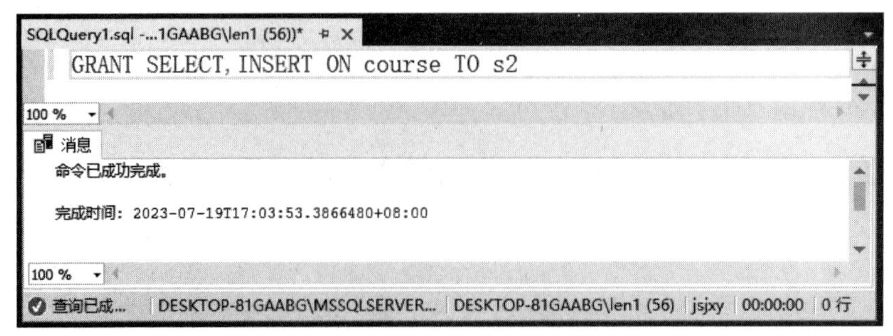

图 14-23 授予用户 s2 相应权限(2)

【例 14-5】 把对 sc 表修改数据的权限授予 s2,并允许 s2 再将此权限授予其他用户。

```
GRANT UPDATE ON sc TO s2 WITH GRANT OPTION
```

运行结果如图 14-24 所示。

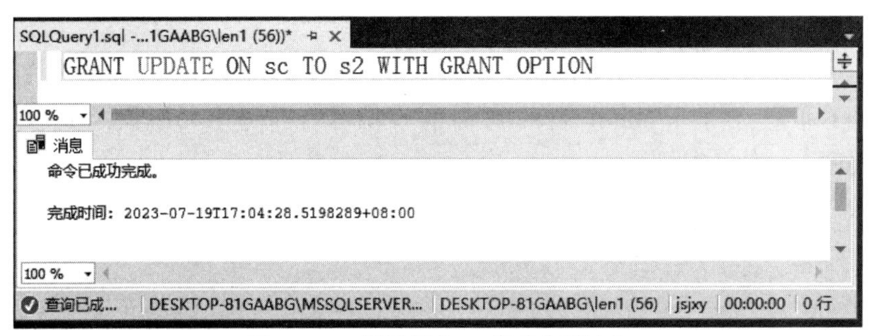

图 14-24 授予用户 s2 相应权限(3)

执行此操作后,用户 s2 就被授予了 sc 表修改权限。同样可以通过 SSMS 查看 s2 的权限。s2 登录 SQL Server 后就可以对 sc 表中数据进行修改操作。同时允许 s2 再将此权限授予其他用户。

【例 14-6】 s2 将对 sc 表修改的权限授予 s3。

用 s2 登录 SQL Server 后执行下面的语句。

```
GRANT UPDATE ON sc TO s3
```

运行结果如图 14-25 所示。

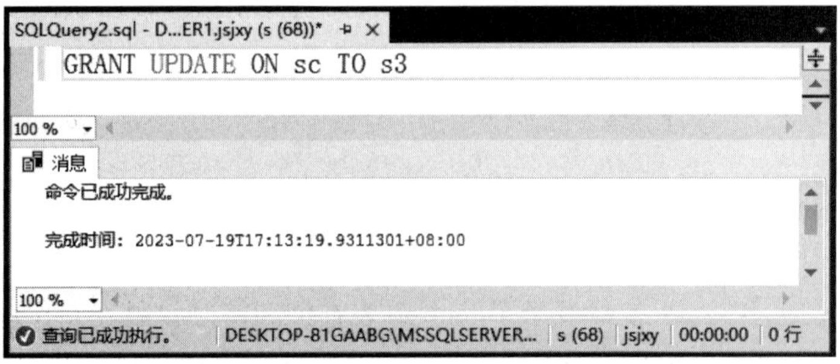

图 14-25 s2 把对 sc 表修改的权限授予 s3

执行此操作后，用户 s3 就被授予了 sc 表修改权限。同样可以通过 SSMS 查看 s3 的权限。S3 登录 SQL Server 后就可以对 sc 表中数据进行修改操作。

2. 撤销权限

T-SQL 语句用 REVOKE 命令撤销权限，语法格式如下。

```
REVOKE[GRANT OPTION FOR]
{[ALL[PRIVILEGES]]
|permission[(column[,…n])][,…n]
}
[ON[class::]securable]
{TO|FROM}principal[,…n]
[CASCADE][AS principal]
```

各参数说明如下。

(1) 在撤销通过指定 GRANT OPTION 为其赋予权限的主体的权限时，如果未指定 CASCADE，则将无法成功执行 REVOKE 语句。

(2) GRAND OPTION FOR 指示将撤销授予指定权限的能力。在使用 CASCADE 参数时，需要具备该功能。

(3) TO|FROM principal 是主体的名称，可撤销其对安全对象的权限的主体随安全对象而异。

(4) CASCADE 指示当前正在撤销的权限也将从其他被该主体授权的主体中撤销。使用 CASCADE 参数时，还必须同时指定 GRANT OPTION FOR 参数。

【例 14-7】 把用户 s2 对 course 表修改的权限撤销。

```
REVOKE UPDATE ON course FROM s2
```

【例 14-8】 把用户 s1 对 student 表查询的权限撤销。

```
REVOKE SELECT ON student FROM s1
```

3. 禁止权限

T-SQL 语句用 DENY 命令授予权限，语法格式如下。

```
DENY{ALL[PRIVILEGES]}
|permission[(column[,…n])][,…n]
[ON[class::]securable] TO principal[,…n]
[CASCADE][AS principal]
```

参数含义与授予权限和撤销权限的参数含义相同。

【例 14-9】 拒绝用户 s1 对 sc 表修改的权限。

```
DENY UPDATE ON sc TO s1
```

【例 14-10】 拒绝用户 s1 对 course 表查询的权限。

```
DENY SELECT ON course TO s1
```

习　题

一、选择题

1. 每个登录名在一个指定的数据库中最多有(　　)个用户对应。

A. 0　　B. 2　　C. 1　　D. 无数

2. 下列不是 SQL Server 2019 服务器角色的是(　　)。

A. serveradmin　　B. sysadmin　　C. diskadmin　　D. admin

3. SQL Server 2019 数据库中的固定数据库角色有 9 种,下列不是数据库的固定数据库角色的是(　　)。

A. db_accessadmin　　B. db_admin

C. db_datareader　　D. db_ddladmin

4. 在 T-SQL 中,创建服务器登录账号的语句是(　　)。

A. CREATE LOGIN　　B. CREATE USER

C. DROP USER　　D. CREATE LOGINUSER

5. 在 T-SQL 中,创建数据库用户的语句是(　　)。

A. CREATE LOGIN　　B. CREATE USER

C. DROP USER　　D. CREATE LOGINUSER

二、填空题

1. 数据库角色分为(　　)角色和(　　)角色两种。

2. SQL Server 的身份验证模式有(　　)模式和(　　)模式两种。

3. 给用户或自定义角色授予权限使用(　　)命令,收回权限使用(　　)命令,禁止权限使用(　　)命令。

4. 在 SQL Server 中,数据库的安全机制包括(　　)管理、数据库用户管理、权限管理、(　　)管理等。

第 15 章 chapter 15

数据库的备份和还原

本章学习重点：

- 数据库的备份和还原。

数据库的日常维护主要是对数据库进行备份操作。尽管 SQL Server 2019 提供了各种保护措施来保证数据库的安全性和完整性不被破坏，但是计算机系统中硬件的故障、软件的错误、操作员的失误以及恶意的破坏仍然是不可避免的。这些故障轻则造成运行事务非正常中断，影响数据库中数据的正确性，重则破坏数据库，造成数据损失甚至服务器崩溃。因此，SQL Server 2019 制定了一个良好的备份还原策略，定期将数据库进行备份以保护数据库，当发生意外事故后可以进行数据库还原。

本章主要介绍数据库的备份和还原。

15.1 数据库备份概述

数据库备份就是在某种介质上(磁盘等)创建完整数据库(或者其中一部分)的副本，并将所有的数据项都复制到备份集，以便在数据库遭到破坏时能够恢复数据库。通过适当的备份，可以从多种故障中恢复数据，包括系统故障、用户错误(如误删除了某些表或某些数据)、硬件故障(如磁盘驱动器损坏)、自然灾难等。

SQL Server 2019 备份创建在备份设备上，如磁盘等媒体。使用 SQL Server 2019 也可以决定如何在备份设备上创建备份。例如，可以覆盖过时的备份，也可以将新备份追加到备份媒体。执行备份操作对运行中的事务影响很小，因此可以在正常操作过程中执行备份操作。

数据库备份并不是简单地复制表中的数据，而是将数据库中的所有信息，包括表数据、视图、索引、约束条件，甚至是数据库文件的相关信息都进行备份。

15.1.1 备份策略

创建备份的目的是恢复已损坏的数据库。但是，备份和还原数据需要在特定的环境中进行，并且必须使用一定的资源。因此，可靠地使用备份和还原以实现恢复需要一个合理的计划。

1. 备份内容

备份内容主要包括系统数据库、用户数据库和事务日志。

(1) 系统数据库记录了 SQL Server 系统配置参数、用户资料以及所有用户数据库等重要信息，主要包括 master、msdb 和 model 数据库。

(2) 用户数据库中存储了用户的数据。由于用户数据库具有很强的区别性，即每个用户数据库之间的数据一般都有很大差异，所以对用户数据库的备份更为重要。

(3) 事务日志记录了用户对数据库中数据的各种操作，平时系统会自动管理和维护所有的数据库事务日志。相比数据库备份，事务日志备份所需要的时间较少，但是还原需要的时间较多。

2. 备份频率

数据库备份频率一般取决于修改数据库的频繁程度，以及一旦出现意外丢失的工作量的大小，还有发生意外丢失数据的可能性大小。在正常使用阶段，当在用户数据库中执行了加入数据、创建索引等操作时，应该对用户数据库进行备份，此外，如果清除了事务日志，也应该备份数据库。

3. 备份存储介质

常用的备份存储介质包括硬盘和命令管道等。具体使用哪一种介质，要考虑用户的成本承受能力、数据的重要程度、用户的现有资源等因素。在备份中使用的介质确定以后，一定要保持介质的持续性，一般不要轻易地改变。

15.1.2 备份类型

SQL Server 2019 提供了 4 种备份类型：完整数据库备份、差异数据库备份、事务日志备份、文件和文件组备份。

1. 完整数据库备份

完整数据库备份是指备份数据库中的所有数据，包括事务和日志。数据库的第一次备份应该是完整数据库备份，这是任何备份策略中都要求完成的第一种备份类型，其他所有的备份类型都依赖于完整数据库备份。创建数据库备份是单一操作，通常会安排该操作定期执行。它通常会花费较多的时间，同时也会占用较多的空间。完整数据库备份不需要频繁进行。对于数据量较少或者变动较小不需经常备份的数据库而言，可以选择这种备份方式。但对于大型数据库而言，可以使用差异数据库备份来补充完整数据库备份。

2. 差异数据库备份

差异数据库备份是完整数据库备份的补充，只备份自上次完整数据库备份后更改过的数据。相对于完整数据库备份来说，差异数据库备份速度比较快，占用的空间比较少，可以简化频繁的备份操作，减少数据丢失的风险。对于数据量大且需要经常备份的数据库，使用差异数据库备份可以减少数据库备份的负担。

对于大型数据库，完整数据库备份需要大量磁盘空间。为了节省时间和磁盘空间，可以在一次完整数据库备份后计划多次差异数据库备份。每次连续的差异数据库备份都大于前一次备份，这就需要更长的备份时间和更大的空间。因此，可以定期执行新的完整备份以提供新的差异基准。

使用差异数据库备份时，最好遵循如下原则。

(1) 在每次完整数据库备份后，定期计划差异数据库备份。

(2) 在确保差异数据库备份不会太大的情况下，定期安排新的完整数据库备份。

3. 事务日志备份

事务日志备份可以记录数据库的更改，但前提是在执行了完整数据库备份之后。可以使用事务日志备份将数据库恢复到特定的即时点(如输入多余数据前的那一点)或恢复到故障点。恢复事务日志备份时，SQL Server 2019 重做事务日志中记录的所有更改。当 SQL Server 2019 到达事务日志的最后时，已重新创建了与开始执行备份操作的那一刻完整相同的数据库状态。如果数据库已经恢复，则 SQL Server 2019 将回滚备份操作开始时尚未完成的所有事务。

一般情况下，事务日志备份比数据库备份使用的资源少，因此可以比数据库备份更经常地创建事务日志备份，经常备份将减少丢失数据的危险。

4. 文件和文件组备份

如果在创建数据库时，为数据库创建了多个数据库文件或文件组，可以使用该备份方式。使用文件和文件组备份方式可以只备份数据库中的某些文件，该备份方式在数据库文件非常庞大时十分有效，由于每次只备份一个或几个文件或文件组，可以分多次备份数据库，避免大型数据库备份的时间过长。另外，由于文件和文件组只备份其中一个或多个数据文件，当数据库里的某个或某些文件损坏时，只需还原损坏的文件或文件组备份即可。

15.2 数据库还原概述

数据库还原是当数据库出现故障时，将备份的数据库加载到系统，使数据库恢复到备份时的状态。

15.2.1 还原策略

还原数据库是一个装载数据库的备份，然后应用事务日志重建的过程，这是数据库管理员非常重要的工作之一。应用事务日志之后，数据库就会回到最后一次事务日志备份之前的状况。在数据库备份之前，应该检查数据库中数据的一致性，这样才能保证顺利地还原数据库备份。在数据库的还原过程中，用户不能进入数据库，当数据库被还原后，数据库中的所有数据都被替换掉。数据库备份是在正常情况下进行的，而数据库还原是在诸如硬件故障、软件故障或误操作等非正常的状态下进行的，因而其工作更加重要和复杂。

数据还原策略认为所有的数据库一定会在它们的生命周期的某一时刻需要还原。数据库管理员很重要的职责之一就是将数据还原的频率降到最低，并在数据库遭到破坏之前进行监视，预计各种形式的潜在风险所能造成的破坏，并针对具体情况制订恢复计划，在破坏发生时及时地恢复数据库。

15.2.2 数据库恢复模式

备份和还原操作都是在恢复模式下进行的。恢复模式是一个数据库属性，它用于控制数据库备份和还原操作的基本行为。例如，恢复模式控制了将事务记录在日志中的方式、事务日志是否需要备份以及可用的还原操作。

使用恢复模式具有以下优点。

(1) 简化了恢复计划。

(2) 简化了备份和恢复过程。

(3) 明确了系统操作要求之间的权衡。

(4) 明确了可用性和恢复要求之间的权衡。

在 SQL Server 2019 中，提供了以下 3 种恢复模式：完整恢复模式、简单恢复模式和大容量日志恢复模式。

1. 完整恢复模式

完整恢复模式是等级最高的数据库恢复模式。在完整恢复模式中，对数据库的所有的操作都记录在数据库的事务日志中。即使那些大容量数据操作和创建索引的操作，也都记录在了数据库的事务日志中。当数据库遭到破坏之后，可以使用该数据库的事务日志迅速还原数据库。

在完整恢复模式中，由于事务日志记录了数据库的所有变化，所以可以使用事务日志将数据库还原到任意的时刻点。但是，这种恢复模式耗费大量的磁盘空间。除非是那种事务日志非常重要的数据库备份策略，否则一般不使用这种恢复模式。

2. 简单恢复模式

简单恢复模式简略地记录大多数事务，所记录的信息只是为了确保在系统崩溃或还原数据备份之后数据库的一致性。

对于那些规模比较小的数据库或数据不经常改变的数据库来说，可以使用简单恢复模式。当使用简单恢复模式时，可以通过执行完全数据库备份和差异数据库备份来还原数据库，数据库只能还原到执行备份操作的时刻点。执行备份操作之后的所有数据修改都丢失并且需要重建。

3. 大容量日志恢复模式

就像完整恢复模式一样，大容量日志恢复模式也使用数据库备份和日志备份来还原数据库。但是，在使用了大容量日志恢复模式的数据库中，其事务日志耗费的磁盘空间远远小于使用完整恢复模式的数据库的事务日志。

此模式简略地记录大多数大容量操作（如索引创建和大容量加载），完整地记录其他事务。大容量日志恢复提高大容量操作的性能，常用作完整恢复模式的补充。

在 SQL Server 2019 中可使用图形化界面来设置数据库的恢复模式。

在 SSMS 中选择将要设置恢复模式的数据库，右击数据库，从弹出的快捷菜单中选择"属性"命令，弹出"数据库属性-jsjxy"对话框，如图 15-1 所示。在该对话框的"选项"页中，可以从"恢复模式"下拉列表中选择恢复模式。单击"确定"按钮完成设置。

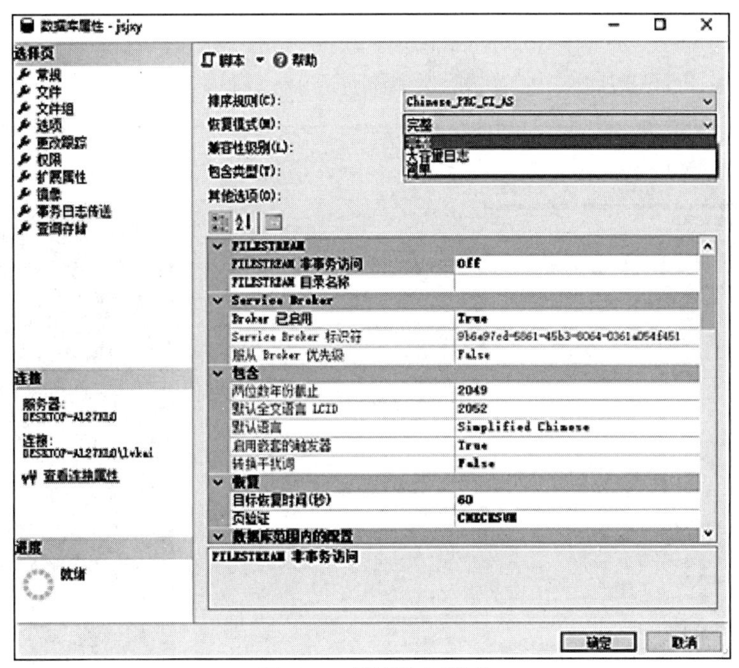

图 15-1　设置恢复模式

简单恢复模式同时支持数据库备份和文件备份，但不支持事务日志备份。备份非常易于管理，因为始终不会备份事务日志。但是，如果没有日志备份，数据库只能还原到最近数据备份的末尾。如果操作失败，则在最近数据备份之后所做的更新便会全部丢失。

在完整恢复模式和大容量日志恢复模式下，差异数据库备份将最大限度地减少在还原数据库时回滚事务日志备份所需的时间。

事务日志备份只能与完整恢复模式和大容量日志记录恢复模式一起使用。在简单恢复模式下，事务日志有可能被破坏，所以事务日志备份可能不连续，不连续的事务日志备份没有意义，因为基于日志的恢复要求日志是连续的。

15.3 数据库备份和还原操作

在 SQL Server 2019 中，数据库备份和还原都有两种方式，分别是使用图形化界面和使用 T-SQL 语句。

15.3.1 数据库备份

数据库备份主要有两种方式，分别是使用图形化界面和使用 T-SQL 语句。

1. 使用图形化界面备份数据库

操作步骤如下。

(1) 在 SSMS 中，右击要备份的数据库，如 jsjxy，在弹出的快捷菜单中选择“任务”→“备份”命令，如图 15-2 所示。弹出“备份数据库-jsjxy”窗口，如图 15-3 所示。

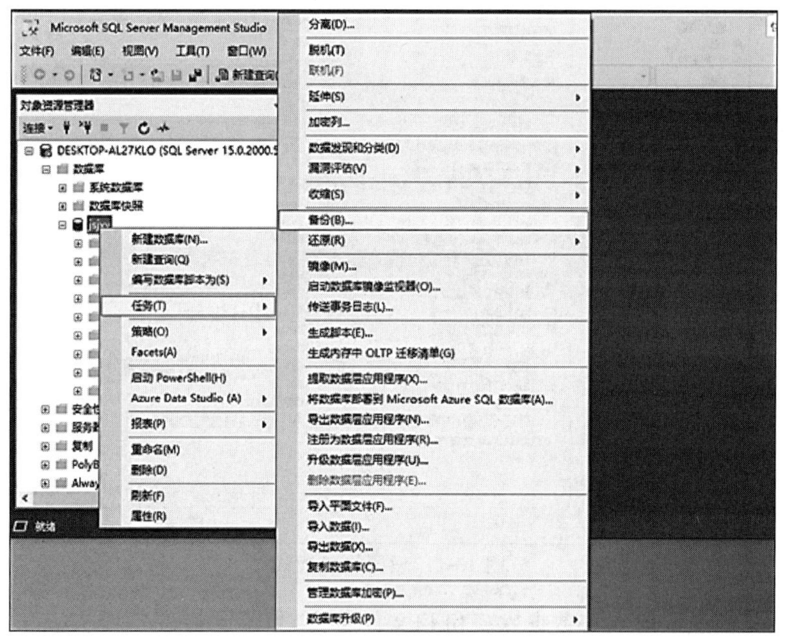

图 15-2 备份数据库

(2) 在“数据库”下拉列表中选择 jsjxy 作为准备备份的数据库。在“备份类型”下拉列表中，选择需要的类型，这是第一次备份，选择“完整”选项。

(3) 选择“备份选项”可以设置名称和备份集过期时间，如图 15-4 所示。

(4) 选择“介质选项”，对“备份到现有媒体集”选项进行设置，如图 15-5 所示。此选项的含义是备份媒体的现有内容被新备份重写。在“备份到现有媒体集”中含有两个选项：“追加到现有备份集”和“覆盖所有现有备份集”。其中“追加到现有备份集”是媒体上原有的内容保持不变，新的备份在媒体上次备份的结尾处写入。“覆盖所有现有备份集”

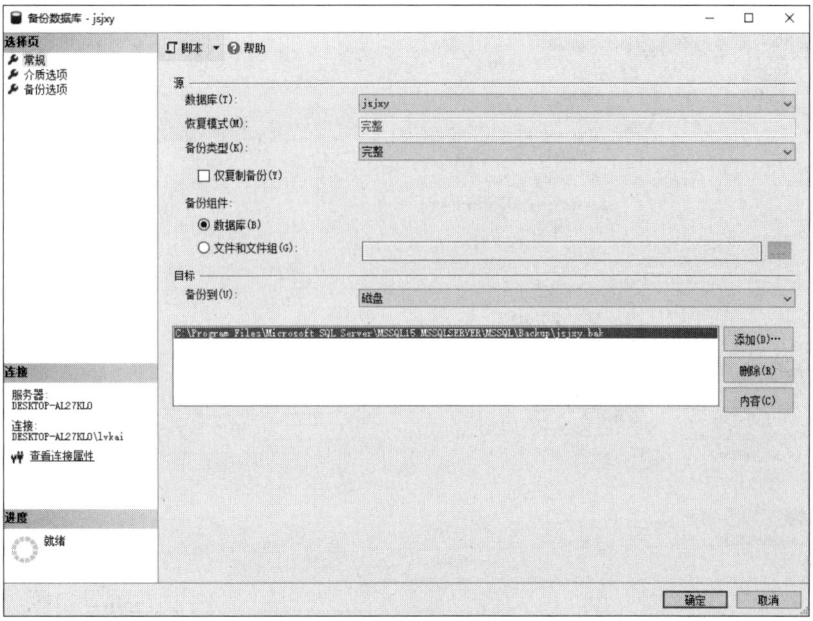

备份数据库 - jsjxy
选择页
常规
介质选项
备份选项
脚本 帮助
源
数据库(T): jsjxy
恢复模式(M): 完整
备份类型(K): 完整
仅复制备份(Y)
备份组件:
数据库(B)
文件和文件组(G):
目标
备份到(U): 磁盘
C:\Program Files\Microsoft SQL Server\MSSQL15.MSSQLSERVER\MSSQL\Backup\jsjxy.bak
添加(D)…
删除(R)
内容(C)
连接
服务器:
DESKTOP-AL27KL0
连接:
DESKTOP-AL27KL0\lvkai
查看连接属性
进度
就绪
确定
取消

图 15-3 “备份数据库”窗口

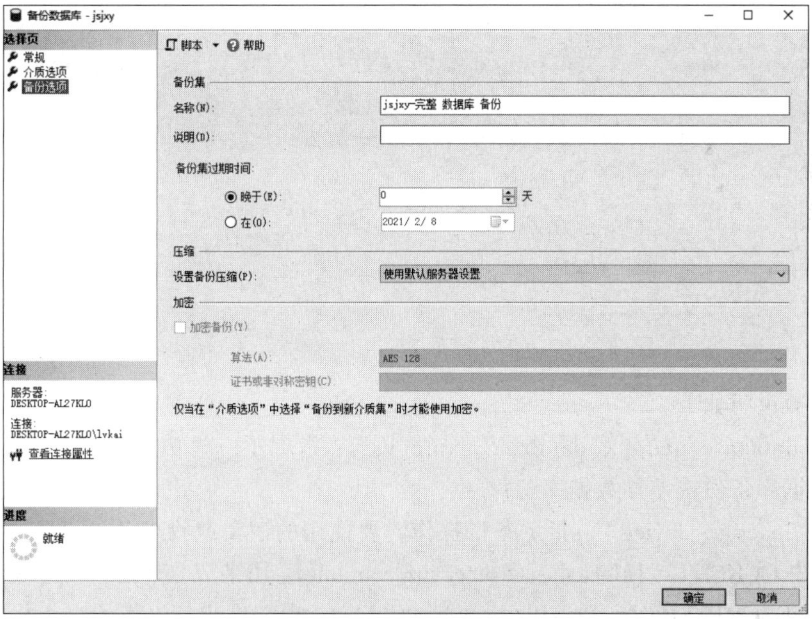

备份数据库 - jsjxy
选择页
常规
介质选项
备份选项
脚本 帮助
备份集
名称(N): jsjxy-完整 数据库 备份
说明(D):
备份集过期时间:
晚于(E): 0 天
在(O): 2021/ 2/ 8
压缩
设置备份压缩(P): 使用默认服务器设置
加密
加密备份(Y)
算法(A): AES 128
证书或非对称密钥(C):
仅当在“介质选项”中选择“备份到新介质集”时才能使用加密。
连接
服务器:
DESKTOP-AL27KL0
连接:
DESKTOP-AL27KL0\lvkai
查看连接属性
进度
就绪
确定
取消

图 15-4 备份名称等设置

是重写备份设备中任何现有的备份。此处选中“追加到现有备份集”单选按钮，单击“确定”按钮，数据备份完成。

2. 使用 T-SQL 语句备份数据库

语法格式如下。

图 15-5　介质选项

```
BACKUP DATABASE {database_name|@database_name_var}
TO <backup_device> [,…n]
[WITH
    [BLOCKSIZE = {blocksize|@blocksize_variable}]
    [[ , ] DESCRIPTION = {'text'|@text_variable}]
    [[ , ] DIFFERENTIAL]
    [[ , ] EXPIREDATE = {date|@date_var}]
    [[ , ] PASSWORD = {password|@password_variable}]
    [[ , ] FORMA|NOFORMAT]
    [[ , ] {INIT|NOINIT}]
]
```

各参数说明如下。

(1) {database_name|@database_name_var}：指定了一个数据库，对该数据库进行完整的数据库备份或差异数据库备份。

(2) <backup_device>：指定备份操作时要使用的逻辑或物理备份设备。

(3) BLOCKSIZE={blocksize|@blocksize_variable}：用字节数来指定物理块的大小。

(4) DESCRIPTION={'text'|@text_variable}：指定描述备份集的自由格式文本。

(5) DIFFERENTIAL：指定数据库备份或文件备份应该与上一次完整备份后改变的数据库或文件部分保持一致。差异备份一般会比完整备份占用更少的空间。对于上一次完整备份时备份的全部单个日志，使用该选项可以不必再进行备份。

(6) EXPIREDATE={date|@date_var}：指定备份集到期和允许被重写的日期。

(7) PASSWORD={password|@password_variable}：为备份集设置密码。PASSWORD是一个字符串。如果为备份集定义了密码，必须提供这个密码才能对该备份集执行任何还原

操作。

(8) FORMAT：指定应将媒体头写入用于此备份操作的所有卷。任何现有的媒体头都被重写。FORMAT 选项使整个媒体内容无效，即格式化备份设备。

(9) NOFORMAT：指定媒体头不应写入所有用于该备份操作的卷中，并且不会格式化备份设备。除非指定了 INIT。

(10) INIT：表示如果备份集已经存在，新的备份集会覆盖旧的备份集。不会格式化备份设备。

(11) NOINIT：表示新的备份集追加到旧的备份集后面，不会覆盖。不会格式化备份设备。

【例 15-1】 将 jsjxy 数据库完整备份到磁盘上，并创建一个新的媒体集。

```
BACKUP DATABASE jsjxy
TO DISK='e:\jsjxy.Bak'
WITH FORMAT,
NAME='jsjxy数据的完整备份'
```

【例 15-2】 创建 jsjxy 数据库的完整差异备份。

```
BACKUP DATABASE jsjxy
TO DISK='e:\jsjxy差异备份.Bak'
WITH DIFFERENTIAL
```

15.3.2 数据库还原

数据库还原主要有两种方式，分别是使用图形化界面和使用 T-SQL 语句。

1. 使用图形化界面还原数据库

操作步骤如下。

(1) 在 SSMS 中，右击要还原的数据库，如 jsjxy，在弹出的快捷菜单中选择“任务”→“还原”→“数据库”命令，如图 15-6 所示。弹出“还原数据库-jsjxy”窗口，如图 15-7 所示。

(2) 单击左边的“选项”页，在“还原选项”中选择“覆盖现有数据库”复选框；在“恢复状态”选项区域中，选择需要的选项，此处为默认的第一项，如图 15-8 所示。单击“确定”按钮，数据库还原操作完成。

2. 使用 T-SQL 语句还原数据库

语法格式如下。

```
RESTORE DATABASE {database_name|@database_name_var}
[FROM <backup_device>[,…n]]
[WITH
   [[,]FILE={backup_set_file_number|@backup_set_file_number}]
```

```
    [[,]KEEP_REPLICATION]
    [[,]MEDIANAME={media_name|@media_name_variable}]
    [[,]MEDIAPASSWORD={mediapassword|@mediapassword_variable}]
[[,]MOVE 'logical_file_name_in_backup' TO 'operating_system_file_name']
            [,…n ]
   [[, ]PASSWORD={password @password_variable}]
   [[,]{ RECOVERY|NORECOVERY|STANDBY=
            {standby_file_name|@standby_file_name_var}}]
[[,] REPLACE ]
]
```

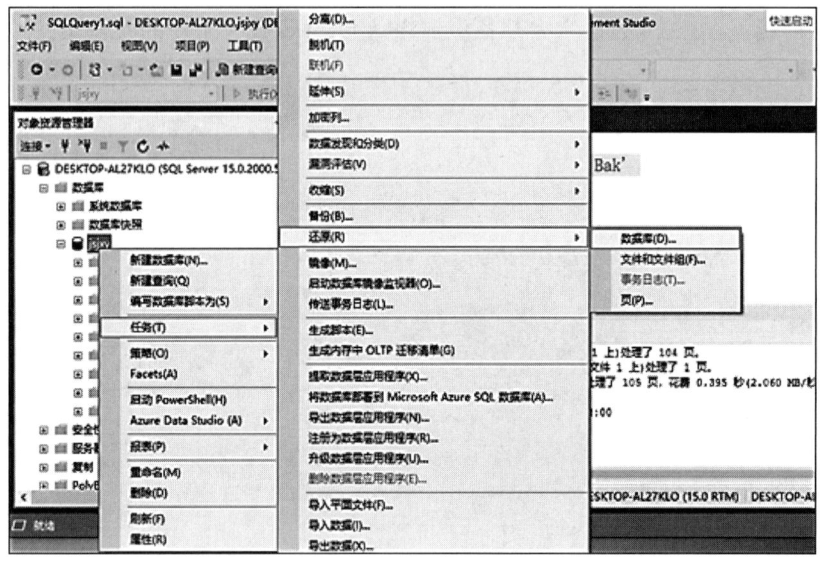

图 15-6　数据库还原

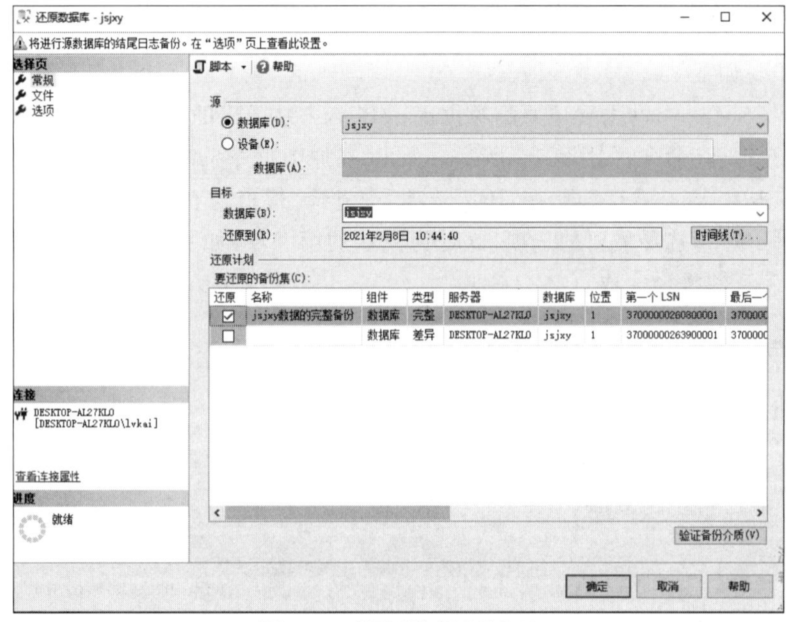

图 15-7　“还原数据库”窗口

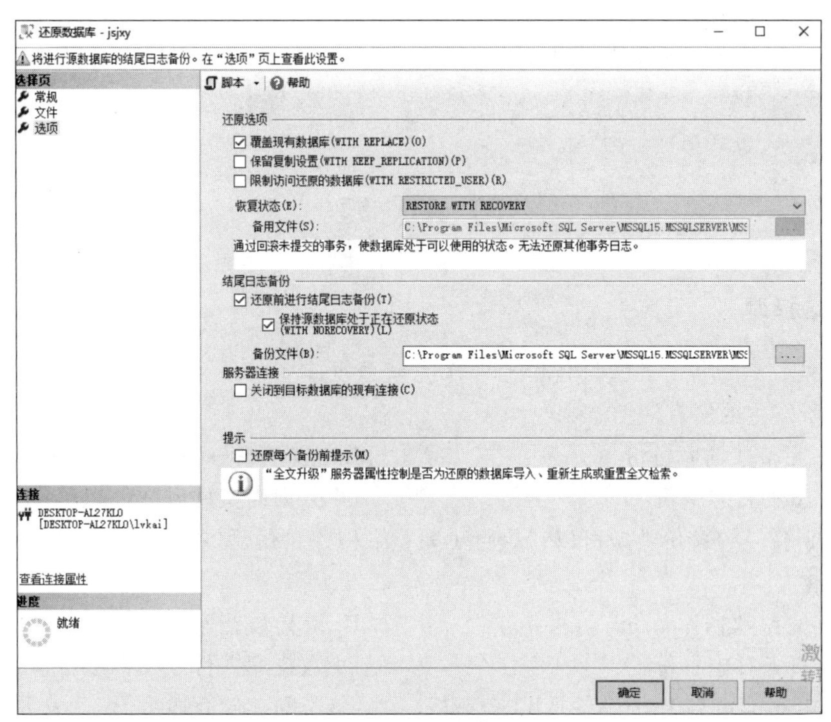

图 15-8 还原选项

大部分参数在备份数据库时介绍过了，其他参数说明如下。

(1) KEEP_REPLICATION：将复制设置为与日志传送一同使用。设置该参数后，在备用服务器上还原数据库时，可防止删除复制设置。

(2) MOVE：将逻辑名指定的数据文件或日志文件还原到所指定的位置。

(3) RECOVERY：回滚未提交的事务，使数据库处于可以使用状态。无法还原其他事务日志。

(4) NORECOVERY：不对数据库执行任何操作，不回滚未提交的事务，可以还原其他事务日志。

(5) STANDBY：使数据库处于只读模式。撤销未提交的事务，但将撤销操作保存在备用文件中，以便可以恢复效果逆转。

(6) standby_file_name|@standby_file_name_var：指定一个允许撤销恢复效果的备用文件或变量。

(7) REPLACE：会覆盖所有现有数据库以及相关文件，包括已存在的同名的其他数据库或文件。

【例 15-3】 将 jsjxy 数据库的完整数据库备份进行还原。

```
RESTORE DATABASE jsjxy
FROM DISK='e:\jsjxy.Bak'
WITH REPLACE,NORECOVERY
```

【例 15-4】 将 jsjxy 数据库的差异数据库备份进行还原。

```
RESTORE DATABASE jsjxy
FROM DISK='e:\jsjxy差异备份.Bak'
WITH RECOVERY
```

习　　题

一、选择题

1. 下列(　　)备份类型只备份上一次完整数据库备份发生改变的内容和在差异备份过程中所发生的所有活动。

A. 完整数据库备份　　　　B. 差异数据库备份

C. 事物日志备份　　　　D. 数据库文件或文件组备份

2. 下列(　　)备份类型可以在执行了完整数据库备份后,将数据库恢复到特定的即时点。

A. 完整数据库备份　　　　B. 差异数据库备份

C. 事务日志备份　　　　D. 数据库文件或文件组备份

3. SQL Server 的备份设备是用来存储(　　)备份的存储介质。

A. 数据库、文件和文件组、事务日志

B. 数据库、文件和文件组、文本文件

C. 表、索引、存储过程

D. 表、索引、图表

4. 当数据库损坏时,数据库管理员可通过(　　)方式还原数据库。

A. 事务日志文件　　　　B. 主数据文件

C. DELETE 语句　　　　D. UPDATE 语句

二、填空题

1. SQL Server 2019 提供了 3 种数据库恢复模式:(　　)、简单恢复模式、大容量日志恢复模式。

2. (　　)是指备份数据库中的所有数据,包括事务和日志。

3. T-SQL 语句备份数据库用到的关键字是(　　)。

4. T-SQL 语句还原数据库用到的关键字是(　　)。

图 书 资 源 支 持

感谢您一直以来对清华版图书的支持和爱护。为了配合本书的使用，本书提供配套的资源，有需求的读者请扫描下方的“书圈”微信公众号二维码，在图书专区下载，也可以拨打电话或发送电子邮件咨询。

如果您在使用本书的过程中遇到了什么问题，或者有相关图书出版计划，也请您发邮件告诉我们，以便我们更好地为您服务。

我们的联系方式：

清华大学出版社计算机与信息分社网站：https://www.shuimushuhui.com/

地　　址：北京市海淀区双清路学研大厦 A 座 714

邮　　编：100084

电　　话：010-83470236　010-83470237

客服邮箱：2301891038@qq.com

QQ：2301891038（请写明您的单位和姓名）

资源下载：关注公众号“书圈”下载配套资源。

资源下载、样书申请

书圈

图书案例

清华计算机学堂

观看课程直播